U0218366

示范性高等院校应用型规划教材

电机技术及应用

主　编　樊新军

副主编　覃洪英　王　俊

何朝阳　熊同强

内容提要

本书针对应用型高技能人才培养的特点和要求，精选内容、注重应用，将电机学、电力拖动、电机检修等课程内容有机地结合在一起，编写的重点放在使用较多的电机上。全书共分六章，主要包括变压器、交流绕组及其电动势和磁动势、同步电机、异步电动机、直流电机、控制电机等内容。

本书可作为高等职业技术院校发电厂及电力系统、电气自动化技术和机电一体化技术等专业学生的教材，也可作为相关从业人员的参考用书。

图书在版编目（CIP）数据

电机技术及应用/樊新军主编. —天津：天津大学出版社，2015.5（2020.8 重印）
示范性高等院校应用型规划教材
ISBN　978-7-5618-5311-5

Ⅰ. ①电…　Ⅱ. ①樊…　Ⅲ. ①电机学—高等学校—教材　Ⅳ. ①TM3

中国版本图书馆 CIP 数据核字（2015）第 095826 号

出版发行　天津大学出版社
地　　址　天津市卫津路 92 号天津大学内（邮编：300072）
电　　话　发行部：022-27403647
网　　址　publish. tju. edu. cn
印　　刷　北京虎彩文化传播有限公司
经　　销　全国各地新华书店
开　　本　185mm×260mm
印　　张　14.75
字　　数　368 千
版　　次　2015 年 5 月第 1 版
印　　次　2020 年 8 月第 3 次
定　　价　32.00 元

前　言

本书是为了适应高等职业教育发展和当前教学改革需要而编写的。在编写过程中，重点针对应用型高技能人才培养的特点和要求，精选内容、注重应用，力求做到深入浅出、通俗易懂，坚持实用性、综合性、科学性和新颖性相结合。本书所授内容是高等职业技术学院发电厂及电力系统、电气自动化技术和机电一体化技术等专业学生必修的一门主干课程。

本书将电机学、电力拖动、电机检修等课程内容有机地结合在一起，编写的重点为使用较多的电机。全书共分 6 章，主要包括变压器、交流绕组及其电动势和磁动势、同步电机、异步电动机、直流电机、控制电机等内容。

本书特点如下。

（1）在内容的叙述上，强调电机的结构、工作原理、主要性能和实际应用意义。

（2）对理论的分析采用图解、图示方法，并强调基本理论的实际应用。

（3）对于一些理论性较强的内容，以定性分析为主，使其易教易学。

（4）书中有典型例题，各章后面附有小结、思考题与习题。题目具有典型性、规范性、启发性，能引导学生掌握本课程的主要内容，并培养学生解决工程实际问题的能力。

本书由三峡电力职业学院樊新军副教授担任主编，三峡电力职业学院王俊、何朝阳、熊同强参与了编写，并且得到了覃洪英的帮助。全书由樊新军统稿、审定。

在编写本书时，参阅了许多同行专家编著的教材和资料，同时深入企业和电机生产厂家了解具体实例，得到了不少启发和教益，在此致以诚挚的谢意!

由于编者水平有限，书中不妥之处，恳请读者批评指正。

编　者

2014 年 12 月

目 录

第1章

变压器

变压器是一种静止的电器。它通过线圈间的电磁感应作用，可以把一种电压等级的交流电能转换成同频率的另一种电压等级的交流电能，以满足高压输电、低压供电和其他用途的需要。

变压器种类很多，但各种变压器的基本工作原理是相同的，不同变压器只是加上某些约束条件而已。本章主要叙述电力变压器的工作原理、分类、结构和运行分析。

1.1 变压器的基本知识和结构

1.1.1 变压器的基本工作原理

1. 变压器的基本工作原理简介

变压器是利用电磁感应原理工作的，图 1-1 所示为其工作原理示意。在一个闭合的铁芯上套有两个绕组，这两个绕组具有不同的匝数且互相绝缘，两绕组间只有磁的耦合而没有电的联系。其中，接于电源侧的绕组称为原绕组或一次绕组，一次绕组各量用下标“1”表示；用于接负载的绕组称为副绕组或二次绕组，二次绕组各量用下标“2”表示。

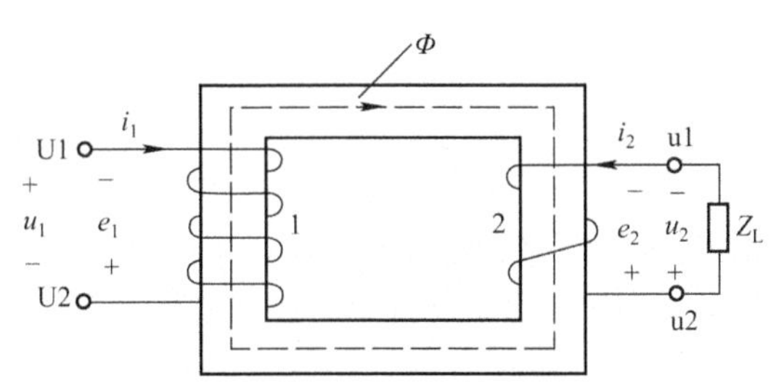

图 1-1 变压器工作原理示意

若将绕组 1 接到交流电源上，绕组中便有交流电流 i_1 流过，在铁芯中产生交变磁通 $\varPhi$，与原、副绕组同时交链，分别在两个绕组中感应出同频率的电动势 e_1 和 e_2。

$$\left.\begin{aligned} e_1 &= -N_1 \frac{\mathrm{d}\varPhi}{\mathrm{d}t} \\ e_2 &= -N_2 \frac{\mathrm{d}\varPhi}{\mathrm{d}t} \end{aligned}\right\} \tag{1-1}$$

式中 N_1——原绕组匝数；

N_2——副绕组匝数。

若把负载接于绕组 2，在电动势 e_2 的作用下，电流 i_2 将流过负载，就能向负载输出电能，即实现了电能的传递。

由式（1-1）可知，原、副绕组感应电动势的大小正比于各自绕组的匝数，而绕组的感应电动势又近似等于各自的电压。因此，只要改变原绕组或副绕组的匝数，就能达到改变电压的目的，这就是变压器的变压原理。

2．变压器的应用与分类

1）应用

在电力系统中，变压器是输配电能的主要电气设备，其应用如图 1-2 所示。

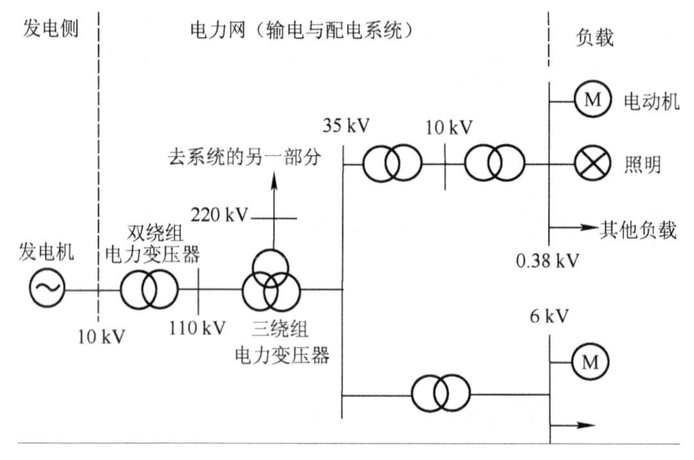

图 1-2　变压器在电力系统中的应用

发电机输出的电压，由于受发电机绝缘水平的限制，通常为 6.3 kV、10.5 kV，最高不超过 27 kV。用这样低的电压进行远距离输电是有困难的。因为当输送一定功率的电能时，电压越低，则电流越大，电能有可能大部分消耗在输电线的电阻上。为此需要采用高压输电，即用升压变压器把电压升高到输电电压，例如 110 kV、220 kV 或 500 kV 等，以降低输送电流，从而线路上的电压降和功率损耗明显减小，线路用铜量也可减少，以节省投资费用。一般来说，输电距离越远，输送功率越大，则要求的输电电压越高。输电线路将几万伏或几十万伏高电压的电能输送到负荷区后，由于受用电设备绝缘及安全的限制，通常大型动力设备采用 6 kV 或 10 kV，小型动力设备和照明则为 380 V 或 220 V，所以在供用电系统中需要大量的降压变压器，将输电线路输送的高电压变换成各种不同等级的低电压，以满足各类负荷的需要。因此，变压器在电力系统中得到了广泛应用，变压器的安装容量可达发电机总装机容量的 6～8 倍，变压器对电力系统有着极其重要的意义。

用于电力系统升、降电压的变压器叫作电力变压器。另外，变压器的用途还有很多，如测量系统中用的仪用互感器、用于试验室调压的自耦调压器。在电力拖动系统或自动控制系统中，变压器作为能量传递或信号传递的元件，也应用得十分广泛。

2）分类

为适应不同的使用目的和工作条件，变压器种类很多，因此变压器的分类方法有多种，通常可按用途、绕组数目、相数、铁芯结构、调压方式和冷却方式等划分类别。

（1）按用途分，有电力变压器和特种变压器。电力变压器又分为升压变压器、降压变压器、配电变压器、联络变压器等，特种变压器又分为试验用变压器、仪用变压器、电炉变压器、电焊变压器和整流变压器等。

（2）按绕组数目分，有单绕组（自耦）变压器、双绕组变压器、三绕组变压器和多绕组变压器。

（3）按相数分，有单相变压器、三相变压器和多相变压器。

（4）按铁芯结构分，有心式变压器和壳式变压器。

（5）按调压方式分，有无励磁调压变压器和有载调压变压器。

（6）按冷却介质和冷却方式分，有干式变压器、油浸变压器（包括油浸自冷式、油浸风冷式、油浸强迫油循环式和强迫油循环导向冷却式）和充气式冷却变压器。

1.1.2 变压器的基本结构

变压器的基本结构部件有铁芯、绕组、油箱、冷却装置、绝缘套管和保护装置等，如图 1-3 所示。

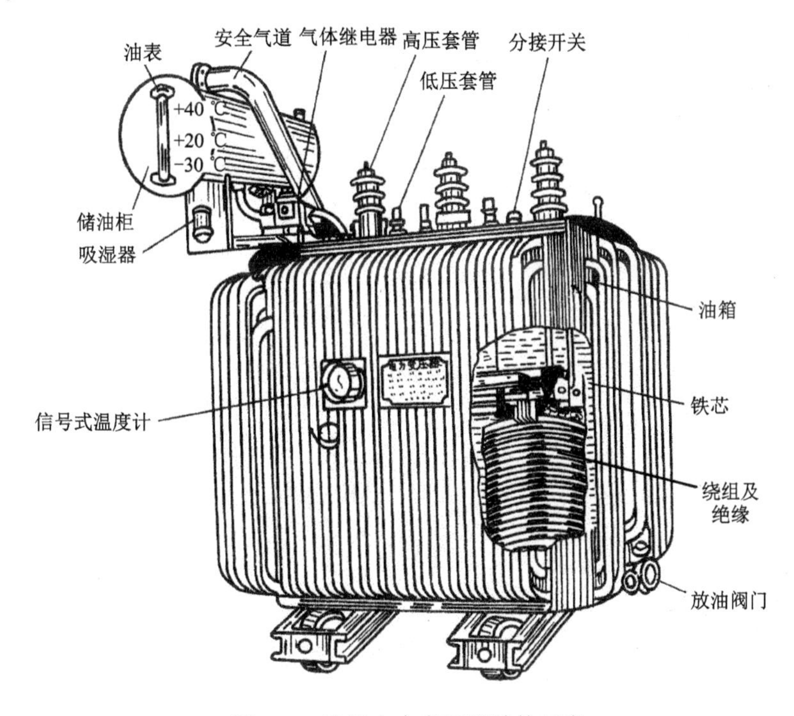

图 1-3 油浸电力变压器结构示意

1．铁芯

铁芯是变压器的主磁路，又是变压器的支撑骨架。铁芯由铁芯柱和铁轭两部分组成，铁芯柱上套装绕组，铁轭的作用则是使整个磁路闭合。为了提高磁路的导磁性能和减少铁芯中的磁滞和涡流损耗，铁芯用 0.35 mm 厚、表面涂有绝缘漆的硅钢片叠成。

叠片式铁芯的结构形式有心式和壳式两种。心式铁芯结构的变压器，其铁芯被绕组包围着，如图 1-4 所示。心式变压器结构简单，绕组的装配及绝缘设置也较容易，国产电力变压器铁芯主要用心式结构。壳式铁芯结构的变压器特点是铁芯包围绕组，如图 1-5 所示。壳式变压器的机械强度好，但制造复杂、铁芯材料消耗多，只在一些特殊变压器（如电炉变压器）中采用。

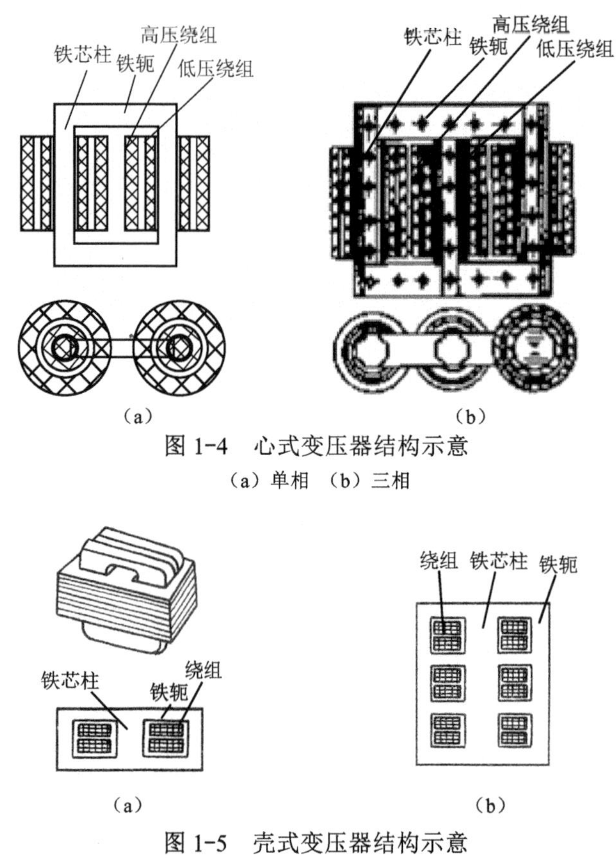

图 1-4　心式变压器结构示意

（a）单相　（b）三相

图 1-5　壳式变压器结构示意

（a）单相　（b）三相

叠片式铁芯的装配，一般均采用交叠式叠装，使上、下层的接缝错开，减小接缝间隙，以减小励磁电流。当采用冷轧硅钢片时，由于冷轧硅钢片顺碾压方向的导磁系数高，损耗小，故用斜切钢片的叠装方法，如图 1-6 所示。

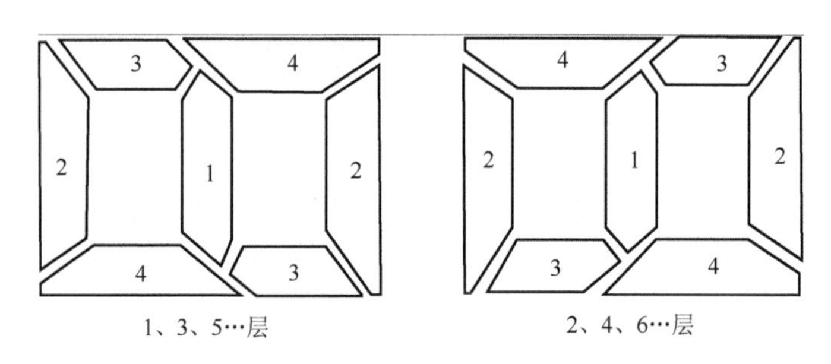

图 1-6　斜切钢片的叠装法

叠装好的铁芯，其铁轭用槽钢（或焊接夹）及螺杆固定，铁芯柱则用环氧无纬玻璃丝粘带绑扎。铁芯柱的截面在小容量变压器中常采用方形或矩形，大型变压器为充分利用线圈内圆空间而常采用阶梯形截面，如图 1-7 所示。当铁芯柱直径超过 380 mm 时，还设有冷却油道。铁轭的截面有矩形及阶梯形的，铁轭的截面通常比铁芯柱大 5%～10%，以减少空载电流和损耗。

近年来，出现了一种渐开线形铁芯变压器。它的铁芯柱硅钢片是在专门的成型机上采用冷挤压成型方法轧制的，铁轭则是由同一宽度的硅钢带卷制而成，铁芯柱按三角形方式布置，三相磁路完全对称，如图 1-8 所示。渐开线形铁芯变压器的主要优点在于可以节省硅钢片、便于生产机械化和减少装配工时。

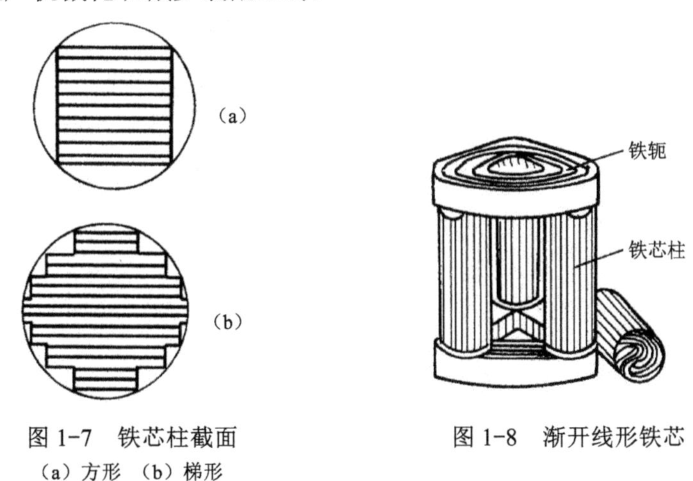

图 1-7 铁芯柱截面
(a) 方形 (b) 梯形

图 1-8 渐开线形铁芯

2．绕组

绕组是变压器的电路部分，它一般用绝缘铜线或铝线绕制而成。根据高、低压绕组在铁芯柱上排列方式的不同，变压器的绕组可分为同心式和交叠式两种。

同心式绕组的高、低压绕组同心地套在铁芯柱上，如图 1-4 所示。为了便于绝缘，通常低压绕组靠近铁芯，高压绕组放在外面，中间用绝缘纸筒隔开。这种绕组结构简单、制造方便，国产电力变压器均采用此种绕组。

交叠式绕组的高、低压绕组交替地套在铁芯柱上，如图 1-9 所示。这种绕组都做成饼式，高、低压绕组之间的间隙较多，绝缘比较复杂，但这种绕组漏电抗小、引线方便、机械强度好，主要用在电炉和电焊机等特种变压器中。

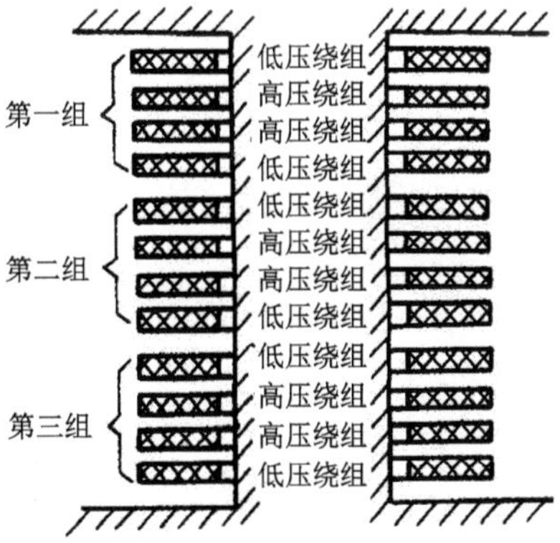

图 1-9 交叠式绕组

3．油箱和冷却装置

油浸变压器的器身浸在充满变压器油的油箱里。变压器油既是绝缘介质，又是冷却介质，它通过受热后的对流，将铁芯和绕组的热量带到箱壁及冷却装置，再散发到周围空气中。

油箱的结构与变压器的容量、发热情况密切相关。变压器的容量越大，发热问题就越严重。在小容量变压器中采用平板式油箱；容量稍大的变压器采用排管式油箱，即在油箱侧壁上焊接许多冷却用的管子，以增大油箱散热面积。当装设排管不能满足散热需要时，则先将排管做成散热器，再把散热器安装在油箱上，这种油箱称为散热器式油箱。此外，大型变压器还采用强迫油循环冷却等方式，以增强冷却效果。强迫油循环的冷却装置称为冷却器，不强迫油循环的冷却装置称为散热器。

为了检修方便，变压器器身质量大于 15 t 时，通常将变压器的油箱做成钟罩式，检修时只需把上节油箱吊起，不必使用重型起重设备。图 1-10 所示为器身检修时的起吊状况。

4．绝缘套管

变压器绝缘套管是将线圈的引出线对地（外壳）绝缘，又担负着固定引线的作用。套管大多数装于箱盖上，中间穿有导电杆，套管下部伸进油箱，导电杆下端与绕组引线相连；套管上部露出箱外，导电杆上端与外电路连接。

套管的结构形式，主要决定于电压等级。1 kV 以下采用纯瓷套管，10～35 kV 采用空心充气或充油套管，110 kV 以上采用电容式套管。为增加表面放电距离，高压绝缘套管外部做成多级伞形。图 1-11 为 35 kV 充油式绝缘套管的结构示意。

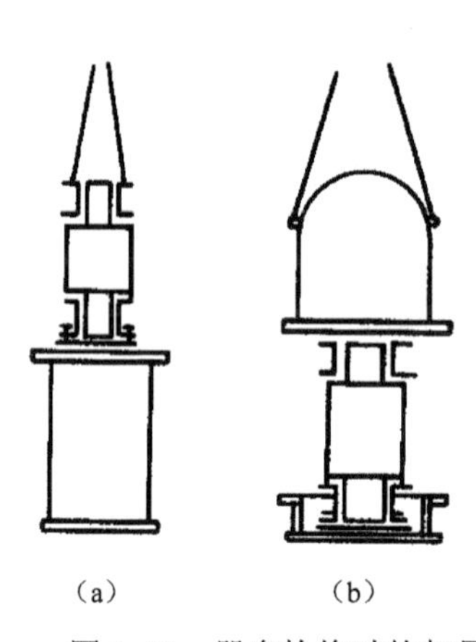

图 1-10 器身检修时的起吊
（a）吊器身 （b）吊上节油箱

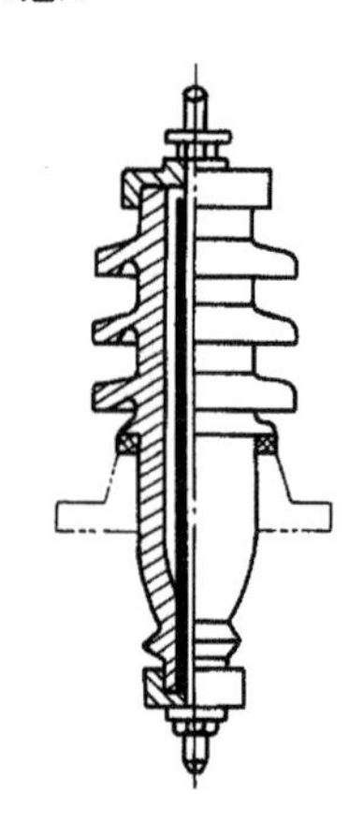

图 1-11 35 kV 充油式绝缘套管结构示意

5．分接开关

分接开关是用以改变高压绕组的匝数，从而调整电压比的装置。双绕组变压器的一次绕组及三绕组变压器的一、二次绕组一般都有 3～5 个分接头位置，相邻分接头之间电压相差±5%，多分接头的变压器相邻分接头之间电压相差±2.5%。

分接开关的操作部分装于变压器顶部，经传杆伸入变压器油箱内，以改变接头位置。分接开关分为两种：一种是无载分接开关，另一种是有载分接开关。后者可以在带负荷的情况下进行切换、调整电压。

6．保护装置

（1）储油柜（又称油枕）。它是一种油保护装置，水平地安装在变压器油箱盖上，用弯曲联管与油箱连通，柜内油面高度随变压器油的热胀冷缩而变动。储油柜的作用是保证变压器油箱内充满油，减少油和空气的接触面积，从而降低变压器油受潮和老化的速度。

（2）吸湿器（又称呼吸器）。通过它使大气与油枕内连通。吸湿器内装有硅胶或活性氧化铝，用以吸收进入油枕中空气的水分，以防止油受潮，从而保持油的良好性能。

（3）安全气道（又称防爆筒）和压力释放阀。它装于油箱顶部，如图 1-3 所示。它是一个长钢圆筒，上端口装有一定厚度的玻璃板或酚醛纸板，下端口与油箱连通。它的作用是当变压器内部因发生故障引起压力骤增时，让油气流冲破玻璃板或酚醛纸板喷出，以免造成箱壁爆裂。现在改用压力释放阀，尤其在全密封变压器中，都广泛采用压力释放阀做保护。动作时膜盘被顶开释放压力，平时膜盘靠弹簧拉力紧贴阀座（密封圈），起密封作用。

（4）净油器（又称热虹吸净油器）。它是利用油的自然循环，使油通过吸附剂进行过滤，以改善运行中变压器油的性能。

（5）气体继电器（又称瓦斯继电器）。它装在油枕和油箱的连通管中间，如图 1-3 所示。当变压器内部发生故障（如绝缘击穿、匝间短路、铁芯事故等）产生气体时，或油箱漏油使油面降低时，气体继电器动作，发出信号以便运行人员及时处理；若事故严重，可使断路器自动跳闸，对变压器起保护作用。

此外，变压器还有测温及温度监控装置等。

1.1.3 变压器的铭牌

每台变压器上都装有铭牌，在铭牌上标明了变压器工作时规定的使用条件，主要有型号、额定值、器身质量等有关技术数据以及制造编号和制造厂家。

1．变压器型号

变压器的型号表示一台变压器的结构、额定容量、电压等级、冷却方式等内容。例如：SL-500/10 表示三相油浸自冷双绕组铝线、额定容量 500 kV·A、高压侧额定电压 10 kV 级电力变压器；SFPL-63000/110 表示三相强迫油循环风冷式双绕组铝线、额定容量 63 000 kV·A、高压侧额定电压 110 kV 级电力变压器。

表 1-1 为电力变压器分类和型号。

表 1-1 电力变压器分类和型号

型号中代表符号排列顺序	分类	类别	代表符号
1	绕组耦合方式	自耦	O
2	相数	单相	D
		三相	S
3	冷却方式	油浸自冷	—
		干式空气自冷	G
		干式浇注绝缘	C
		油浸风冷	F
		油浸水冷	S
		强迫油循环风冷	FP
		强迫油循环水冷	SP
4	绕组数	双绕组	—
		三绕组	S
5	绕组导线材质	铜	—
		铝	L
6	调压方式	无励磁调压	—
		有载调压	Z

2．额定值

额定值是制造厂根据设计或试验数据，对变压器正常运行状态所作的规定值，主要有以下 4 个。

1）额定容量 S_N（kV·A）

额定容量指在额定使用条件下所能输出的视在功率，对三相变压器而言，额定容量指三相容量之和。由于变压器效率很高，双绕组变压器原、副边的额定容量按相等设计。

2）额定电压 U_{1N}/U_{2N}（kV 或 V）

额定电压指变压器长时间运行时所能承受的工作电压。一次额定电压 U_{1N} 是指根据绝缘强度规定加到一次侧的工作电压；二次额定电压 U_{2N} 是指变压器一次加额定电压，分接开关位于额定分接头时的二次空载端电压。在三相变压器中，额定电压指的是线电压。

3）额定电流 I_{1N}/I_{2N}（A）

额定电流指变压器在额定容量下，允许长期通过的电流。同样，三相变压器的额定电流指的是线电流。

额定容量、额定电压、额定电流之间的关系如下。

单相变压器

$$S_N = U_{1N}I_{1N} = U_{2N}I_{2N} \tag{1-2}$$

三相变压器

$$S_N = \sqrt{3}U_{1N}I_{1N} = \sqrt{3}U_{2N}I_{2N} \tag{1-3}$$

4）额定频率 f_N（Hz）

我国规定标准工频为 50 Hz。

此外，还有效率、温升等额定值。

除额定值外，铭牌上还标有变压器的相数、联结组别、阻抗电压（或短路阻抗相对值或标幺值）、接线图等。

例 1-1

一台三相油浸自冷式铝线变压器，S_N=200 kV·A，U_{1N}/U_{2N}=10/0.4 kV，Y，yn 接线，求：

（1）变压器一、二次额定电流；

（2）变压器原、副绕组的额定电流和额定电压。

解：（1）$I_{1N} = \dfrac{S_N}{\sqrt{3}U_{1N}} = \dfrac{200\times10^3}{\sqrt{3}\times10\times10^3} = 11.55\text{ A}$

$$I_{2N} = \frac{S_N}{\sqrt{3}U_{2N}} = \frac{200\times10^3}{\sqrt{3}\times0.4\times10^3} = 288.68\text{ A}$$

（2）由于 Y，yn 接线

一次绕组的额定电压 $U_{1N\phi} = \dfrac{U_{1N}}{\sqrt{3}} = \dfrac{10}{\sqrt{3}} = 5.77\text{ kV}$

一次绕组的额定电流 $I_{1N\phi} = I_{1N} = 11.55\text{ A}$

二次绕组的额定电压 $U_{2N\phi} = \dfrac{0.4}{\sqrt{3}} = 0.23\text{ kV}$

二次绕组的额定电流 $I_{2N\phi} = I_{2N} = 288.68\text{ A}$

1.2　变压器的运行原理

电力系统中三相电压是对称的，即大小一样、相位互差 120°。三相电力变压器每一相的参数大小是一样的。从运行原理来看，三相变压器带三相对称负载运行时，各相电压、电流大小相等，相位上彼此相差 120°，三相变压器正常运行状态是对称运行。分析对称运行的三相变压器，只需分析其中一相的情况，便可得出另外两相情况。或者说，三相变压器的一相和单相变压器没有什么区别。因此，本节单相变压器的基本方程式、等效电路、相量图以及运行特性的分析方法及其结论等完全适用于三相变压器。

1.2.1　单相变压器的空载运行

变压器的空载运行是指变压器一次绕组接在额定频率、额定电压的交流电源上，而二次绕组开路时的运行状态。此时由于二次绕组开路，故 $\dot{I}_2=0$。

1.2.1.1　空载运行时的电磁关系

1．空载运行时的物理情况

单相变压器空载运行示意如图 1-12 所示。

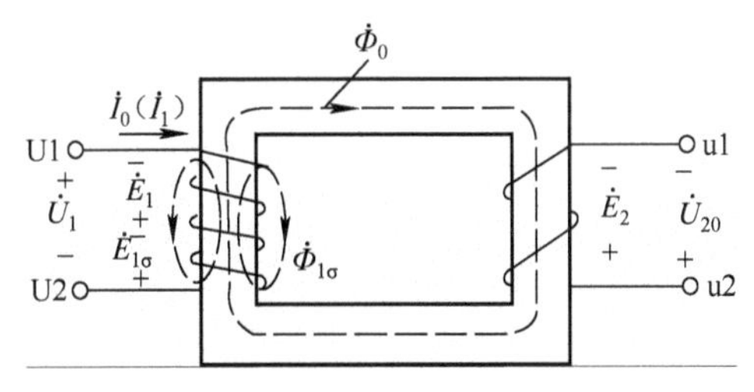

图 1-12　单相变压器空载运行示意

当一次绕组接入交流电压为 $\dot{U}_1$ 的电源后，一次绕组内便有一个交变电流 $\dot{I}_0$ 流过，此电流称为空载电流 $\dot{I}_0$。空载电流 $\dot{I}_0$ 在一次绕组中产生空载磁动势 $\dot{F}_0=N_1\dot{I}_0$，它建立交变的空载磁场。通常将它分成两部分进行分析：一部分是以铁芯作闭合回路的磁通，既交链于一次绕组又交链于二次绕组，称作主磁通，用 $\dot{\Phi}_0$ 表示；另一部分只交链于一次绕组，以非磁性介质（空气或油）作闭合回路的磁通，称为一次漏磁通，用 $\dot{\Phi}_{1\sigma}$ 表示。根据电磁感应原理，主磁通 $\dot{\Phi}_0$ 将在一、二次绕组中感应主电动势 $\dot{E}_1$ 和 $\dot{E}_2$；一次漏磁通 $\dot{\Phi}_{1\sigma}$ 将在一次绕组中感应一次漏磁电动势 $\dot{E}_{1\sigma}$。此外，空载电流 $\dot{I}_0$ 还将在一次绕组产生电阻压降 $r_1\dot{I}_0$。各电磁量的假定参考方向如图 1-12 所示，它们间的关系如下：

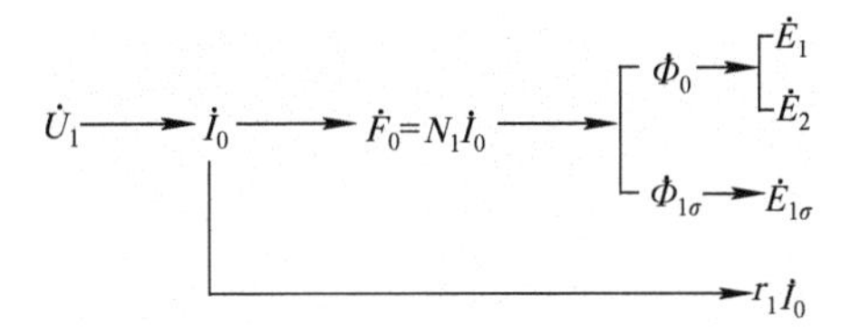

由于路径不同，主磁通和漏磁通有如下差异。

（1）在性质上，主磁通磁路由铁磁材料组成，具有饱和特性，Φ_0与I_0成非线性关系；而漏磁通磁路不饱和，$\Phi_{1\sigma}$与I_0成线性关系。

（2）在数量上，因为铁芯的磁导率比空气（或变压器油）的磁导率大得多，铁芯磁阻小，所以主磁通远大于漏磁通。一般主磁通可占总磁通的99%以上，而漏磁通仅占1%以下。

（3）在作用上，主磁通在二次绕组中感应电动势，若接负载，就有电功率输出，故起传递能量的媒介作用；而漏磁通只在一次绕组中感应漏磁电动势，仅起漏抗压降的作用。

2．感应电动势分析

1）主磁通感应的电动势

设主磁通按正弦规律变化，即

$$\Phi_0 = \Phi_m \sin \omega t$$

按照图1-12中参考方向的规定，一、二次绕组感应电动势瞬时值为

$$e_1 = -N_1 \frac{\mathrm{d}\Phi_0}{\mathrm{d}t} = -N_1 \omega \Phi_m \cos \omega t = 2\pi f N_1 \Phi_m \sin(\omega t - 90^\circ) = E_{1m} \sin(\omega t - 90^\circ) \quad (1-4)$$

$$e_2 = -N_2 \frac{\mathrm{d}\Phi_0}{\mathrm{d}t} = -N_2 \omega \Phi_m \cos \omega t = 2\pi f N_2 \Phi_m \sin(\omega t - 90^\circ) = E_{2m} \sin(\omega t - 90^\circ) \quad (1-5)$$

一、二次感应电动势的有效值分别为

$$E_1 = \frac{E_{1m}}{\sqrt{2}} = \frac{\omega N_1 \Phi_m}{\sqrt{2}} = \frac{2\pi f N_1 \Phi_m}{\sqrt{2}} = 4.44 f N_1 \Phi_m \quad (1-6)$$

$$E_2 = \frac{E_{2m}}{\sqrt{2}} = \frac{\omega N_2 \Phi_m}{\sqrt{2}} = \frac{2\pi f N_2 \Phi_m}{\sqrt{2}} = 4.44 f N_2 \Phi_m \quad (1-7)$$

一、二次感应电动势的相量表达式为

$$\dot{E}_1 = -\mathrm{j}4.44 f N_1 \dot{\Phi}_m \quad (1-8)$$

$$\dot{E}_2 = -\mathrm{j}4.44 f N_2 \dot{\Phi}_m \quad (1-9)$$

由此可知，一、二次感应电动势的大小与电源频率、绕组匝数及主磁通最大值成正比，且在相位上滞后主磁通90°。

2）漏磁通感应的电动势

用同样的方法可推得

$$E_{1\sigma} = \frac{2\pi}{\sqrt{2}} f N_1 \Phi_{1\sigma m} = 4.44 f N_1 \Phi_{1\sigma m} \quad (1-10)$$

$$\dot{E}_{1\sigma} = -\mathrm{j}4.44 f N_1 \dot{\Phi}_{1\sigma m} \quad (1-11)$$

式（1-11）也可用电抗压降的形式来表示，即

$$\dot{E}_{1\sigma} = -\mathrm{j}\frac{2\pi}{\sqrt{2}} f \frac{N_1 \dot{\Phi}_{1\sigma m}}{\dot{I}_0} \dot{I}_0 = -\mathrm{j}2\pi f L_{1\sigma} \dot{I}_0 = -\mathrm{j}\dot{I}_0 x_1 \quad (1-12)$$

式中　$L_{1\sigma}$——一次绕组的漏感系数，$L_{1\sigma} = \frac{\Psi_{1\sigma}}{I_0} = \frac{N_1 \Phi_{1\sigma}}{I_0}$；

x_1——一次绕组的漏电抗，$x_1 = 2\pi f L_{1\sigma}$。

因漏磁通主要经过非铁磁路径，磁路不饱和，故磁阻很大且为常数，因而漏电抗x_1很小且亦为常数，它不随电源电压及负载情况而变。

1.2.1.2　空载电流和空载损耗

1．空载电流

1）空载电流的作用与组成

变压器的空载电流 $\dot{I}_0$ 包含两个分量：一个是励磁分量，其作用是建立主磁通 $\dot{\Phi}_0$，其相位与主磁通 $\dot{\Phi}_0$ 相同，为一无功电流，用 $\dot{I}_{0r}$ 表示；另一个是铁损耗分量，其作用是供给主磁通在铁芯中交变时产生的磁滞损耗和涡流损耗（统称为铁损耗），此电流为一有功分量，用 $\dot{I}_{0a}$ 表示。故空载电流 $\dot{I}_0$ 可写成

$$\dot{I}_0 = \dot{I}_{0a} + \dot{I}_{0r} \tag{1-13}$$

2）空载电流的性质和大小

电力变压器空载电流的无功分量总是远远大于有功分量，故变压器空载电流可近似认为是无功性质的，即 $I_{0r} >> I_{0a}$，当忽略 I_{0a} 时，则 $I_0 \approx I_{0r}$。故也把空载电流近似称作励磁电流。

空载电流越小越好，其大小常用百分值 $I_0\%$ 表示，即

$$I_0\% = \frac{I_0}{I_N} \times 100\% \tag{1-14}$$

由于采用导磁性能良好的硅钢片，一般的电力变压器 $I_0\%$ 为 0.5%～3%，容量越大，I_0 相对越小，大型变压器 $I_0\%$ 在 1%以下。

3）空载电流的波形

空载电流波形与铁芯磁化曲线有关，由于磁路的饱和，空载电流 i_0 与由它所产生的主磁通成非线性关系。由图 1-13 可知，当磁通按正弦规律变化时，由于磁路饱和的影响，空载电流呈尖顶波形。

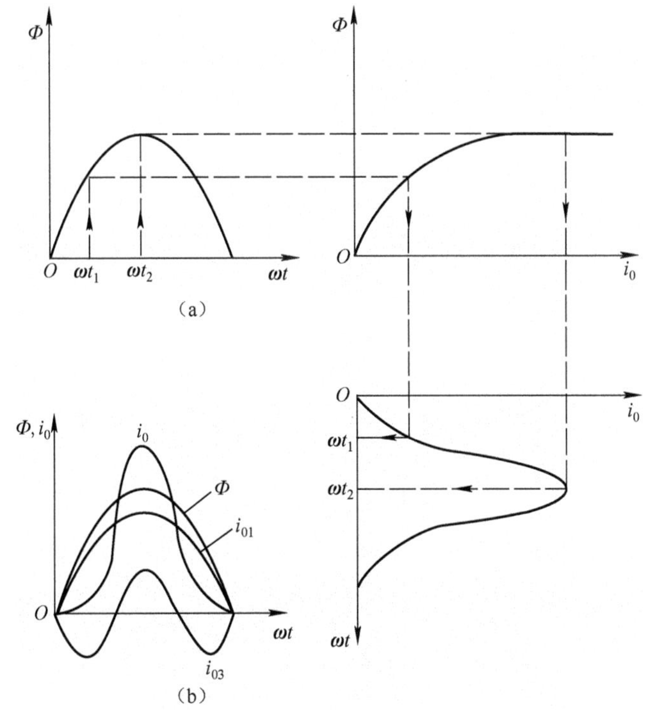

图 1-13　空载电流波形

（a）图解法　（b）波形分析

尖顶波的空载电流，除基波分量外，三次谐波分量为最大。

从上述分析可见，实际的空载电流并不是正弦波形，但为了分析、测量和计算的方便，在相量图和计算式中，均用等效正弦电流来代替实际的空载电流。

2．空载损耗

变压器空载运行时，一次绕组从电源中吸收了少量的电功率 p_0，这个功率主要用来补偿铁芯中的铁损耗 p_{Fe} 以及少量的绕组铜损耗 $I_0^2r_1$，由于 I_0 和 r_0 均很小，$I_0^2r_1$ 也很小，故 $p_0 \approx p_{Fe}$，即空载损耗可近似等于铁损耗。这部分功率变为热能散发至周围空间。

对已制成的变压器，p_{Fe} 可用试验方法测得，也可用如下的经验公式计算：

$$p_{Fe} = p_{1/50}B_m^2\left(\frac{f}{50}\right)^{1.3}G \tag{1-15}$$

式中　$p_{1/50}$——频率为 50 Hz、最大磁通密度为 1 T 时，每千克材料的铁芯损耗（可从有关材料性能数据中查得）；

　　G——铁芯质量（kg）。

从式（1-15）可知，铁损耗与材料性能、铁芯中最大磁通密度、交变频率及铁芯质量等有关。

对于电力变压器来说，空载损耗不超过额定容量的 1%，而且随变压器容量的增大而下降。但由于电力变压器在电力系统中使用量大，且常年接在电网上，所以减少空载损耗具有重要意义。

1.2.1.3　空载时的电动势方程式、等效电路

1．电动势平衡方程式和变比

1）电动势平衡方程式

根据基尔霍夫第二定律，由图 1-12 得

$$\dot{U}_1 = -\dot{E}_1 - \dot{E}_{1\sigma} + \dot{I}_0r_1 = -\dot{E}_1 + \dot{I}_0r_1 + j\dot{I}_0x_1 = -\dot{E}_1 + \dot{I}_0Z_1 \tag{1-16}$$

式中　Z_1——一次绕组的漏阻抗，$Z_1 = r_1 + jx_1$。

由于 I_0 和 Z_1 均很小，故漏阻抗压降 I_0Z_1 更小（$<0.5\%U_{1N}$），分析时常忽略不计，式（1-16）可变成

$$\dot{U}_1 \approx -\dot{E}_1 \tag{1-17}$$

把式（1-17）改写成有效值 $U_1 \approx E_1 = 4.44fN_1\Phi_m$，则得

$$\Phi_m = \frac{E_1}{4.44fN_1} \approx \frac{U_1}{4.44fN_1} \tag{1-18}$$

由式（1-18）可知，影响变压器主磁通大小的因素有电源电压 U_1 和频率 f，还有结构因素 N_1。当电源电压和频率不变时，变压器主磁通大小基本不变。

2）变比

变比 k 定义为一、二次绕组主电动势之比

$$k = \frac{E_1}{E_2} = \frac{N_1}{N_2} \approx \frac{U_1}{U_{20}} = \frac{U_{1N}}{U_{2N}} \tag{1-19}$$

由式（1-19）可知，变比亦为两侧绕组匝数比或空载时两侧电压之比。

对三相变压器，变比指一、二次侧相电动势之比，也就是一、二次侧额定相电压之比。而三相变压器的额定电压是指线电压，故其变比与原、副边额定电压之间的关系如下。

对于 Y，d 连接

$$k=\frac{U_{1N}}{\sqrt{3}U_{2N}} \tag{1-20}$$

对于 D，y 连接

$$k=\frac{\sqrt{3}U_{1N}}{U_{2N}} \tag{1-21}$$

对于 Y，y 和 D，d 连接，其关系式与式（1-19）相同。前面提到的符号 Y（y）是指三相绕组星形连接，而 D（d）则指三相绕组三角形连接，逗号前面的大写字母表示高压绕组的接法，逗号后面的小写字母表示低压绕组的接法。

2．空载时的等效电路

1）空载时的等效电路介绍

在变压器运行时，既有电路、磁路问题，又有电和磁之间的相互耦合问题，尤其当磁路存在饱和现象时，将给分析和计算带来很大困难。若能将变压器运行中的电和磁之间的相互关系用一个模拟电路的形式来等效，就可以使分析与计算大为简化。所谓等效电路就是基于这一概念而建立起来的。

前已述及，空载电流 $\dot{I}_0$ 在一次绕组产生的漏磁通 $\dot{\Phi}_{1\sigma}$ 感应出一次漏磁电动势 $\dot{E}_{1\sigma}$，其在数值上可用空载电流 $\dot{I}_0$ 在漏电抗 x_1 上的压降 $x_1\dot{I}_0$ 表示。同样，空载电流 $\dot{I}_0$ 产生主磁通 $\dot{\Phi}_0$ 在一次绕组感应出主电动势 $\dot{E}_1$，它也可用某一参数的压降来表示。但交变主磁通在铁芯中还产生铁损耗，故还需引入一个电阻参数 r_m，用 $I_0^2r_m$ 来反映变压器的铁损耗，因此可引入一个阻抗参数 Z_m，把 $\dot{E}_1$ 与 $\dot{I}_0$ 联系起来，此时 $-\dot{E}_1$ 可看作空载电流 $\dot{I}_0$ 在 Z_m 上的阻抗压降，即

$$-\dot{E}_1=\dot{I}_0Z_m=\dot{I}_0\left(r_m+jx_m\right) \tag{1-22}$$

式中 Z_m——励磁阻抗，$Z_m=r_m+jx_m$；

r_m——励磁电阻，是对应于铁损耗的等效电阻；

x_m——励磁电抗，是对应于主磁通的电抗。

把式（1-22）代入式（1-16），便得

$$\dot{U}_1=-\dot{E}_1+\dot{I}_0Z_1=\dot{I}_0Z_m+\dot{I}_0Z_1=\dot{I}_0\left(r_1+jx_1+r_m+jx_m\right) \tag{1-23}$$

式（1-23）对应的电路即为变压器空载时的等效电路，如图 1-14 所示。

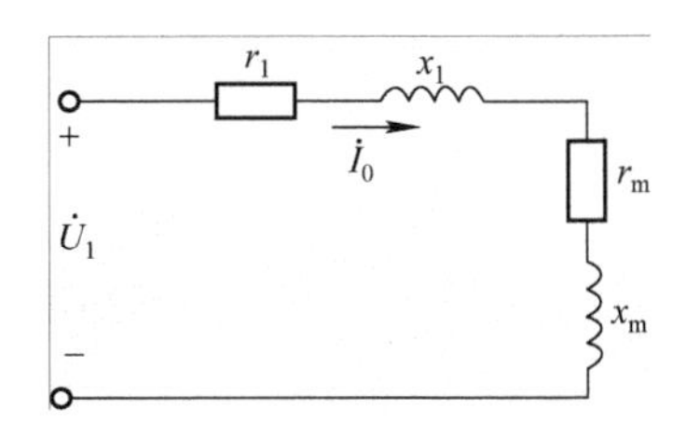

图 1-14 变压器空载等效电路

由前面分析可知，一次漏阻抗 $Z_1=r_1+jx_1$ 为定值。由于铁芯磁路具有饱和特性，励磁

阻抗 $Z_m = r_m + jx_m$ 随着外加电压 U_1 增大而变小。在变压器正常运行时，外施电压 U_1 波动幅度不大，基本上为恒定值，故 Z_m 可近似认为是常数。

对于电力变压器，由于 $r_1 \ll r_m$，$x_1 \ll x_m$，所以 $Z_1 \ll Z_m$。例如一台容量为 1 000 kV·A 的三相变压器其 Z_1=2.75 Ω，Z_m=2 000 Ω，故有时可把一次漏阻抗 $Z_1 = r_1 + jx_1$ 忽略不计，则变压器空载等效电路就成为只有一个励磁阻抗 Z_m 元件的电路。所以在外施电压一定时，变压器空载电流的大小主要取决于励磁阻抗的大小。从变压器运行的角度看，希望空载电流越小越好，因而变压器采用高磁导率的铁磁材料以增大 Z_m，减小 I_0，提高其运行效率和功率因数。

1.2.2 单相变压器的负载运行

变压器的一次侧接在额定频率、额定电压的交流电源上，二次侧接上负载的运行状态，称为变压器的负载运行。此时，二次绕组有电流 $\dot{I}_2$ 流向负载，电能就从变压器的一次侧传递到二次侧，如图 1-15 所示。

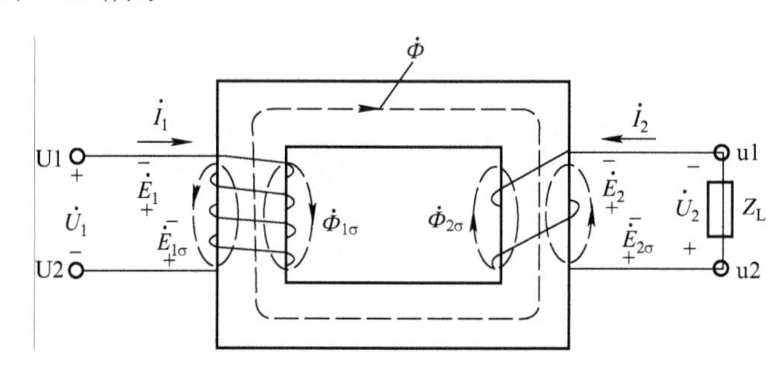

图 1-15 变压器负载运行示意

1. 负载运行时的电磁关系

变压器空载运行时，只在一次绕组中流过空载电流 $\dot{I}_0$，建立作用在铁芯上的磁动势 $\dot{F}_0 = \dot{I}_0 N_1$，它在铁芯中产生主磁通 $\dot{\Phi}_0$，而 $\dot{\Phi}_0$ 在一、二次绕组中感应出主电动势 $\dot{E}_1$ 和 $\dot{E}_2$，电源电压 $\dot{U}_1$ 与一次绕组的反电动势（$-\dot{E}_1$）和漏阻抗压降 $\dot{I}_0 Z_1$ 相平衡，此时变压器处于空载时的电磁平衡状态。

当变压器二次绕组接上负载后，便有电流 $\dot{I}_2$ 流过，它将建立二次磁动势 $\dot{F}_2 = \dot{I}_2 N_2$，也作用于主磁路铁芯上。由于电源电压 $\dot{U}_1$ 为一常值，相应地，主磁通 $\dot{\Phi}_0$ 应保持不变，产生主磁通的磁动势也应保持不变。因此，当二次磁动势力图改变铁芯中产生主磁通的磁动势时，一次绕组中将产生一个附加电流（用 $\dot{I}_{1L}$ 表示），附加电流 $\dot{I}_{1L}$ 产生的磁动势为 $\dot{I}_{1L} N_1$，恰好与二次磁动势 $\dot{I}_2 N_2$ 相抵消。此时，一次电流就由 $\dot{I}_0$ 变成了 $\dot{I}_1 = \dot{I}_0 + \dot{I}_{1L}$，而作用在铁芯中的总磁动势即为 $\dot{I}_1 N_1 + \dot{I}_2 N_2$，它产生接上负载时的主磁通。

变压器负载运行时，除由合成磁动势 $\dot{F}_1 + \dot{F}_2$ 产生的主磁通在一、二次绕组中感应交变电动势 $\dot{E}_1$ 和 $\dot{E}_2$ 外，$\dot{F}_1$ 和 $\dot{F}_2$ 还分别产生只交链于各自绕组的漏磁通 $\dot{\Phi}_{1\sigma}$ 和 $\dot{\Phi}_{2\sigma}$，并分别在一、二次绕组中感应漏磁电动势 $\dot{E}_{1\sigma}$ 和 $\dot{E}_{2\sigma}$。

另外，由于绕组有电阻，一、二次绕组电流 $\dot{I}_1$ 和 $\dot{I}_2$ 分别产生电阻压降 $\dot{I}_1 r_1$ 和 $\dot{I}_2 r_2$。各电

磁量之间的关系如下：

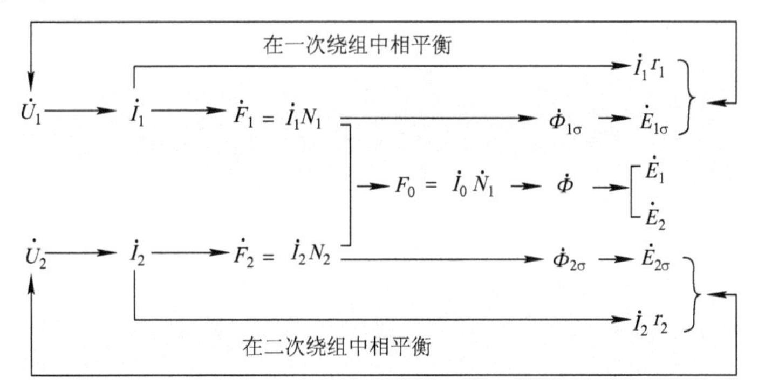

2. 负载运行时的基本方程式

1）磁动势平衡方程式

综上分析可知，负载时产生主磁通的合成磁动势和空载时产生主磁通的励磁磁动势基本相等，即

$$\dot{F}_1 + \dot{F}_2 = \dot{F}_0$$

或

$$\dot{I}_1 N_1 + \dot{I}_2 N_2 = \dot{I}_0 N_1 \tag{1-24}$$

将式（1-24）两边除以 N_1，便得

$$\dot{I}_1 + \dot{I}_2 \frac{N_2}{N_1} = \dot{I}_0$$

改写为

$$\dot{I}_1 = \dot{I}_0 + \left(-\dot{I}_2 \frac{N_2}{N_1}\right) = \dot{I}_0 + \left(-\frac{\dot{I}_2}{k}\right) = \dot{I}_1 + \dot{I}_{1L} \tag{1-25}$$

式中 $\dot{I}_{1L}$——一次绕组的负载分量电流，$\dot{I}_{1L} = -\dfrac{\dot{I}_2}{k}$。

式(1-25)表明，变压器负载运行时，一次电流 $\dot{I}_1$ 由两个分量组成：一个是励磁电流 $\dot{I}_0$，用来建立负载时的主磁通 $\dot{\Phi}_0$，它不随负载大小而变动；另一个是负载分量电流 $\dot{I}_{1L} = -\dfrac{\dot{I}_2}{k}$，用以抵消二次磁动势的作用，它随负载大小而变动。这说明变压器负载运行时，通过磁动势平衡关系，将一、二次电流紧密联系起来，二次电流增加或减少的同时，必然引起一次电流的增加或减少；相应地，当二次侧输出功率增加或减少时，一次侧从电网吸取的功率必然同时增加或减少。

变压器负载运行时，由于 $I_0 << I_1$，故可忽略 I_0，这样一、二次侧的电流关系变为

$$\dot{I}_1 \approx -\frac{\dot{I}_2}{k}$$

或

$$\frac{I_1}{I_2} \approx \frac{1}{k} = \frac{N_2}{N_1} \tag{1-26}$$

式（1-26）表明，一、二次侧电流的大小近似与绕组匝数成反比。高压绕组匝数多，电流小；低压绕组匝数少，电流大。可见两侧绕组匝数不同，不仅能变电压，同时也能变电流。

2）电动势平衡方程式

根据基尔霍夫第二定律，可得

一次侧

$$\dot{U}_1=-\dot{E}_1-\dot{E}_{1\sigma}+\dot{I}_1r_1=-\dot{E}_1+\dot{I}_1(r_1+\mathrm{j}x_1)=-\dot{E}_1+\dot{I}_1Z_1 \tag{1-27}$$

式中　$\dot{E}_{1\sigma}$——一次漏磁电动势，$\dot{E}_{1\sigma}=-\mathrm{j}\dot{I}_1x_1$；

Z_1——一次漏阻抗，$Z_1=r_1+\mathrm{j}x_1$。

二次侧

$$\dot{U}_2=\dot{E}_2+\dot{E}_{2\sigma}-\dot{I}_2r_2=\dot{E}_2-\dot{I}_2(r_2+\mathrm{j}x_2)=\dot{E}_2-\dot{I}_2Z_2 \tag{1-28}$$

式中　$\dot{E}_{2\sigma}$——二次漏磁电动势，$\dot{E}_{2\sigma}=-\mathrm{j}\dot{I}_2x_2$；

x_2——二次漏电抗；

Z_2——二次漏阻抗，$Z_2=r_2+\mathrm{j}x_2$。

变压器二次侧电压$\dot{U}_2$也可写成

$$\dot{U}_2=\dot{I}_2Z_{\mathrm{L}} \tag{1-29}$$

式中　Z_{L}——负载阻抗。

综前所述，将变压器负载时的基本电磁关系归纳起来，可得以下基本方程式组：

$$\left.\begin{aligned}\dot{U}_1&=-\dot{E}_1+\dot{I}_1(r_1+\mathrm{j}x_1)\\ \dot{U}_2&=\dot{E}_2-\dot{I}_2(r_2+\mathrm{j}x_2)\\ \dot{I}_1&=\dot{I}_0+(-\dot{I}_2/k)\\ E_1/E_2&=k\\ \dot{E}_1&=-\dot{I}_0Z_{\mathrm{m}}\\ \dot{U}_2&=\dot{I}_2Z_{\mathrm{L}}\end{aligned}\right\} \tag{1-30}$$

1.2.3 变压器的等效电路

变压器的基本方程式反映了变压器内部的电磁关系，利用式（1-30）便能对变压器进行定量计算，一般已知外加电源电压$\dot{U}_1$，变压器变比k，阻抗Z_1、Z_2和Z_{m}及负载阻抗Z_{L}，便可解出六个未知数$\dot{I}_0$、$\dot{I}_1$、$\dot{I}_2$、$\dot{E}_1$、$\dot{E}_2$和$\dot{U}_2$。但联立方程组的求解是相当烦琐的，并且由于电力变压器的变比k较大，使一、二次侧的电动势、电流、阻抗等相差很大，计算时精确度降低，也不便于比较。为此希望用一个纯电路来代替实际变压器，这种电路称为等效电路。要想得到等效电路，首先需对变压器进行折算。

1．折算

负载时变压器有两个独立的电路，相互间靠磁路联系在一起，主磁通作媒介。折算就是假想二次匝数（或电动势）与一次相等，即$N_2'=N_1$，$E_2'=E_1$，实际上是把它看成变比k=1的变压器；与此同时，须对变压器二次侧的各电磁量均作相应的变换，以保持变压器两侧的电磁关系不变，即把二次侧的量折算到一次侧。为区别，便在二次侧量的右上角加一撇，如$\dot{U}_2'$、$\dot{I}_2'$、$\dot{E}_2'$等。当然也可把一次侧的量往二次侧折算。图1-16中二次侧各量，其中打“′”的为折算后的电磁量，而不打“′”的为折算前的电磁量。

如何把二次绕组匝数看成等于一次绕组匝数，且又保持其电磁关系不变呢？这就需遵循如下原则：①保持二次磁动势 $\dot{F}_2$ 不变；②保持副边各功率（或损耗）不变。这样就可保证变压器主磁通、漏磁通不变，保证原边从电网吸取同样的功率传递到副边，从而使得折算对原边物理量毫无影响，不致改变变压器的原电磁关系。

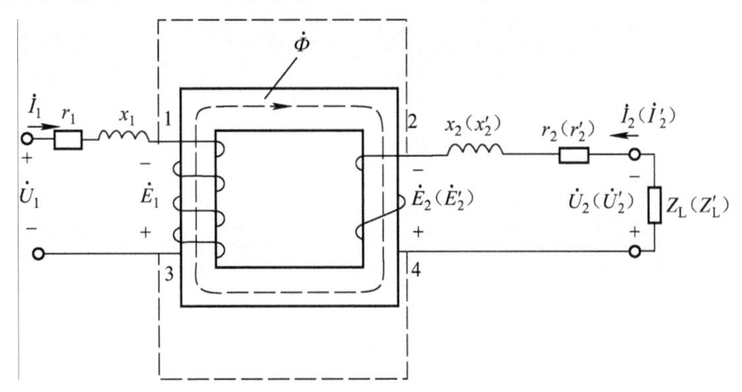

图 1-16　变压器折算时等效电路

下面根据上述两原则，导出各量的折算值。

1）二次电动势的折算值

由于折算前后主磁场和漏磁场均不改变，根据电动势与匝数成正比关系，得

$$\frac{E_2'}{E_2}=\frac{N_2'}{N_2}=\frac{N_1}{N_2}=k$$

则

$$E_2'=kE_2 \tag{1-31}$$

同理

$$E_{2\sigma}'=kE_{2\sigma} \tag{1-32}$$

即二次电动势的折算值为原二次电动势乘以 k。

2）二次电流的折算值

根据折算前后二次磁动势 $\dot{F}_2$ 不变的原则，可得

$$I_2'N_1=I_2N_2$$

则

$$I_2'=\frac{N_2}{N_1}I_2=\frac{1}{k}I_2 \tag{1-33}$$

即二次电流的折算值为原二次电流除以 k。

3）二次漏阻抗的折算值

折算前后二次绕组铜损耗应保持不变，便得

$$I_2'^2r_2'=I_2^2r_2$$

则

$$r_2'=\left(\frac{I_2}{I_2'}\right)^2r_2=k^2r_2 \tag{1-34}$$

折算前后二次绕组无功损耗不变，有

$$I_2'^2x_2'=I_2^2x_2$$

则

$$x_2' = \left(\frac{I_2}{I_2'}\right)^2 x_2 = k^2 x_2 \tag{1-35}$$

即二次漏阻抗的折算值为原二次漏阻抗乘以 k^2。

4）二次电压的折算值

$$\dot{U}_2' = \dot{E}_2' - \dot{I}_2' Z_2' = k\dot{E}_2 - \frac{1}{k}\dot{I}_2 k^2 Z_2 = k\left(\dot{E}_2 - \dot{I}_2 Z_2\right) = k\dot{U}_2 \tag{1-36}$$

即二次电压的折算值为原二次电压乘以 k。

5）负载阻抗的折算值

因阻抗为电压与电流之比，便有

$$Z_L' = \frac{U_2'}{I_2'} = \frac{kU_2}{\frac{1}{k}I_2} = k^2 \frac{U_2}{I_2} = k^2 Z_L \tag{1-37}$$

即负载阻抗折算方法与二次漏阻抗相同。

综上所述，把变压器二次侧折算到一次侧后，电动势和电压的折算值等于实际值乘以变比 k，电流的折算值等于实际值除以变比 k，而电阻、漏抗及阻抗的折算值等于实际值乘以 k^2。

折算以后，变压器负载运行时的基本方程式变为

$$\left.\begin{aligned} &\dot{U}_1 = -\dot{E}_1 + \dot{I}_1 r_1 + \mathrm{j}\dot{I}_1 x_1 \\ &\dot{U}_2' = \dot{E}_2' - \dot{I}_2' r_2' - \mathrm{j}\dot{I}_2' x_2' \\ &\dot{I}_1 + \dot{I}_2' = \dot{I}_0 \\ &\dot{E}_1 = \dot{E}_2' = -\dot{I}_0 Z_m \\ &\dot{U}_2' = \dot{I}_2' Z_L' \end{aligned}\right\} \tag{1-38}$$

2．等效电路

进行折算后，就可以将两个独立电路直接连在一起，然后再把铁芯磁路的工作状况用纯电路的形式代替，即得变压器负载时的等效电路。

1）T 形等效电路

首先按式（1-38）分别画出一次侧、二次侧的电路，如图 1-17（a）所示。图中二次侧各量均已折算到一次侧，即 $N_2' = N_1$，$\dot{E}_2' = \dot{E}_1$，也就是说图 1-16 中 3 与 4 点、1 与 2 点为等电位点，可用导线把它们连接起来，将两个绕组合并成一个绕组，这对一、二次回路无任何影响。如此就将磁耦合变压器变成了直接电联系的等效电路。合并后的绕组中有励磁电流 $\dot{I}_0 = \dot{I}_1 + \dot{I}_2'$ 流过，称为励磁支路，如图 1-17（b）所示。如同在空载时的等效电路一样，它可用等效阻抗 $Z_m = r_m + \mathrm{j}x_m$ 来代替。这样就从物理概念导出了变压器负载运行时的 T 形等效电路，如图 1-17（c）所示。

T 形等效电路也可用数学方法导出，这里从略。

2）近似等效电路

T 形等效电路能正确反映变压器内部的电磁关系，但其结构为串、并联混合电路，计算比较繁杂，为此提出在一定条件下将等效电路简化。

在 T 形等效电路中，因 $I_0 \ll I_1$，$Z_1 \ll Z_m$，故 $I_0 Z_1$ 很小，可略去不计；而 $I_1 Z_1$ 也很小

（$<5\%U_{1N}$），可忽略不计，这样便可把励磁支路从 T 形电路的中部移至电源端，得图 1-18 所示的近似等效电路，由于其阻抗元件支路构成一个“Γ”，故亦称Γ形等效电路。

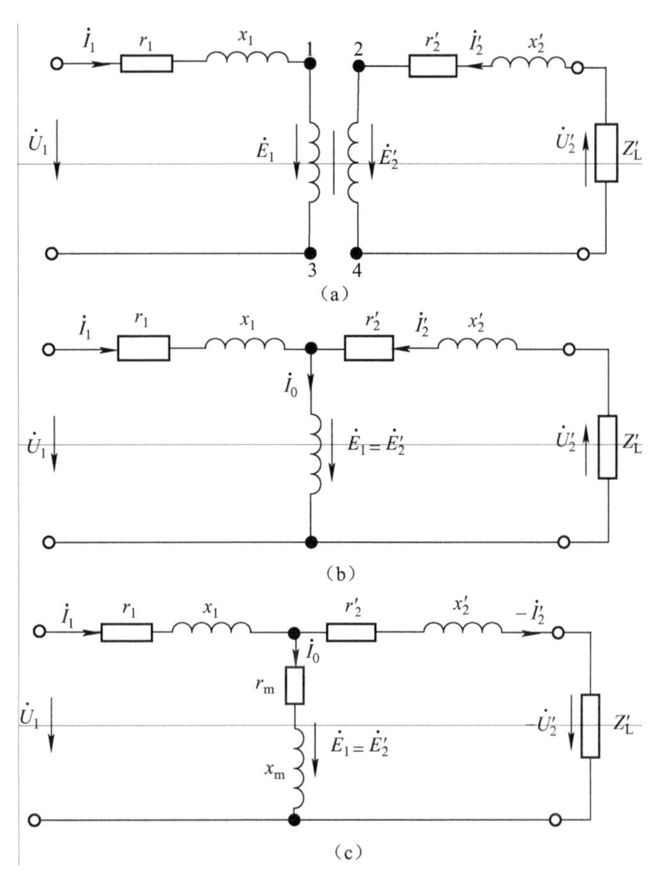

图 1-17　变压器 T 形等效电路的形成过程

（a）两侧电路　（b）励磁支路　（c）T 形等效电路

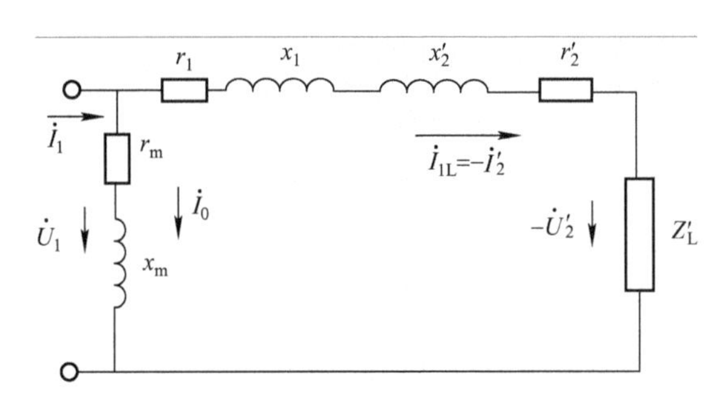

图 1-18　变压器的近似等效电路

3）简化等效电路

由于一般变压器 $I_0 << I_N$，通常 I_0 占 I_N 的 0.5%～3%，在进行工程计算时，可把励磁电流 I_0 忽略，即去掉励磁支路，而得到一个由一、二次侧的漏阻抗构成的更为简单的串联电路，如图 1-19 所示，称为变压器的简化等效电路。

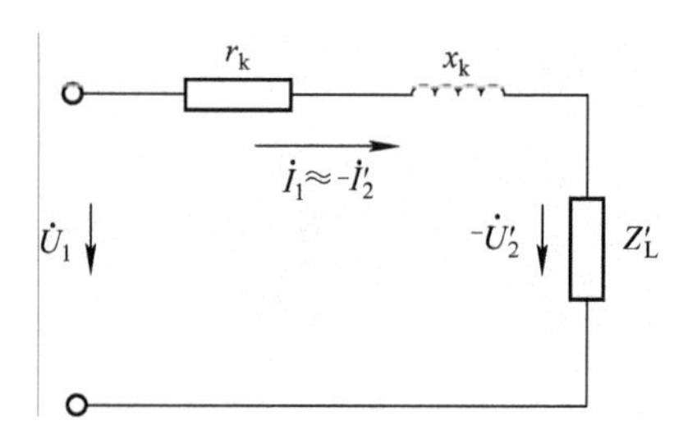

图 1-19　变压器的简化等效电路

图中：

$$\left.\begin{aligned} r_k &= r_1 + r_2' \\ x_k &= x_1 + x_2' \\ Z_k &= r_k + jx_k \end{aligned}\right\} \tag{1-39}$$

式中　r_k——短路电阻；

x_k——短路电抗；

Z_k——短路阻抗。

变压器的短路阻抗即为原、副边漏阻抗之和，其值较小且为常数。由简化等效电路可见，如变压器发生稳定短路，则短路电流 $I_k = U_1 / Z_k$，可见短路阻抗能起到限制短路电流的作用。由于 Z_k 很小，故短路电流值较大，一般可达额定电流的 10～20 倍。

1.2.4　变压器参数测定

从上节可知，当用基本方程式、等效电路或相量图分析变压器的运行性能时，必须知道变压器的参数。这些参数直接影响变压器的运行性能，在设计变压器时，可根据所使用的材料及结构尺寸把它们计算出来，而对已制成的变压器，可用试验的方法求得。

1．空载试验

空载试验的目的是通过测量空载电流 I_0，一、二次电压 U_0 和 U_{20} 以及空载功率 p_0 来计算变比 k、空载电流百分值 $I_0\%$、铁芯损耗 p_{Fe} 和励磁阻抗 $Z_m = r_m + jx_m$，从而判断铁芯质量和检查绕组是否有匝间短路故障等。

单相变压器空载试验的接线图如图 1-20（a）所示。空载试验可以在任何一侧做，但考虑到空载试验时所加电压较高（为额定电压）、电流较小（为空载电流），为了试验安全及仪表选择便利，通常在低压侧加压，而高压侧开路。由于空载电流小，电流表应接在靠近变压器侧，以减小误差。

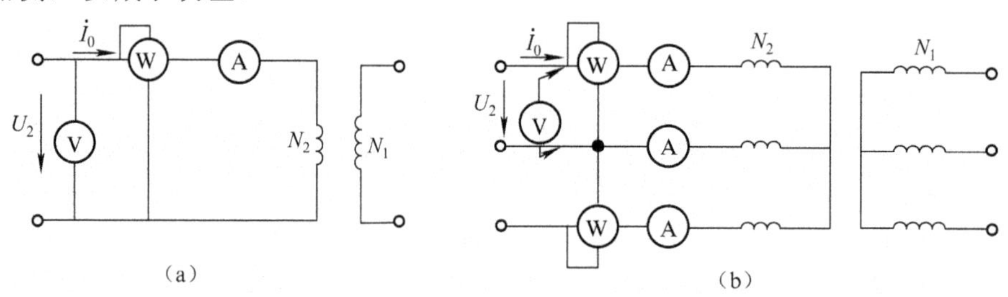

图 1-20　空载试验接线图

（a）单相变压器　（b）三相变压器

空载试验时，调压器接交流电源，调节其输出电压U_0由零逐渐升至U_N（变压器低压侧额定电压），分别测出它所对应的U_{20}、I_0及p_0值。

由所测数据可求得

$$\left.\begin{aligned} k &= \frac{U_{20}(\text{高压})}{U_N(\text{低压})} \\ I_0\% &= \frac{I_0}{I_N(\text{低压})} \times 100\% \\ p_{Fe} &= p_0 \end{aligned}\right\} \tag{1-40}$$

空载试验时，变压器没有输出功率，此时输入有功功率p_0包含一次绕组铜损耗$r_1 I_0^2$和铁芯中铁损耗$p_{Fe} = r_m I_0^2$两部分。由于$r_1 << r_m$，因此$p_0 \approx p_{Fe}$。

由空载等效电路，忽略r_1、x_1，可求得试验侧励磁参数：

$$\left.\begin{aligned} Z_m &= \frac{U_N(\text{低压})}{I_0} \\ r_m &= \frac{p_0}{I_0^2} \\ x_m &= \sqrt{Z_m^2 - r_m^2} \end{aligned}\right\} \tag{1-41}$$

应当注意以下几项。

（1）因空载电流、铁芯损耗及励磁阻抗均随电压大小而变，即与铁芯饱和程度有关，所以空载电流和空载功率常取额定电压时的值，并以此求取励磁阻抗的值。

（2）由于空载试验一般在低压侧进行，故测得的励磁参数是属于低压侧的数值，若要求取折算到高压侧的励磁阻抗，必须乘以变比的平方，即高压侧的励磁阻抗为$k^2 Z_m$。

（3）对于三相变压器，应用式（1-41）时，必须采用相值，即用一相的损耗以及相电压和相电流等来进行计算，而k值也应取相电压之比。

（4）变压器空载运行时功率因数很低（$\cos\varphi_0 < 0.2$），为减小误差，应采用低功率因数功率表来测量空载功率。

2．短路试验

短路试验的目的是通过测量短路电流I_k、短路电压U_k及短路功率p_k来计算短路电压百分值U_k（%）、铜损耗p_{Cu}和短路阻抗$Z_k = r_k + jx_k$。

单相变压器短路试验的试验接线图如图 1-21（a）所示。短路试验也可以在任何一侧做，但由于短路试验时电流较大，可达额定电流，而所加电压却很低，一般为额定电压的4%～15%，因此一般在高压侧加压，而低压侧短路。由于试验电压低，电压表接在靠近变压器侧，以减小误差。

短路试验时，用调压器调节输出电压U_k由零值逐渐升高，使短路电流I_k由零升至I_N（变压器高压侧额定电流），分别测出它所对应的I_k、U_k和p_k的值。试验时，同时记录试验室的室温θ（℃）。

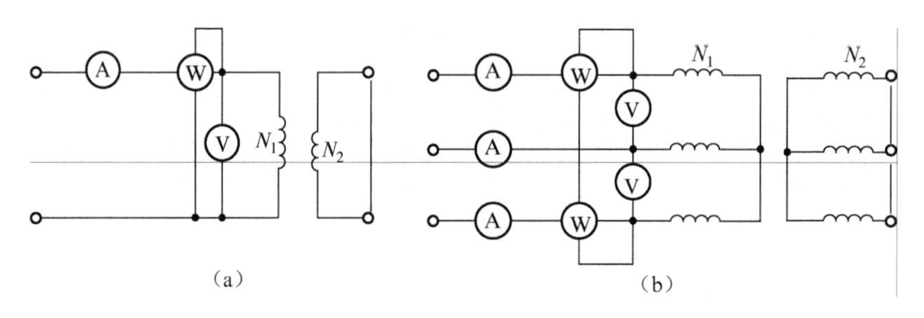

图 1-21　短路试验接线图

（a）单相变压器　（b）三相变压器

由于短路试验时外加电压较额定值低得多，铁芯中主磁通很小，铁损耗和励磁电流很小，可略去不计，认为短路损耗即为一、二次绕组电阻上的铜损耗，即 $p_k = p_{Cu}$，也就是说，可以认为等效电路中的励磁支路处于开路状态，于是由所测数据可求得短路参数：

$$\left.\begin{aligned} Z_k &= \frac{U_k}{I_k} = \frac{U_{kN}}{I_N} \\ r_k &= \frac{p_k}{I_k^2} = \frac{p_{kN}}{I_N^2} \\ x_k &= \sqrt{Z_k^2 - r_k^2} \end{aligned}\right\} \tag{1-42}$$

对于 T 形等效电路，可认为 $r_1 \approx r_2' = \frac{1}{2} r_k$， $x_1 \approx x_2' = \frac{1}{2} x_k$。

由于线圈电阻随温度而变化，而短路试验一般在室温下进行，故测得的电阻须换算到基准工作温度时的数值。按国家标准规定，油浸变压器的短路电阻应换算到 75 ℃时的数值。对于铜线变压器

$$r_{k75℃} = \frac{235 + 75}{235 + \theta} r_k \tag{1-43}$$

对于铝线变压器

$$r_{k75℃} = \frac{225 + 75}{225 + \theta} r_k \tag{1-44}$$

式中　θ——试验时的室温（℃）。

75 ℃时的短路阻抗为

$$Z_{k75℃} = \sqrt{r_{k75℃}^2 + x_k^2} \tag{1-45}$$

短路损耗 p_k 和短路电压 U_k 也应换算到 75 ℃时的数值，即

$$p_{k75℃} = I_{1N}^2 r_{k75℃} \tag{1-46}$$

$$U_{k75℃} = I_{1N} Z_{k75℃} \tag{1-47}$$

应当注意以下几项。

（1）由于短路试验一般在高压侧进行，故测得的短路参数是属于高压侧的数值，若需要折算到低压侧时，应除以 k^2。

（2）对于三相变压器，在应用式（1-46）和式（1-47）时，I_k、U_k 和 p_k 应该采用相值来计算。

短路试验时，当短路电流为额定电流时一次侧所加的电压，称为短路电压，记作 U_{kN}。

$$U_{kN} = I_{1N} Z_{k75℃} \tag{1-48}$$

它为额定电流在短路阻抗上的压降，故亦称作阻抗电压。

短路电压通常以额定电压的百分值表示，即

$$\left.\begin{aligned} U_k &= \frac{I_{1N} Z_{k75℃}}{U_{1N}} \times 100\% \\ U_{ka} &= \frac{I_{1N} r_{k75℃}}{U_{1N}} \times 100\% \\ U_{kr} &= \frac{I_{1N} x_k}{U_{1N}} \times 100\% \end{aligned}\right\} \tag{1-49}$$

式中　U_k——短路电压百分值；

U_{ka}——短路电压电阻（或有功）分量的百分值；

U_{kr}——短路电压电抗（或无功）分量的百分值。

短路电压的大小直接反映了短路阻抗的大小，而短路阻抗又直接影响变压器的运行性能。从正常运行的角度看，希望它小些，因负载变化时，副边电压波动小些；但从短路故障的角度，则希望它大些，相应的短路电流就小些。一般中、小型电力变压器的 U_k 为 4%～10.5%，大型电力变压器的 U_k 为 12.5%～17.5%。

例 1-2

一台三相电力变压器型号为 SL-750/10，$S_N = 750$ kV·A，U_{1N}/U_{2N}=10 000/400 V，Y，yn 接线。在低压侧做空载试验，测得数据为 $U_0 = 400$ V，$I_0 = 60$ A，$p_0 = 3\,800$ W。在高压侧做短路试验，测出数据为 $U_k = 440$ V，$I_k = 43.3$ A，$p_k = 10\,900$ W，室温 20 ℃。试求：（1）以高压侧为基准的 T 形等效电路参数（$r_1 = r_2'$，$x_1 = x_2'$）；（2）短路电压百分值及其电阻分量和电抗分量的百分值。

解：（1）由空载试验数据求励磁参数：

励磁阻抗 $Z_m = \dfrac{U_0/\sqrt{3}}{I_0} = \dfrac{400/\sqrt{3}}{60}\ \Omega = 3.85\ \Omega$

励磁电阻 $r_m = \dfrac{p_0/3}{I_0^2} = \dfrac{3\,800/3}{60^2}\ \Omega = 0.35\ \Omega$

励磁电抗 $x_m = \sqrt{Z_m^2 - r_m^2} = 3.83\ \Omega$

折算到高压侧的值：

变比

$$k = \frac{U_{1N}/\sqrt{3}}{U_{2N}/\sqrt{3}} = \frac{10\,000/\sqrt{3}}{400/\sqrt{3}} = 25$$

$$Z_m' = k^2 Z_m = 25^2 \times 3.85\ \Omega = 2\,406.25\ \Omega$$

$$r_m' = k^2 r_m = 25^2 \times 0.35\ \Omega = 218.75\ \Omega$$

$$x_m' = k^2 x_m = 25^2 \times 3.83\ \Omega = 2\,393.75\ \Omega$$

由短路试验数据求短路参数：

短路阻抗 $Z_k = \dfrac{U_k/\sqrt{3}}{I_k} = \dfrac{440/\sqrt{3}}{43.3}\ \Omega = 5.87\ \Omega$

短路电阻 $r_k = \dfrac{p_k/3}{I_k^2} = \dfrac{10\ 900/3}{43.3^2}\ \Omega = 1.94\ \Omega$

短路电抗 $x_k = \sqrt{Z_k^2 - r_k^2} = 5.54\ \Omega$

换算到 75 ℃：

$$r_{k75°C} = \frac{225+75}{225+20} \times 1.94\ \Omega = 2.38\ \Omega$$

$$Z_{k75°C} = \sqrt{r_{k75°C}^2 + x_k^2} = 6.03\ \Omega$$

则

$$r_1 = r_2' = \frac{1}{2} r_{k75°C} = \frac{1}{2} \times 2.38\ \Omega = 1.19\ \Omega$$

$$x_1 = x_2' = \frac{1}{2} x_k = \frac{1}{2} \times 5.54\ \Omega = 2.77\ \Omega$$

（2）一次额定电流

$$I_{1Np} = \frac{S_N}{\sqrt{3}U_{1N}} = \frac{750}{\sqrt{3} \times 10} = 43.3\ \text{A}$$

短路电压百分值及其分量的百分值

$$U_k = \frac{I_{1Np} Z_{k75°C}}{U_{1N}/\sqrt{3}} \times 100\% = \frac{43.3 \times 6.03}{10\ 000/\sqrt{3}} \times 100\% = 4.52\%$$

$$U_{ka} = \frac{I_{1Np} r_{k75°C}}{U_{1N}/\sqrt{3}} \times 100\% = \frac{43.3 \times 2.38}{10\ 000/\sqrt{3}} \times 100\% = 1.78\%$$

$$U_{kr} = \frac{I_{1Np} x_k}{U_{1N}/\sqrt{3}} \times 100\% = \frac{43.3 \times 5.54}{10\ 000/\sqrt{3}} \times 100\% = 4.15\%$$

1.2.5 标幺值

在工程和科技计算中，各物理量的大小，除了用具有“单位”的有效值表示外，还常用不具“单位”的标幺值（即相对值）来表示。

所谓标幺值，就是指某一物理量的实际值与选定的同一单位的固定数值的比值。把选定的同单位的固定数值叫基准值，即

$$\text{标幺值} = \frac{\text{实际值（任意单位）}}{\text{基准值（与实际值同单位）}} \tag{1-50}$$

标幺值用在各物理量原来符号的右上角加一个“*”来表示。

例如有两个电压，它们分别是 U_1=198 kV，U_2=220 kV。当选 220 kV 作为电压的基准值时，这两个电压的标幺值用符号 U_1^* 和 U_2^* 表示，分别为

$$U_1^* = \frac{U_1}{U_2} = \frac{198}{220} = 0.9$$

$$U_2^* = \frac{U_2}{U_2} = \frac{220}{220} = 1.0$$

这就是说，电压 U_1 是所选定基准值 220 kV 的 9/10，电压 U_2 是基准值的 1 倍。

1．基准值的选取与标幺值的计算

在电机和电力工程计算中，对于“单个”的电气设备，通常都是选其额定值作基准值。各基准值之间也应符合电路定律，当电压和电流的基准值选定为 U_B、I_B 之后，阻抗的基准值即为 $Z_B = \frac{U_B}{I_B} = \frac{U_N}{I_N}$，而容量的基准值则为 $S_B = U_B I_B = U_N I_N = S_N$。

对于变压器，一、二次绕组电压和电流应选用各自的额定电压和额定电流为基准值，一、二次绕组的电压和电流的标幺值即为

$$U_1^* = \frac{U_1}{U_{1B}} = \frac{U_1}{U_{1N}},\ U_2^* = \frac{U_2}{U_{2B}} = \frac{U_2}{U_{2N}}$$

$$I_1^* = \frac{I_1}{I_{1B}} = \frac{I_1}{I_{1N}},\ I_2^* = \frac{I_2}{I_{2B}} = \frac{I_2}{I_{2N}}$$

一、二次绕组的阻抗基准值则为

$$Z_{1B} = \frac{U_{1B}}{I_{1B}} = \frac{U_{1N}}{I_{1N}},\ Z_{2B} = \frac{U_{2B}}{I_{2B}} = \frac{U_{2N}}{I_{2N}}$$

上式中，对于三相变压器，应取额定相电压和额定相电流。

一、二次绕组的阻抗标幺值为

$$Z_1^* = \frac{Z_1}{Z_{1B}},\ Z_2^* = \frac{Z_2}{Z_{2B}}$$

同理

$$r_1^* = \frac{r_1}{Z_{1B}},\ r_2^* = \frac{r_2}{Z_{2B}}$$

$$x_1^* = \frac{x_1}{Z_{1B}},\ x_2^* = \frac{x_2}{Z_{2B}}$$

视在功率 S、有功功率 P 和无功功率 Q 的基准值均为 $S_B = S_N$，则 S、P 和 Q 的标幺值为

$$S^* = \frac{S}{S_B} = \frac{S}{S_N},\ P^* = \frac{P}{S_B} = \frac{P}{S_N},\ Q^* = \frac{Q}{S_B} = \frac{Q}{S_N}$$

用以上方法选取基准值并求标幺值，在有名单位制中的各公式可直接用于标幺制中的计算，如求取励磁阻抗的公式可写成

$$\left.\begin{aligned} Z_m^* &= \frac{U_{1N}^*}{I_0^*} = \frac{1}{I_0^*} \\ r_m^* &= \frac{p_0^*}{I_0^{*2}} \\ x_m^* &= \sqrt{Z_m^{*2} - r_m^{*2}} \end{aligned}\right\} \tag{1-51}$$

求取短路阻抗的公式可写成

$$\left.\begin{aligned} Z_k^* &= \frac{U_{kN}^*}{I_N^*} = U_{kN}^* \\ r_k^* &= \frac{p_{kN}^*}{I_N^{*2}} = p_{kN}^* = \frac{p_{kN}}{S_N} \\ x_k^* &= \sqrt{Z_k^{*2} - r_k^{*2}} \end{aligned}\right\} \tag{1-52}$$

已知标幺值和基准值，就很容易求得实际值：

$$\text{实际值=基准值×标幺值} \tag{1-53}$$

标幺值和百分值相类似，均属无量纲的相对单位制，它们间的关系为

$$\text{百分值=标幺值×100\%} \tag{1-54}$$

2．采用标幺值的优缺点

1）优点

（1）便于比较变压器或电机的性能和参数。尽管变压器或电机的容量和电压等级差别可能很大，但采用标幺值表示时，其参数及性能参数的变化范围却不大，便于分析比较。例如，电力变压器的短路阻抗标幺值 Z_k^* 为 0.04～0.175，空载电流标幺值 I_0^* 为 0.02～0.1。

（2）采用标幺值表示电压和电流，可直观地反映变压器的运行情况。例如 $U_2^*=0.9$，表示变压器二次端电压低于额定值；又如 $I_2^*=1.1$，表示变压器已过载 10%。

（3）采用标幺值表示后，折算前后各量相等，即可省去折算，例如：

$$Z_2'^* = \frac{Z_2'}{U_{1N}/I_{1N}} = \frac{k^2 Z_2}{\dfrac{kU_{2N}}{\dfrac{1}{k}I_{2N}}} = \frac{Z_2}{U_{2N}/I_{2N}} = Z_2^* \tag{1-55}$$

（4）采用标幺值表示后，某些物理量意义尽管不同，但它们具有相同的数值，例如：

$$\left.\begin{aligned} Z_k^* &= \frac{Z_k}{Z_B} = \frac{Z_k}{U_N/I_N} = \frac{I_N Z_k}{U_N} = U_k^* \\ r_k^* &= U_{ka}^* \\ x_k^* &= U_{kr}^* \end{aligned}\right\} \tag{1-56}$$

（5）在标幺制中，线电压、线电流标幺值与相电压、相电流标幺值相等，三相功率标幺值与单相功率标幺值相等。需注意的是，它们的基准值不同，前者的基准值为额定线电压、额定线电流、额定三相功率，而后者为额定相电压、额定相电流和额定单相功率。

由此可见，采用标幺制给计算带来了极大的方便。

2）缺点

标幺值的缺点是没有单位，因而物理概念比较模糊，也无法用量纲作为检查计算结果是否正确的手段。

例 1-3

一台 $S_N = 100$ kV·A，$U_{1N}/U_{2N} = 6\,300/400$ V，Y，d 接线的三相电力变压器，$I_0\% = 7\%$，$p_0 = 600$ W，$U_k = 4.5\%$，$p_{kN} = 2\,250$ W。试求：（1）近似等效电路参数的标幺值；（2）短路电压及其各分量的标幺值。

解：（1）近似等效电路参数标幺值

励磁阻抗 $Z_m^* = \dfrac{1}{I_0^*} = \dfrac{1}{0.07} = 14.29$

励磁电阻 $r_m^* = \dfrac{p_0^*}{I_0^{*2}} = \dfrac{p_0/S_N}{I_0^{*2}} = \dfrac{0.6/100}{0.07^2} = 1.224$

励磁电抗 $x_m^* = \sqrt{Z_m^{*2} - r_m^{*2}} = \sqrt{14.29^2 - 1.224^2} = 14.24$

短路阻抗 $Z_k^* = U_k^* = 0.045$

短路电阻 $r_k^* = \dfrac{p_{kN}^*}{I_N^{*2}} = p_{kN}^* = \dfrac{p_{kN}}{S_N} = \dfrac{2.25}{100} = 0.022\,5$

短路电抗 $x_k^* = \sqrt{Z_k^{*2} - r_k^{*2}} = \sqrt{0.045^2 - 0.022\,5^2} = 0.039$

（2）短路电压及其各分量标幺值

$$U_k^* = 0.045 \qquad U_{ka}^* = r_k^* = 0.022\,5 \qquad U_{kr}^* = x_k^* = 0.039$$

1.2.6 变压器的运行特性

变压器的运行特性主要有外特性与效率特性。对于负载来讲，变压器二次侧相当于一个电源，它的输出电压随负载电流变化的关系即为外特性，效率随负载变化的关系即效率特性。表征变压器运行性能的主要指标有电压变化率和效率。电压变化率是变压器供电的质量指标，效率是变压器运行时的经济指标。下面分别加以讨论。

1.2.6.1 变压器的外特性与电压变化率

1. 电压变化率

所谓电压变化率，是指变压器原边施以交流 50 Hz 的额定电压时，副边空载电压 U_{20} 与带负载后在某一功率因数下副边电压 U_2 之差与副边额定电压 U_{2N} 的比值，用 ΔU 表示，即

$$\begin{aligned}\Delta U &= \frac{U_{20} - U_2}{U_{2N}} \times 100\% \\ &= \frac{U_{2N} - U_2}{U_{2N}} \times 100\% \\ &= \frac{U_{1N} - U_2'}{U_{1N}} \times 100\% \end{aligned} \tag{1-57}$$

电压变化率 ΔU 是表征变压器运行性能的重要指标之一，它的大小反映了供电电压的稳定性，一定程度上反映了电能质量。

电压变化率 ΔU 除可用定义式求取外，还可用简化相量图求出，图 1-22 为变压器阻感性负载时的简化相量图。延长线段 $\overline{OC}$，以 O 点为圆心，$\overline{OA}$ 为半径画弧交 $\overline{OC}$ 的延长线于 P 点，作 $\overline{BF} \perp \overline{OP}$，作 $\overline{AE} \mathbin{/\mkern-6mu/} \overline{BF}$，并交 $\overline{OP}$ 于 D 点，取 $\overline{DE} = \overline{BF}$，则

$$U_{1\text{N}} - U_2' = \overline{OP} - \overline{OC} = \overline{CF} + \overline{FD} + \overline{DP}$$

因为 $\overline{DP}$ 很小，可忽略不计，又因为 $\overline{FD} = \overline{BE}$，故

$$\begin{aligned} U_{1\text{N}} - U_2' &= \overline{CF} + \overline{BE} = \overline{CB}\cos\varphi_2 + \overline{AB}\sin\varphi_2 \\ &= I_1 r_\text{k} \cos\varphi_2 + I_1 x_\text{k} \sin\varphi_2 \end{aligned}$$

则

$$\begin{aligned} \Delta U &= \frac{U_{1\text{N}} - U_2'}{U_{1\text{N}}} \times 100\% \\ &= \frac{I_1 r_\text{k} \cos\varphi_2 + I_1 x_\text{k} \sin\varphi_2}{U_{1\text{N}}} \times 100\% \\ &= \beta\left(r_\text{k}^* \cos\varphi_2 + x_\text{k}^* \sin\varphi_2\right) \times 100\% \end{aligned} \tag{1-58}$$

式中　β——为负载电流的标幺值，又称负载系数，$\beta = \dfrac{I_1}{I_{1\text{N}}} = \dfrac{I_2}{I_{2\text{N}}} = I_2^*$。

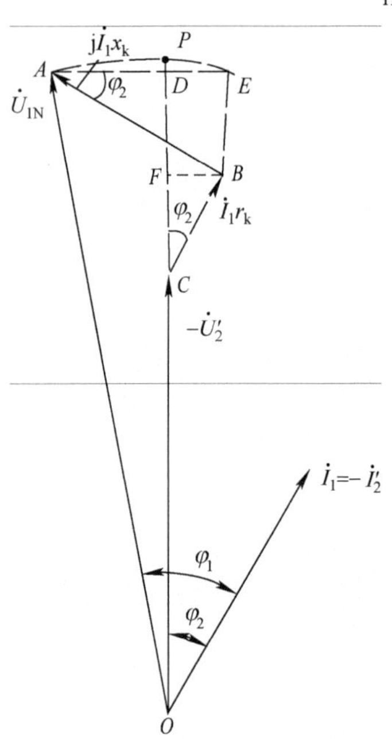

图 1-22　阻感性负载时的简化相量图

由式（1-58）可知，电压变化率的大小与负载大小（β）、负载性质（φ_2）及变压器本身参数（r_k^*、x_k^*）有关。

（1）当变压器带纯电阻性负载（φ_2=0）时，电压变化率为正值，数值较小，这时的二次端电压较空载时稍低。

（2）当变压器带阻感性负载（$\varphi_2>0$）时，电压变化率为正值，数值较大，这时的二次端电压较空载时低。

（3）当变压器带阻容性负载（$\varphi_2<0$）时，ΔU 可能为正值，也可能为负值，当$\left|x_k^* \sin\varphi_2\right| > r_k^* \cos\varphi_2$时，电压变化率为负值，这时的二次端电压比空载时高。

一般情况下，在$\cos\varphi_2 = 0.8$（阻感性）时，额定负载的电压变化率为 5%左右。

2．变压器的外特性

当电源电压和负载的功率因数等于常数时，二次端电压随负载电流变化的规律，即$U_2 = f(I_2)$曲线称为变压器的外特性（曲线）。

由上分析可知，在负载运行时，由于变压器内部存在电阻和漏抗，故当负载电流流过时，变压器内部将产生阻抗压降，使二次端电压随负载电流的变化而变化。变压器二次电压的大小不仅与负载电流的大小有关，而且还与负载的功率因数有关。

图 1-23 所示为不同负载性质时变压器的外特性曲线。

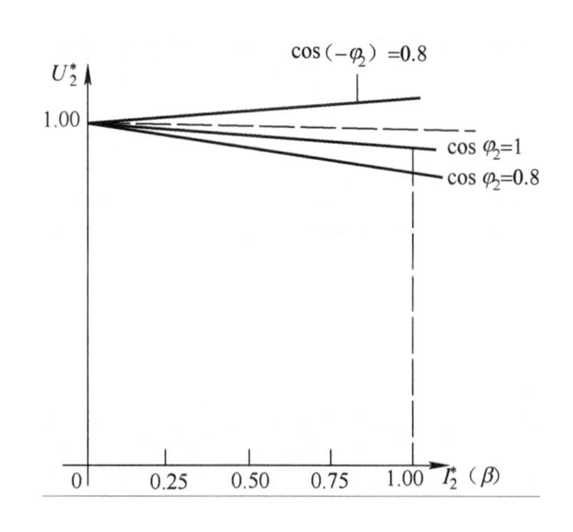

图 1-23　变压器外特性曲线

3．变压器的电压调整

变压器负载运行时，二次端电压随负载大小及功率因数的变化而变化，如果电压变化过大，将对用户产生不利影响。为了保证二次端电压的变化在允许范围内，通常在变压器高压侧设置分接头，并装设分接开关，用以调节高压绕组的工作匝数，来调节二次端电压大小。增加高压绕组匝数，二次端电压减小；反之，则二次端电压增大。分接头之所以常设置在高压侧，是因为高压绕组套在最外面，便于引出分接头，再有高压侧电流相对较小，分接头的引线及分接开关载流部分的导体截面也小，开关触点易于制造。

中、小型电力变压器一般有三个分接头，记作$U_N \pm 5\%$。大型电力变压器则采用 5 个或更多的分接头，如$U_N \pm 2\times 2.5\%$或$U_N \pm 8\times 1.5\%$等。

1.2.6.2　变压器的损耗、效率和效率特性

1．变压器的损耗

变压器在能量传递过程中会产生损耗。变压器的损耗主要包括铁损耗和原、副绕组的铜损耗两部分。由于无机械损耗，故其效率比旋转电机高，一般中、小型电力变压器效率

在95%以上，大型电力变压器效率可达99%以上。

1）铁损耗 p_{Fe}

变压器的铁损耗主要是铁芯中的磁滞和涡流损耗，它决定于铁芯中磁通密度大小、磁通交变的频率和硅钢片的质量。另外，还有由铁芯叠片间绝缘损伤引起的局部涡流损耗、主磁通在结构部件中引起的涡流损耗等。

变压器的铁损耗与一次侧外加电源电压的大小有关，而与负载大小无关。当电源电压一定时，变压器主磁通基本不变，其铁损耗也就基本不变，故铁损耗又称为“不变损耗”。

2）铜损耗 p_{Cu}

变压器的铜损耗主要是电流在原、副绕组直流电阻上的损耗，另外还有因集肤效应引起导线等效截面变小而增加的损耗以及漏磁场在结构部件中引起的涡流损耗等。

变压器铜损耗的大小与负载电流的平方成正比，即与负载大小有关，所以把铜损耗称为“可变损耗”。

可见，变压器总损耗为

$$\sum p = p_{Fe} + p_{Cu} \tag{1-59}$$

2．变压器的效率及效率特性

变压器效率是指变压器的输出功率 P_2 与输入功率 P_1 之比，用百分数表示，即

$$\eta = \frac{P_2}{P_1} \times 100\% \tag{1-60}$$

变压器效率的大小反映了变压器运行的经济性能的好坏，是表征变压器运行性能的重要指标之一。

由式（1-60）可知，变压器的效率可用直接负载法通过测量输出功率 P_2 和输入功率 P_1 来确定。但工程上常用间接法来计算变压器的效率，即通过空载试验和短路试验，求出变压器的铁损耗 p_{Fe} 和铜损耗 p_{Cu}，然后按下式计算效率：

$$\eta = \left(1 - \frac{\sum p}{P_1}\right) \times 100\% = \left(1 - \frac{p_{Fe} + p_{Cu}}{P_2 + p_{Fe} + p_{Cu}}\right) \times 100\% \tag{1-61}$$

由前面分析可知：

（1）额定电压下的空载损耗 p_0 等于铁损耗 p_{Fe}，而铁损耗不随负载而变化，即 $p_{Fe} = p_0 =$ 常值；

（2）额定电流时的短路损耗 p_{kN} 等于额定电流时的铜损耗 p_{CuN}，而铜损耗与负载电流的平方成正比，即可得到 $p_{Cu} = \left(\frac{I_2}{I_{2N}}\right)^2 p_{kN} = \beta^2 p_{kN}$；

（3）变压器的电压变化率很小，负载时 U_2 的变化可不予考虑，可认为 $U_2 \approx U_{2N}$，于是输出功率 $P_2 = U_{2N} I_2 \cos\varphi_2 = \beta U_{2N} I_{2N} \cos\varphi_2 = \beta S_N \cos\varphi_2$，其中，$\beta = I_2 / I_{2N}$ 为负载系数。

于是式（1-61）可写成

$$\eta = \left(1 - \frac{p_0 + \beta^2 p_{kN}}{\beta S_N \cos\varphi_2 + p_0 + \beta^2 p_{kN}}\right) \times 100\% \tag{1-62}$$

对于已制成的变压器，p_0 和 p_{kN} 是一定的，所以效率与负载大小及功率因数有关。

在功率因数一定时，变压器的效率与负载系数之间的关系 $\eta = f(\beta)$，称为变压器的效率特性曲线，如图 1-24 所示。

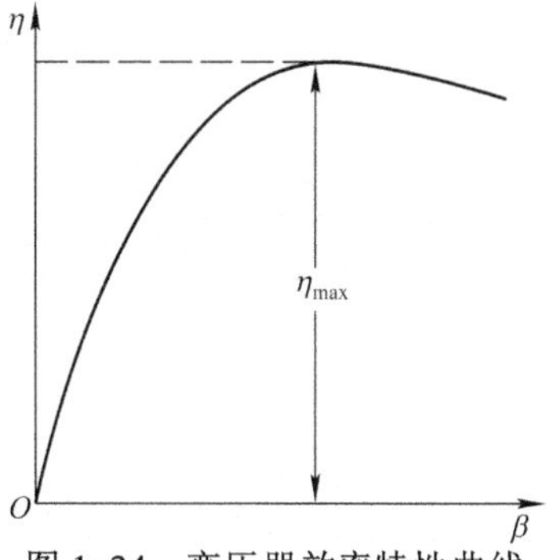

图 1-24　变压器效率特性曲线

从图 1-24 可以看出，空载时，$\beta = 0$，$P_2 = 0$，$\eta = 0$；随着负载增大，效率增加很快；当负载达到某一数值时，效率最大，然后负载继续增大时，效率开始降低。这是因为随负载的增大，铜损耗按β的平方成正比增大，因此超过某一负载之后，铜损耗增大快，效率随β的增大反而变小了。

将式（1-62）对β取一阶导数，并令其为零，得变压器产生最大效率的条件

$$\beta_{\mathrm{m}}^2 p_{\mathrm{kN}} = p_0 \tag{1-63a}$$

或

$$\beta_{\mathrm{m}} = \sqrt{\frac{p_0}{p_{\mathrm{kN}}}} \tag{1-63b}$$

式中　β_{m}——最大效率时的负载系数。

式（1-63）说明，当铜损耗等于铁损耗，即可变损耗等于不变损耗时，效率最高。将 β_{m} 代入式（1-62）便可求得最大效率 $\eta_{\max}$：

$$\eta_{\max} = \left(1 - \frac{2p_0}{\beta_{\mathrm{m}} S_{\mathrm{N}} \cos\varphi_2 + 2p_0}\right) \times 100\% \tag{1-64}$$

由于电力变压器长期接在电网上运行，总有铁损耗，而铜损耗却随负载而变化，一般变压器不可能总在额定负载下运行。因此，为提高变压器的运行效益，设计时使铁损耗相对比较小些，一般取 β_{m} 为 0.5～0.6。

例 1-4

一台三相电力变压器，$S_{\mathrm{N}} = 100\ \mathrm{kV \cdot A}$，$U_{1\mathrm{N}}/U_{2\mathrm{N}} = 6\,300/400\ \mathrm{V}$，Y，d 接线，$I_0\% = 7\%$，$p_0 = 600\ \mathrm{W}$，$U_{\mathrm{k}} = 4.5\%$，$p_{\mathrm{kN}} = 2\,250\ \mathrm{W}$，$r_{\mathrm{k}}^* = 0.022\,5$，$x_{\mathrm{k}}^* = 0.039$。试求：（1）额定负载且功率因数 $\cos\varphi_2 = 0.8$（滞后）时的二次端电压；（2）额定负载且功率因数 $\cos\varphi_2 = 0.8$（滞后）时的效率；（3）$\cos\varphi_2 = 0.8$（滞后）时的最大效率。

解：（1）额定负载且功率因数 $\cos\varphi_2 = 0.8$（滞后）时的二次端电压

$$\begin{aligned}\Delta U &= \beta(r_{\mathrm{k}}^* \cos\varphi_2 + x_{\mathrm{k}}^* \sin\varphi_2) \times 100\% \\ &= 1 \times (0.022\,5 \times 0.8 + 0.039 \times 0.6) \times 100\% = 4.14\% \\ U_2 &= (1 - \Delta U)\ U_{2\mathrm{N}} \\ &= (1 - 0.041\,4) \times 400\ \mathrm{V} = 383.44\ \mathrm{V}\end{aligned}$$

（2）额定负载且功率因数 $\cos\varphi_2 = 0.8$（滞后）时的效率

$$\begin{aligned}\eta &= \left(1 - \frac{p_0 + \beta^2 p_{\mathrm{kN}}}{\beta S_{\mathrm{N}} \cos\varphi_2 + p_0 + \beta^2 p_{\mathrm{kN}}}\right) \times 100\% \\ &= \left(1 - \frac{0.6 + 1^2 \times 2.25}{1 \times 100 \times 0.8 + 0.6 + 1^2 \times 2.25}\right) \times 100\% = 96.56\%\end{aligned}$$

（3）$\cos\varphi_2 = 0.8$（滞后）时的最大效率

$$\beta_m = \sqrt{\frac{p_0}{p_{kN}}} = \sqrt{\frac{0.6}{2.25}} = 0.516$$

$$\eta_{max} = \left(1 - \frac{2p_0}{\beta_m S_N \cos\varphi_2 + 2p_0}\right) \times 100\%$$

$$= \left(1 - \frac{2\times0.6}{0.516\times100\times0.8 + 2\times0.6}\right) \times 100\% = 97.18\%$$

1.3 三相变压器

现代电力系统均采用三相制，因而三相变压器的应用极为广泛。从运行原理来看，三相变压器在对称负载下运行时，各相电压、电流大小相等，相位上彼此相差 120°，就其一相来说，和单相变压器没有什么区别。因此单相变压器的分析方法及其结论等完全适用于三相变压器。

本节主要讨论三相变压器的磁路系统、电路系统和感应电动势波形等几个特殊问题。

1.3.1 三相变压器的磁路系统

三相变压器按其铁芯结构不同，可分为三相组式变压器和三相心式变压器。

1．三相组式变压器的磁路系统

由三台单相变压器组成的三相变压器称为三相变压器组，其相应的磁路称为组式磁路。由于每相的主磁通 Φ 各沿自己的磁路闭合，彼此不相关联。对称运行时，三相主磁通对称，三相空载电流也对称。

三相组式变压器的磁路系统如图 1-25 所示。

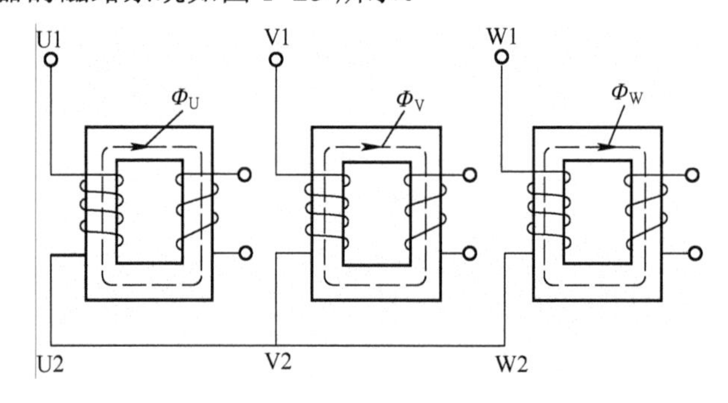

图 1-25 三相组式变压器的磁路系统

2．三相心式变压器的磁路系统

用铁轭把三个铁芯柱连在一起的变压器称为三相心式变压器，三相心式变压器每相有一个铁芯柱，三个铁芯柱用铁轭连接起来，构成三相铁芯，如图 1-26（c）所示。从图上可以看出，任何一相的主磁通都要通过其他两相的磁路形成自己的闭合磁路。这种磁路的特点是三相磁路彼此相关。对称运行时，三相主磁通对称，由于三相磁路的长度不同，磁阻不相等，三相空载电流略有不同。

三相心式变压器可以看成是由三相组式变压器演变而来的，如果把三台单相变压器的铁芯合并成图 1-26（a）的形式，在外施对称三相电压时，三相主磁通是对称的，中间铁芯柱的磁通为 $\dot{\Phi}_U + \dot{\Phi}_V + \dot{\Phi}_W = 0$，即中间铁芯柱无磁通通过，因此可将中间铁芯柱省去，如图 1-26（b）所示。为制造方便和降低成本，把 V 相铁轭缩短，并把三个铁芯柱置于同一平面，便得到三相心式变压器铁芯结构，如图 1-26（c）所示。

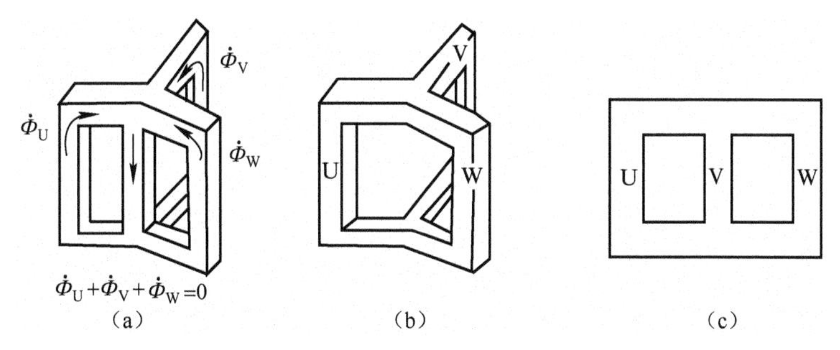

图 1-26　三相心式变压器的磁路系统

（a）合并三台单相变压器　（b）省去中间铁芯柱　（c）三相心式变压器铁芯结构

与三相组式变压器相比，三相心式变压器省材料，效率高，占地少，成本低，运行维护方便，故应用广泛。只在超高压、大容量巨型变压器中由于受运输条件限制或为减少备用容量才采用三相组式变压器。

1.3.2　三相变压器的电路系统——连接组别

1．三相绕组的连接方法

为了在使用变压器时能正确连接而不至发生错误，变压器绕组的每个出线端都给予一个标志，电力变压器绕组首、末端的标志如表 1-2 所示。

表 1-2　绕组的首端和末端的标志

绕组名称	单相变压器		三相变压器		中性点
	首端	末端	首端	末端	
高压绕组	U1	U2	U1、V1、W1	U2、V2、W2	N
低压绕组	u1	u2	u1、v1、w1	u2、v2、w2	n
中压绕组	$U1_m$	$U2_m$	$U1_m$、$V1_m$、$W1_m$	$U2_m$、$V2_m$、$W2_m$	N_m

在三相变压器中，不论一次绕组或二次绕组，主要采用星形和三角形两种连接方法。把三相绕组的三个末端 U2、V2、W2（或 u2、v2、w2）连接在一起，而把它们的首端 U1、V1、W1（或 u1、v1、w1）引出，便是星形连接，用字母 Y 或 y 表示，如图 1-27（a）所示。把一相绕组的末端和另一相绕组的首端连在一起，顺次连接成一闭合回路，然后从首端 U1、V1、W1（或 u1、v1、w1）引出，如图 1-27（b）（c）所示，便是三角形连接，用字母 D 或 d 表示。其中，在图 1-27（b）中，三相绕组按 U1—U2W1—W2V1—V2U1 的顺序连接，称为逆序（逆时针）三角形连接；在图 1-27（c）中，三相绕组按 U1—U2V1—V2W1—W2U1 的顺序连接，称为顺序（顺时针）三角形连接。

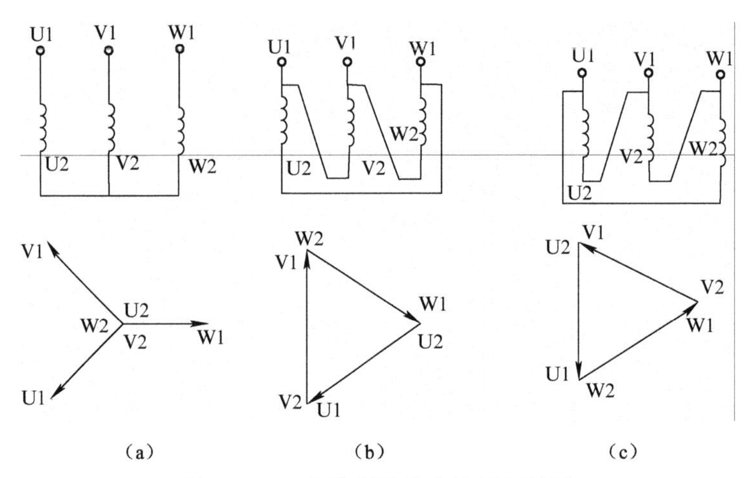

图 1-27　三相绕组连接方法及相量图

（a）星形连接（b）逆序三角形连接（c）顺序三角形连接

2．单相变压器的连接组别

单相变压器连接组别反映变压器原、副边电动势（电压）之间的相位关系。

1）同极性端

单相变压器（或三相变压器任一相）的主磁通及原、副绕组的感应电动势都是交变的，无固定的极性。

这里所讲的极性是指瞬间极性。即任一瞬间，高压绕组的某一端点的电位为正（高电位）时，低压绕组必有一个端点的电位也为正（高电位），这两个具有正极性或另两个具有负极性的端点，称为同极性端，用符号“•”表示。

同极性端可能在绕组的对应端（如图 1-28（a）所示），也可能在绕组的非对应端（如图 1-28（b）所示），这取决于绕组的绕向。当原、副绕组的绕向相同时，同极性端在两个绕组的对应端；当原、副绕组的绕向相反时，同极性端在两个绕组的非对应端。

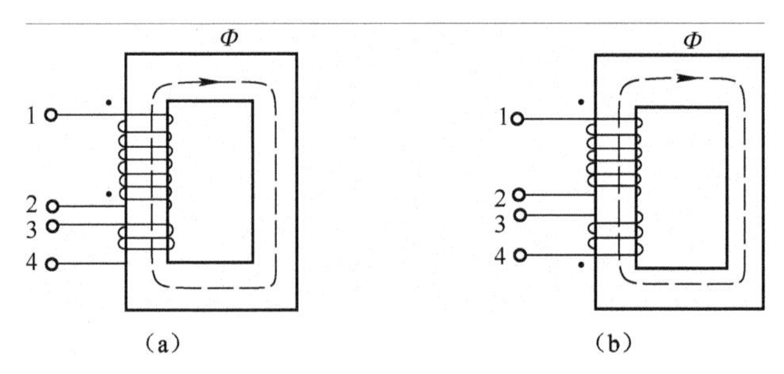

图 1-28　线圈同极性端

（a）同极性端在绕组对应端（b）同极性端在绕组非对应端

2）单相变压器连接组别

单相变压器的首端和末端有两种不同的标法。一种是将原、副绕组的同极性端都标为首端（或末端），如图 1-29（a）所示，这时原、副绕组电动势 $\dot{E}_U$ 与 $\dot{E}_u$ 同相位（感应电动势的参考方向均规定为从末端指向首端）。另一种标法是把原、副绕组的异极性端标为首端（或末端），如图 1-29（b）所示，这时 $\dot{E}_U$ 与 $\dot{E}_u$ 反相位。

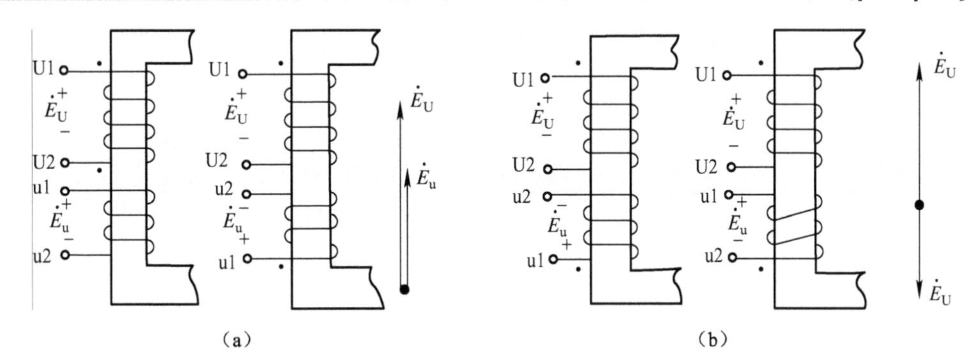

图 1-29　不同标志和绕向时原、副绕组感应电动势之间相位关系

（a）同极性端标为首端　（b）异极性端标为首端

综上分析可知，在单相变压器中，原、副绕组感应电动势之间的相位关系要么同相位要么反相位，它取决于绕组的绕向和首末端标记，即同极性端子同样标号时电动势同相位。

为了形象地表示高、低压绕组电动势之间的相位关系，采用所谓“时钟表示法”。即把高压绕组电动势相量 $\dot{E}_u$ 作为时钟的长针，并固定指在“12”上，低压绕组电动势相量 $\dot{E}_u$ 作为时钟的短针，其所指的数字即为单相变压器联结组的组别号，图 1-29（a）可写成 I，I0，图 1-29（b）可写成 I，I6，其中 I，I0，I6 表示高、低压线圈均为单相线圈，0 表示两线圈的电动势（电压）同相，6 表示反相。我国国家标准规定，单相变压器以 I，I0 作为标准连接组。

3．三相变压器的连接组别

前已述及，三相变压器原、副边三相绕组均可采用 Y（y）连接或 YN（yn）连接，也可采用 D（d）连接，括号内为低压三相绕组连接方式的表示符号。因此三相变压器的连接方式有 Y，yn；Y，d；YN，d；Y，y；YN，y；D，yn；D，y；D，d 等多种组合。其中前三种为最常见的连接方式，逗号前的大写字母表示高压绕组的连接，逗号后的小写字母表示低压绕组的连接，N（或 n）表示有中性点引出。

由于三相绕组可以采用不同连接，使得三相变压器原、副绕组的线电动势之间出现不同的相位差，因此三相变压器连接组别由连接方式和组别号两部分组成，分别表示高、低压绕组连接方式及其对应线电动势之间相位关系。

三相变压器连接组别不仅与绕组的绕向和首末端的标记有关，而且还与三相绕组的连接方式有关。

三相绕组接线图规定高压绕组画在上方，低压绕组画在下方。判断连接组别号方法的步骤如下。

（1）按三相变压器绕组接线方式画出高低压接线图。

（2）按三相变压器高压绕组接线图，画出高压侧相电动势和线电动势相量图。

（3）低压侧首端 u 点与高压侧首端 U 点画在一点上，按三相变压器低压绕组接线图，根据高、低压侧对应绕组的相电动势的相位关系（同相位或反相位），画出低压侧相电动势和线电动势相量图。

（4）时钟表示法表示连接组别号，即把高压绕组线电动势相量 $\dot{E}_{UV}$ 作为时钟的长针，并固定指在“12”上，其对应的低压绕组线电动势相量 $\dot{E}_{uv}$ 作为时钟的短针，这时短针所指的数字即为三相变压器连接组别的组别号。

将该数字乘以 30°，就是副绕组线电动势滞后于原绕组相应线电动势的相位角。

下面具体分析不同连接方式变压器的连接组别。

1）Y，y 连接

图 1-30（a）为三相变压器 Y，y 连接时的接线图。在图中同极性端子在对应端，这时原、副边对应的相电动势同相位，同时原、副边对应的线电动势 $\dot{E}_{UV}$ 与 $\dot{E}_{uv}$ 也同相位，如图 1-30（b）所示。这时如把 $\dot{E}_{UV}$ 指向钟面的 12 上，则 $\dot{E}_{uv}$ 也指向 12，故其连接组就写成 Y，y0。

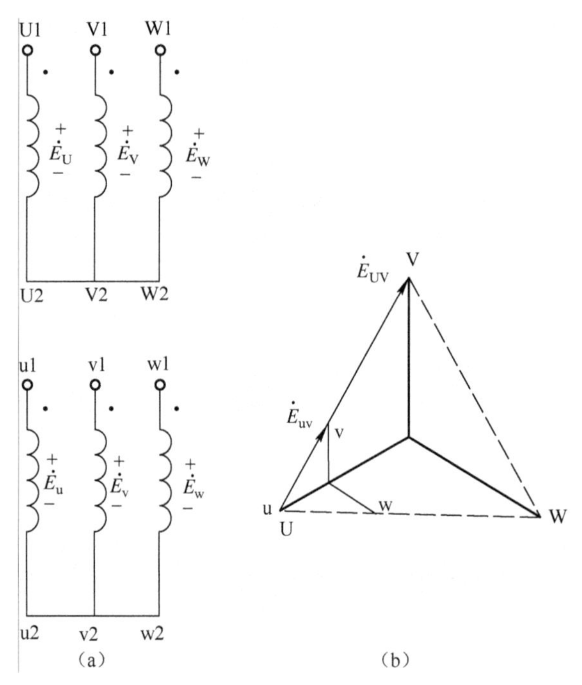

图 1-30　Y，y0 连接组

（a）Y，y 连接　（b）相位图

如高压绕组三相标志不变，而将低压绕组三相标志依次后移一个铁芯柱，在相量图上相当于把各相应的电动势顺时针方向转了 120°（即 4 个点），则得 Y，y4 连接组；如后移两个铁芯柱，则得 8 点钟接线，记为 Y，y8 连接组。

在图 1-30（a）中，如将原、副绕组的异极性端子标在对应端，如图 1-31（a）所示，这时原、副边对应相的相电动势反向，则线电动势 $\dot{E}_{UV}$ 与 $\dot{E}_{uv}$ 的相位相差 180°，如图 1-31（b）所示，因而就得到了 Y，y6 连接组。同理，将低压侧三相绕组依次后移一个或两个铁芯柱，便得 Y，y10 或 Y，y2 连接组。

2）Y，d 连接

图 1-32（a）是三相变压器 Y，d 连接时的接线图。图中将原、副绕组的同极性端标为首端（或末端），副绕组则按 U1—U2W1—W2V1—V2U1 顺序作三角形连接，这时原、副边对应相的相电动势也同相位，但线电动势 $\dot{E}_{UV}$ 与 $\dot{E}_{uv}$ 的相位差为 330°，如图 1-32（b）所示，当 $\dot{E}_{UV}$ 指向钟面的 12 时，则 $\dot{E}_{uv}$ 指向 11，故其组别号为 11，用 Y，d11 表示。同理，高压侧三相绕组不变，而相应改变低压侧三相绕组的标志，则得 Y，d3 和 Y，d7 连接组。

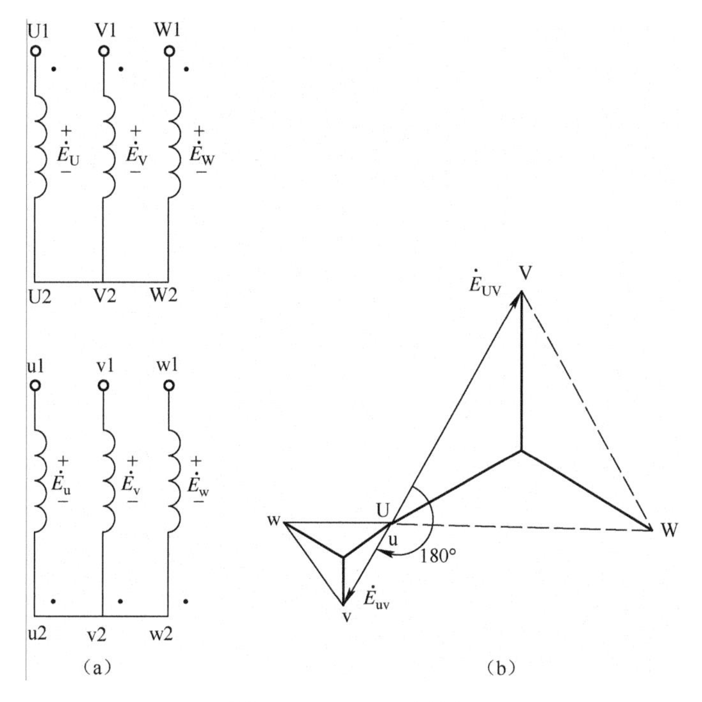

图 1-31　Y，y6 连接组

（a）连接图　（b）相位图

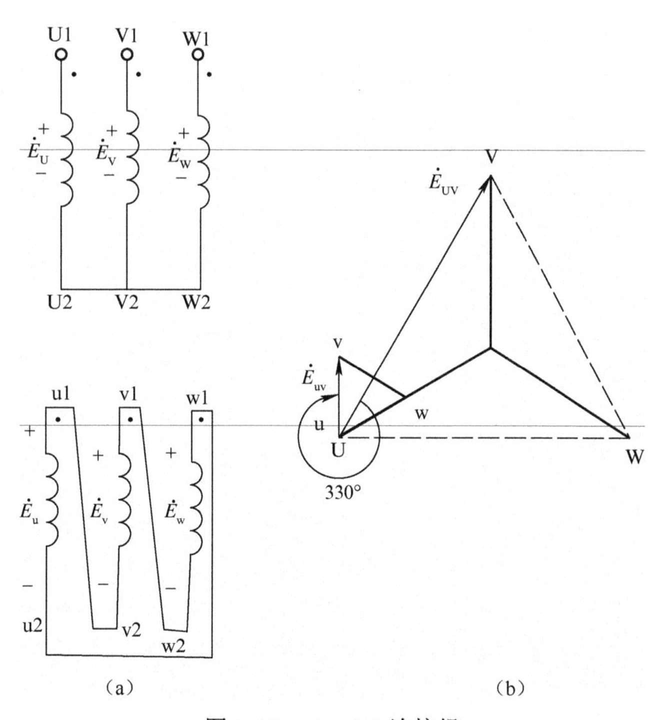

图 1-32　Y，d11 连接组

（a）连接图　（b）相位图

如将副绕组按 U1—U2V1—V2W1—W2U1 顺序作三角形连接，如图 1-33（a）所示。

这时原、副边对应相的相电动势也同相，但线电动势 $\dot{E}_{UV}$ 与 $\dot{E}_{uv}$ 的相位差为 30°，如图 1-33（b）所示，故其组别号为 1，则得到 Y，d1 连接组。同理，高压侧三相绕组不变，而相应改变低压侧三相绕组的标志，则得 Y，d5 和 Y，d9 连接组。

综上所述可得，对 Y，y 连接而言，可得 0、2、4、6、8、10 等六个偶数组别；而 Y，d 连接而言，可得 1、3、5、7、9、11 等六个奇数组。

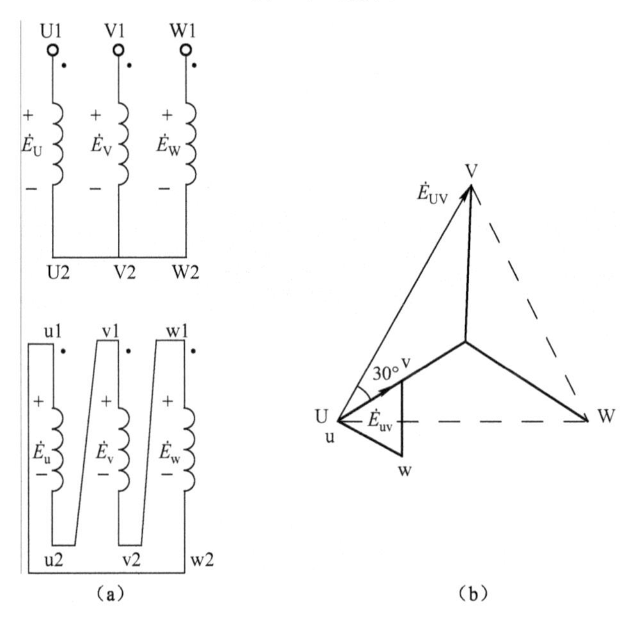

图 1-33　Y，d1 连接组

（a）连接图　（b）相位图

变压器连接组别的种类很多，为便于制造和并联运行，国家标准规定 Y，yn0；Y，d11；YN，d11；YN，y0 和 Y，y0 等五种作为三相双绕组电力变压器的标准连接组。其中以前三种最为常用。Y，yn0 连接组的二次绕组可引出中性线，成为三相四线制，用作配电变压器时可兼供动力和照明负载。变压器的容量可达 1 800 kV·A，高压边的额定电压不超过 35 kV。Y，d11 连接组用于低压侧电压超过 400 V 的线路中，最大容量为 31 500 kV·A。YN，d11 连接组主要用于高压输电线路中，高压侧接地且低压侧电压超过 400 V。

1.3.3　磁路系统和绕组连接方式对电动势波形的影响

在分析单相变压器空载运行时曾指出：当空载电流产生的主磁通 Φ 及其感应电动势 e_1 与 e_2 是正弦波时，由于磁路饱和的影响，空载电流 i_0 将是尖顶波，也就是说，空载电流中除基波外，还含有较强的三次谐波和其他高次谐波。而在三相变压器中，由于一、二次绕组的连接方法不同，空载电流中不一定能含有三次谐波分量，这将影响到主磁通和相电动势的波形，并且这种影响还与变压器的磁路系统有关。下面分别加以讨论。

1．Y，y 连接的三相变压器

由于三相三次谐波电流大小相等且相位相同，因而当一次绕组采用星形连接且无中性线引出时，空载电流中不可能含有三次谐波分量，空载电流就呈正弦波形。由于变压器磁路的饱和特性，正弦波形的空载电流，必激励出呈平顶波的主磁通，如图 1-34 所示。平顶波的主磁通中除基波磁通 Φ_1 外，还含有三次谐波磁通 Φ_3。而三次谐波磁通的大小将取决于磁路系统的结构。现分组式和心式变压器两种情况来讨论。

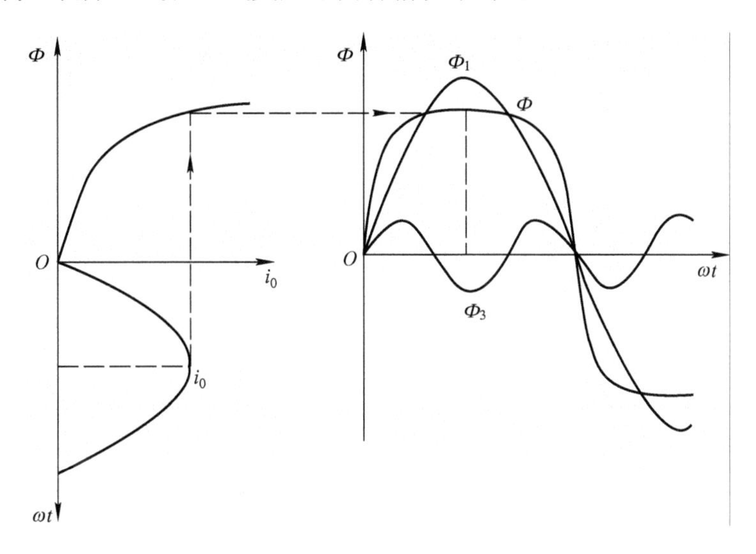

图 1-34 正弦空载电流产生的主磁通波形

1）组式 Y，y 连接变压器

在三相组式变压器中，由于三相磁路彼此无关，三次谐波磁通 Φ_3 和基波磁通 Φ_1 沿同一铁芯磁路闭合。由于铁芯磁路的磁阻很小，故三次谐波磁通较大，加之三次谐波磁通的频率为基波频率的 3 倍，即 $f_3=3f_1$，所以由它所感应的三次谐波相电动势较大，其幅值可达基波幅值的 45%～60%，甚至更高，如图 1-35 所示。结果使相电动势的最大值升高很多，造成波形严重畸变，可能将绕组绝缘击穿。因此，对于三相组式变压器不准采用 Y，y 连接。但在三相线电动势中，由于三次谐波电动势互相抵消，故线电动势仍呈正弦波形。

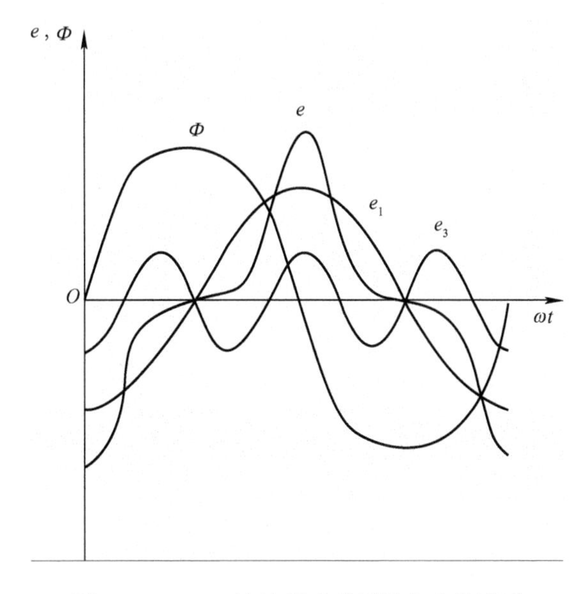

图 1-35 Y，y 连接组式变压器电动势波形

2）心式 Y，y 连接变压器

在三相心式变压器中，由于三相磁路彼此相关联，而三相三次谐波磁通大小相等且方向相同，不能沿铁芯闭合，只能借助油和油箱壁等形成回路，如图 1-36 所示。这种磁路的磁阻很大，使三次谐波磁通 Φ_3 很小，主磁通仍接近于正弦波，相电动势波形也接近于正弦波。但由于三次谐波磁通通过油箱壁等时将产生涡流，引起变压器局部过热，降低变压器效率。因此，三相心式变压器容量大于 1 800 kV・A 时，不宜采用 Y，y 连接。

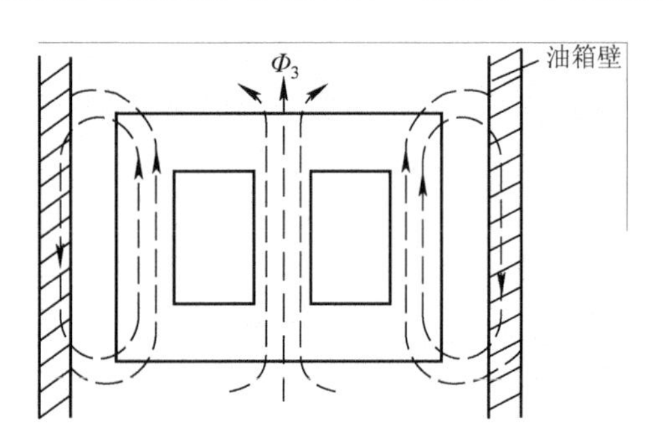

图 1-36　心式变压器中三次谐波磁通路径

2．YN，y 连接的三相变压器

由于变压器的一次侧与电源之间有中性线连接，空载电流的三次谐波分量 i_{03} 有通路，故 i_0 呈尖顶波，则主磁通 Φ 及相电动势 e 均为正弦波形，所以三相变压器可采用此种连接。

3．D，y 及 Y，d 连接的三相变压器

1）D，y 连接变压器

由于变压器一次侧为三角形连接，在绕组内有三次谐波空载电流 i_{03} 的通路，故 i_0 呈尖顶波，则主磁通 Φ 及相电动势 e 均为正弦波形，其情况与 YN，y 连接相同。

2）Y，d 连接变压器

当三相变压器采用 Y，d 连接时，如图 1-37 所示。由于一次绕组作 Y 连接，无三次谐波空载电流通路，故 i_0 为正弦波，而主磁通为平顶波。主磁通中的三次谐波磁通 $\dot{\Phi}_3$ 在二次绕组中感应三次谐波电动势 $\dot{E}_{23}$，且滞后 $\dot{\Phi}_3$ 90°。在 $\dot{E}_{23}$ 作用下，二次侧闭合的三角形回路中产生三次谐波电流 $\dot{I}_{23}$。由于二次绕组电阻远小于其三次谐波电抗，所以 $\dot{I}_{23}$ 滞后 $\dot{E}_{23}$ 接近 90°，$\dot{I}_{23}$ 建立的磁通 $\dot{\Phi}_{23}$ 的相位与 $\dot{\Phi}_3$ 接近相反，其结果大大削弱了 $\dot{\Phi}_3$ 的作用，如图 1-38 所示。因此，合成磁通及其感应电动势均接近正弦波。

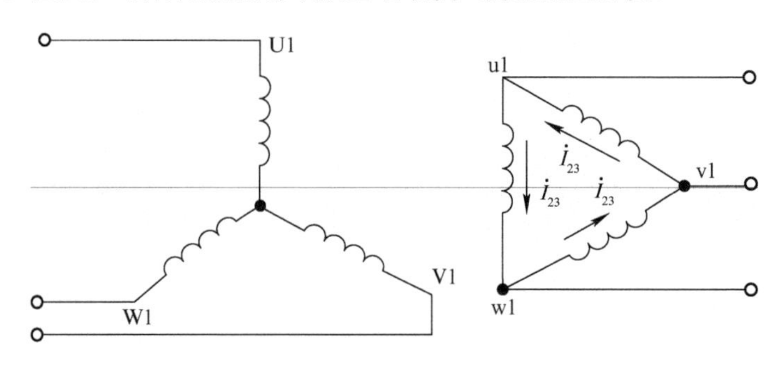

图 1-37　Y，d 连接变压器

4．Y，yn 连接的三相变压器

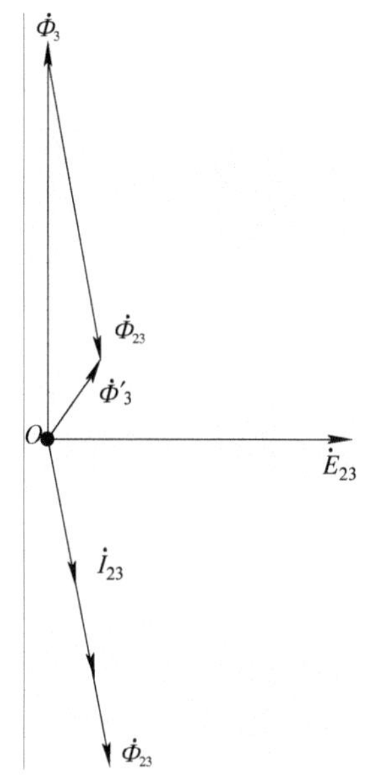

图 1-38　Y，d 连接变压器三次谐波电流的去磁作用

变压器二次侧为 yn 接线，负载时可为三次谐波电流提供通路，使相电动势波形有所改善，但由于负载阻抗的影响，其三次谐波电流数值小，因此相电动势波形仍得不到较大的改善，这种连接基本上与 Y，y 连接一样，只适用于容量较小的三相心式变压器，而 Y，yn 连接仍不能采用。

综上分析，当变压器运行在磁化曲线的饱和段时，要得到正弦变化的磁通和相电动势就必须有三次谐波电流，它可由原绕组产生，也可由副绕组产生。例如，由原绕组产生三次谐波电流的有 YN，y 和 D，y 连接，由副绕组产生三次谐波电流的有 Y，d 连接。因此，在大容量高压变压器中，当需要一、二次侧均作星形连接时，可另加一个三角形连接的第三绕组，以改善相电动势的波形。另外，无论相电动势中有无三次谐波分量，线电压均为正弦波。

1.4　变压器的并联运行

1.4.1　概述

1．定义

变压器的并联运行是指两台以上变压器的一、二次绕组分别连接到一、二次侧的公共母线上，共同向负载供电的运行方式，如图 1-39 所示。在现代电力网中，变压器常采用并联运行方式。

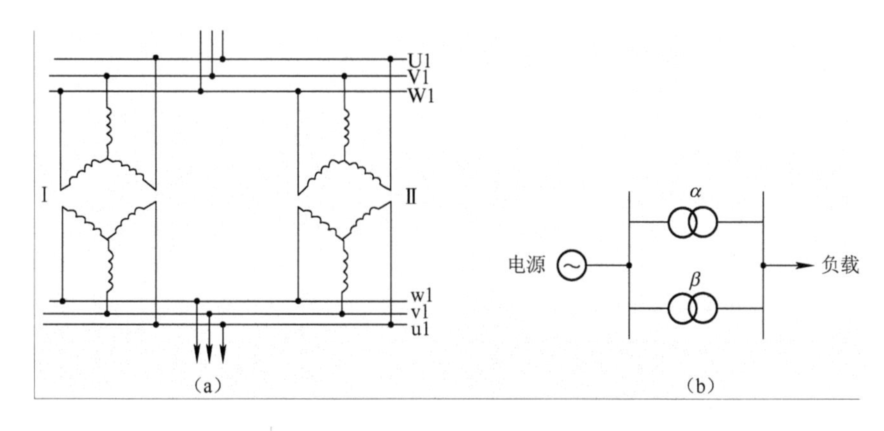

图 1-39　Y，y 连接三相变压器的并联运行

（a）绕组接线图（b）原理示意图

2．并联运行的优点

（1）提高供电的可靠性。并联运行时，如果某台变压器故障或检修，另几台可继续供电。

（2）提高供电的经济性。并联运行时，可根据负载变化的情况，随时调整投入变压器的台数，以提高运行效率。

（3）对负荷逐渐增加的变电所，可分批增装变压器，以减少初装时的一次投资。

当然，并联的台数过多也是不经济的，因为一台大容量变压器的造价要比总容量相同的几台小变压器的造价低，占地面积也小。

1.4.2　变压器的理想并联条件

1．变压器并联运行的理想情况

（1）空载时并联运行的各变压器绕组之间无环流，以免增加绕组铜损耗。

（2）带负载后，各变压器的负载系数相等，也就是各变压器所分担的负载电流按各自容量大小成正比例分配，即所谓“各尽所能”，以使并联运行的各台变压器容量得到充分利用。

（3）带负载后，各变压器所分担的电流应与总的负载电流同相位。这样在总的负载电流一定时，各变压器所分担的电流最小。如果各变压器的二次电流一定，则共同承担的负载电流为最大，即所谓“同心协力”。

2．并联运行的理想条件

若要达到上述并联运行的理想情况，并联运行的变压器需满足如下条件。

（1）各变压器一、二次侧的额定电压应分别相等，即变比相同。

（2）各变压器的连接组别必须相同。

（3）各变压器的短路阻抗（或短路电压）的标幺值要相等，且短路阻抗角也相等。

满足了前两个条件则可保证空载时变压器绕组之间无环流。满足第三个条件时各台变压器能合理分担负载。在实际并联运行时，同时满足以上三个条件不容易也不现实，所以除第二个条件必须严格保证外，其余两个条件允许稍有差异。

1.4.3　并联条件不满足时的运行分析

为使分析简单明了，在分析某一条件不满足时，假定其他条件都是满足的，且以两台变压器并联运行为例来分析。

1．变比不等时的并联运行

设两台变压器Ⅰ和Ⅱ变比不等，即 $k_{\mathrm{I}} \neq k_{\mathrm{II}}$。若它们原边接同一电源，原边电压相等，则副边空载电压必然不等，分别为 $\dot{U}_1 / k_{\mathrm{I}}$ 和 $\dot{U}_1 / k_{\mathrm{II}}$，并联运行时的简化等效电路如图 1-40 所示。图中 Z_{kI}、Z_{kII} 分别为副边短路阻抗。

在图 1-40 中，$\dot{I}_{\mathrm{C}} = \dfrac{\dfrac{\dot{U}_1}{k_{\mathrm{I}}} - \dfrac{\dot{U}_1}{k_{\mathrm{II}}}}{Z_{\mathrm{kI}} + Z_{\mathrm{kII}}}$，由 $k_{\mathrm{I}} \neq k_{\mathrm{II}}$ 引起，在空载时就存在，故称空载环流，它只在两个二次绕组中流通。根据磁动势平衡原理，两台变压器的一次绕组中也相应产生环流。

图 1-40 中的 $\dot{I}_{LI}$ 和 $\dot{I}_{LII}$ 分别为两台变压器各自分担的负载电流，它与短路阻抗成反比。

由于变压器短路阻抗很小，所以即使变比差值很小，也能产生较大的环流。这既占用了变压器的容量，又增加了变压器的损耗，是很不利的。因此，为了保证空载环流不超过额定电流的 10%，通常规定并联运行的变压器的变比偏差不大于 1%。

2．连接组别不同时的并联运行

连接组别不同的变压器，即使一、二次侧额定电压相同，如果并联运行，则二次侧线电压之间的相位就不同，至少相差 30°，例如 Y，y0 与 Y，d11 并联，如图 1-41 所示，此时副边线电压差

$$\Delta U = \left|\dot{U}_{uvI} - \dot{U}_{uvII}\right| = 2U_{uvI}\sin\frac{30°}{2} = 0.518U_{uvI} \tag{1-65}$$

由于变压器的短路阻抗很小，这么大的 ΔU 将产生几倍于额定电流的空载环流，会烧毁绕组。故连接组别不同的变压器绝对不允许并联运行。

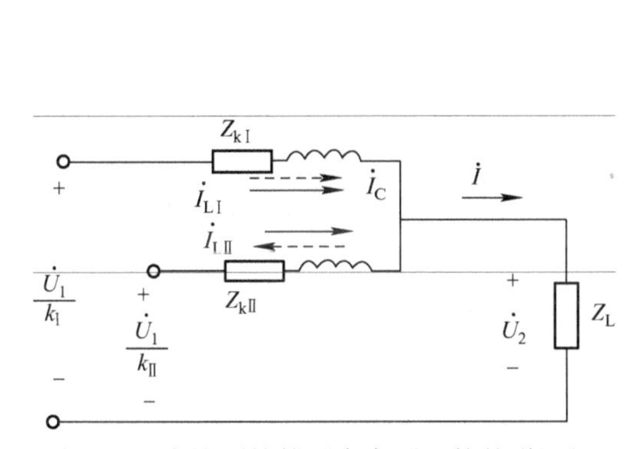

图 1-40　变比不等的两台变压器的并联运行

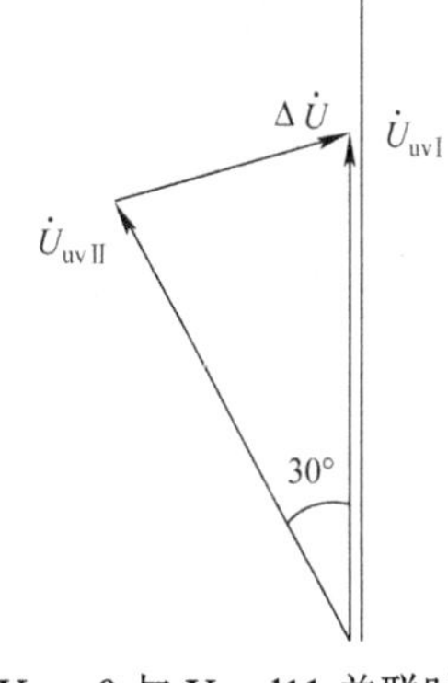

图 1-41　Y，y0 与 Y，d11 并联时副边电压相量图

3．短路阻抗标幺值不等时的并联运行

由于变比 $k_I = k_{II}$，连接组别相同，则两台变压器并联运行的等效电路如图 1-42 所示，此时环流 I_C 为零。

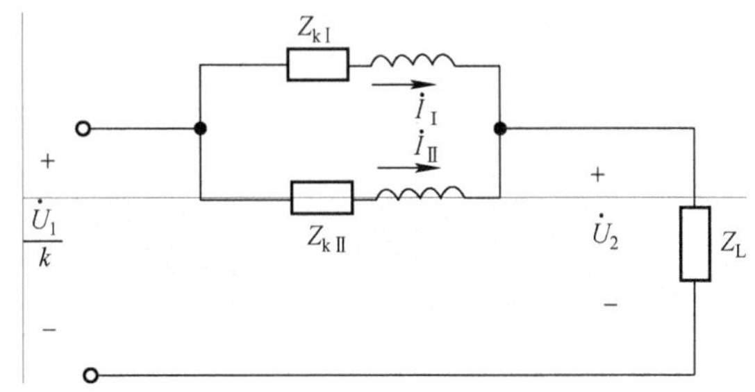

图 1-42　短路阻抗标幺值不等时并联运行的等效电路

由图可知

$$\dot{I}_I Z_{kI} = \dot{I}_{II} Z_{kII}$$

或写成

$$\frac{\dot{I}_I}{\dot{I}_{IN}} \times \frac{\dot{I}_{IN} Z_{kI}}{\dot{U}_N} = \frac{\dot{I}_{II}}{\dot{I}_{IIN}} \times \frac{\dot{I}_{IIN} Z_{kII}}{\dot{U}_N}$$

$$\beta_{\mathrm{I}} Z_{\mathrm{kI}}^{*} = \beta_{\mathrm{II}} Z_{\mathrm{kII}}^{*} \tag{1-66a}$$

$$\beta_{\mathrm{I}} : \beta_{\mathrm{II}} = \frac{1}{Z_{\mathrm{kI}}^{*}} : \frac{1}{Z_{\mathrm{kII}}^{*}} \tag{1-66b}$$

式中　β_{I}，β_{II}——第Ⅰ、Ⅱ台变压器的负载系数。

由此可见，各台变压器所分担的负载大小与其短路阻抗标幺值成反比，使得短路阻抗标幺值大的变压器分担的负载小，而短路阻抗标幺值小的变压器分担的负载大。当短路阻抗标幺值小的变压器满载时，短路阻抗标幺值大的变压器欠载，故变压器的容量不能充分利用。当短路阻抗标幺值大的变压器满载时，短路阻抗标幺值小的变压器必然过载，长时间过载运行是不允许的。因此，变压器并联运行时，要求短路阻抗标幺值相等，以充分利用变压器容量。但实际上不同变压器的短路电压相对值总有差异，通常要求并联运行的变压器短路电压相对值之差不超过其平均值的 10%。

为使各台变压器所承担的电流同相，还要求各台变压器的短路阻抗角相等。一般说来，变压器的容量相差越大，它们的短路阻抗角相差也越大，因此要求并联运行变压器的最大容量和最小容量之比不超过 3:1。

变压器运行规程规定：变比不同和短路阻抗标幺值不等的变压器，在任何一台变压器都不会过负荷的情况下，可以并联运行。又规定：短路阻抗标幺值不等的变压器并联运行时，应适当提高短路阻抗标幺值大的变压器的二次电压，以使并联运行的变压器的容量均能充分利用。

例 1-5

有四台组别相同的三相变压器，数据如下：

Ⅰ. 100 kV·A，3 000/230 V，$Z_{\mathrm{kI}}^{*} = 0.05$；

Ⅱ. 100 kV·A，3 000/230 V，$Z_{\mathrm{kII}}^{*} = 0.073\,2$；

Ⅲ. 200 kV·A，3 000/230 V，$Z_{\mathrm{kIII}}^{*} = 0.05$；

Ⅳ. 300 kV·A，3 000/230 V，$Z_{\mathrm{kIV}}^{*} = 0.059\,6$。

问哪两台变压器并联最理想？

答：根据变压器并联运行条件，Ⅰ和Ⅲ变压器并联运行最理想。

例 1-6

两台变压器数据如下：S_{NI}=1 000 kA·V，u_{kI}=6.5%，S_{NII}=2 000 kA·V，u_{kII}=7.0%，连接组均为 Y，d11，额定电压均为 35/10.5 kV。现将它们并联运行，试计算：（1）当输出为 3 000 kV·A 时，每台变压器承担的负载是多少；（2）在不允许任何一台变压器过载的条件下，并联变压器最大输出负载是多少，此时设备的利用率是多少。

解：（1）由 $\dfrac{\beta_{\mathrm{I}}}{\beta_{\mathrm{II}}} = \dfrac{u_{\mathrm{kII}}}{u_{\mathrm{kI}}} = \dfrac{7}{6.5}$

$$S_{\mathrm{NI}}\beta_{\mathrm{I}} + S_{\mathrm{NII}}\beta_{\mathrm{II}} = 1\,000\beta_{\mathrm{I}} + 2\,000\beta_{\mathrm{II}} = 3\,000\ \mathrm{kV{\cdot}A}$$

得

$$\beta_{\mathrm{I}} = 1.05,\ \beta_{\mathrm{II}} = 0.975$$

$$S_{\mathrm{I}} = S_{\mathrm{NI}}\beta_{\mathrm{I}} = 1\,000\ \mathrm{kV{\cdot}A} \times 1.05 = 1\,050\ \mathrm{kV{\cdot}A}$$

$$S_{\mathrm{II}} = S_{\mathrm{NII}}\beta_{\mathrm{II}} = 2\,000\ \mathrm{kV{\cdot}A} \times 0.975 = 1\,950\ \mathrm{kV{\cdot}A}$$

（2）因 $u_{k\text{I}} < u_{k\text{II}}$，故第一台变压器先达满载。

设 $\beta_{\text{I}} = 1$，则　$\beta_{\text{II}} = \beta_{\text{I}} \dfrac{u_{k\text{I}}}{u_{k\text{II}}} = 1 \times \dfrac{6.5}{7} = 0.928\ 6$

$$S_{max} = S_{\text{N I II}} + S_{\text{N II}} \beta_{\text{II}} = 1\ 000\ \text{kV·A} + 2\ 000\ \text{kV·A} \times 0.928\ 6 = 2\ 857.2\text{kV·A}$$

1.4.4　变压器的运行方式

变压器是一种静止的电气设备，其构造比较简单，运行条件较好，因此运行的可靠性较高。为了保证变压器的安全运行，电气运行人员必须掌握有关变压器运行的基本知识，加强运行过程中的巡视和检查，做好经常性的维护和检修工作以及按期进行预防性试验，以便及时发现和消除绝缘缺陷。变压器运行过程中发生故障时，应根据故障现象正确地判断事故的原因和性质，迅速果断地进行处理，以防止事故扩大，影响正常用电。

1．允许温度和温升

1）允许温度

变压器在运行中，电能在铁芯和绕组中的损耗转变为热能，引起各部位发热，使变压器温度升高。当热量向周围辐射传导，发热和散热达到平衡状态时，各部分的温度趋于稳定。

变压器运行时各部分的温度是不相同的，绕组温度最高，其次是铁芯，绝缘油的温度最低。为了便于监视运行中变压器各部分温度的情况，规定以上层油温来确定变压器运行中的允许温度。变压器的允许温度主要决定于绕组的绝缘材料。我国电力变压器大部分采用 A 级绝缘，即浸渍处理过的有机材料，如纸、木材、棉纱等。对于 A 级绝缘的变压器，在正常运行中，当周围空气温度最高为 40 ℃时，变压器绕组的极限工作温度为 105 ℃。由于绕组的平均温度比油温高 10 ℃，同时为了防止油质劣化，所以规定变压器上层油温最高不超过 95 ℃。而在正常情况下，为使绝缘油不过快氧化，上层油温应不超过 85 ℃。对于采用强迫油循环水冷和风冷的变压器，上层油温不宜经常超过 75 ℃。

若变压器的温度长时间超过允许值，则变压器的绝缘容易损坏。因为绝缘长期受热后要老化，温度越高，绝缘老化越快。当绝缘老化到一定程度时，在运行振动和电动力作用下，绝缘容易破裂，且易发生电气击穿而造成故障。

此外，当变压器绝缘的工作温度超过允许值后，由于绝缘的老化过程加快，其使用寿命将缩短。使用年限的减少一般可按“八度规则”计算，即温度每升高 8 ℃，使用年限将减少 1/2。例如：绝缘工作温度为 95 ℃时，使用年限为 20 年；绝缘工作温度为 105 ℃时，使用年限为 7 年；绝缘工作温度为 120 ℃时，使用年限为 2 年。

可见，变压器的使用年限主要决定于绕组的运行温度。因此，变压器必须在其允许的温度范围内运行，以保证变压器合理使用寿命。

2）温升

变压器温度与周围空气温度的差值叫变压器的温升。当变压器的温度升高时，绕组的电阻会加大，使铜损耗增加。因此，对变压器在额定负荷时各部分的温升做出的规定为允许温升。

对 A 级绝缘的变压器，当周围最高温度为 40 ℃时，国家标准规定绕组的允许温升为 65 ℃，上层油温的允许温升为 45 ℃。只要上层油温及其温升不超过规定值，就能保证变压器在规定的使用年限内安全运行。

2．变压器的过负荷能力

变压器的过负荷能力是指它在较短的时间内所输出的最大容量。在不损害变压器绝缘和降低变压器使用寿命的条件下，它可能大于变压器的额定容量，因此变压器的额定容量和过负荷能力具有不同的意义。

变压器的过负荷能力，分为正常情况下的过负荷能力和事故情况下的过负荷能力。变压器正常过负荷能力可以经常使用，而事故过负荷能力只允许在事故情况下使用。

3．电压变化允许范围

变压器在电力系统中运行，由于系统运行方式的改变以及负荷变化，电网电压总有一定的波动，所以加在变压器一次绕组上的电压也可能有波动。当电网电压小于变压器分接头电压时，对于变压器本身没有什么损害，只是可能降低一些出力。但当电网电压高于变压器额定电压很多时，则对变压器运行会产生不良影响。

当变压器的电源电压增高时，变压器的励磁电流增加，造成变压器铁芯损耗加大而过热。同时，由于励磁电流的增加，变压器消耗的无功功率也随之增加，会使变压器实际出力降低。另外，对 Y，yn0 接线的变压器，当励磁电流增加时，磁通密度增大，磁路饱和，会引起一、二次绕组电动势波形发生畸变，产生的高次谐波对变压器绝缘有一定的危害。

因此，变压器的电源电压一般不得超过额定值的 ± 5%，不论电压分接头在任何位置，如果电源电压不超过 ± 5%，则变压器二次绕组可带额定负荷。

4．变压器绝缘电阻允许值

变压器安装或检修以及长期停用后，在投入运行前，均应测量绕组的绝缘电阻，测量绝缘电阻是检查变压器绕组状态的最基本的方法。测量时根据变压器的电压等级选择相应等级要求的兆欧表。一般采用电压为 500～2 500 V 的兆欧表，使用时将仪表放平稳，当转速达到 120 r/min 时，读取绝缘电阻值。

在运行中判断绕组绝缘状态的基本方法，是把运行过程中所测量的绝缘电阻值与运行前在同一上层油温下所测量的数值相比较。测量结果应与历次情况或原始数据比较，如认为合格，便可将变压器投入运行；如绝缘电阻不合格，应查明原因。通常用吸收比法判别变压器绕组的受潮程度，要求吸收比 $R_{60s}/R_{15s}>1.3$。绝缘电阻的吸收比一般与变压器的上层油温、电压等级有关，上层油温在 10～30 ℃时，35～60 kV 不低于 1.2，110 kV 以上不低于 1.3。当绝缘很好时，吸收比可接近于 2，如吸收比小于 1.2，则认为变压器有受潮现象。所以，测量吸收比是判别一台变压器的绕组绝缘是否受潮的一个主要方法。

为了使历年测得的绝缘电阻有可比性，规定变压器绕组的绝缘电阻，以第 60 秒钟测得的结果为准，而且变压器必须在冷态和热态下各摇测一次，同时记录摇测时的上层油温，所用的兆欧表电压等级也应当相同。

5．变压器油的运行

变压器油在运行中，有可能与空气接触发生氧化，氧化后生成的各种氧化物具有酸性的特点。此外，空气中的湿度会使油受潮，这不仅降低其击穿电压，还会增加介质损失值。而且受潮后的油对金属有腐蚀作用，引起油中大量沉淀物的产生。一般认为氧化后的油比新油易受潮，而且劣化速度加快 2～4 倍。

在运行过程中，由于温度的升高也会使油的劣化加速，根据实测，平均温度每升高 10 ℃，油的劣化速度就会增加 1. 5～2 倍。试验证明，油的氧化起始温度是 60～70 ℃，在这个温度下，油很少发生变质；当温度达到 120 ℃时，氧化激烈；温度为 160 ℃时，油迅速变坏。

紫外线会增加油的氧化速度，因此应避免油受光线的直射，一般油不应装在透明的容器中。

在变压器油的运行中，应经常对充油设备进行检查，检查设备的严密性，油枕、呼吸器的工作性能，油色油量是否正常。

另外，应结合变压器的运行维护工作，定期取油样或根据需要（如发现故障后）不定期取油样，作油的气相色谱分析，以预测变压器的潜伏性故障，这是防止变压器事故的有效措施。

对运行中的变压器补油时应注意以下几点。

（1）35 kV 及以上变压器应补入相同牌号的油，并应作耐压试验。

（2）10 kV 及以下变压器可补入不同牌号的油，但补油前应作混油耐压试验。

（3）补油前应将重瓦斯保护掉闸压板退出，补油后要检查气体继电器，并及时放出气体。若在 24 h 后有问题，可重新将重瓦斯保护接入掉闸回路。

对在运行中已经变质的油应及时进行处理，使其恢复到标准值，如发现油受潮，应进行干燥；如油已老化，应进行净化和再生。一般可采用过滤法、澄清法、干燥法将油与水分、杂质分离，或者使用化学处理法除去油中的酸碱，然后再过滤、干燥，使油再生，恢复其原有的良好性能。

1.5　其他用途的变压器

在电力系统中，除大量采用双绕组变压器外，还常采用各种特殊用途的变压器，它们涉及面广，种类繁多，但其基本原理与双绕组变压器相同或相似。本节仅介绍较常用的三绕组变压器、自耦变压器和仪用互感器的工作原理及特点。

1.5.1　三绕组变压器

在电力系统中，需要把几种不同电压等级的电网联系起来时，采用一台三绕组变压器比用两台双绕组变压器（如图 1-43 所示），更为简单经济。

图 1-43　变压器输电单线图

（a）两台变压器输电　（b）一台三绕组变压器输电

1．结构特点

三绕组变压器的结构与双绕组变压器相似，其铁芯一般采用心式结构。变压器每相有高、中、低三个绕组，同心地套装在同一铁芯柱上，其中一个绕组接电源，另两个绕组便有两个等级的电压输出。其单相结构示意图如图 1-44 所示。

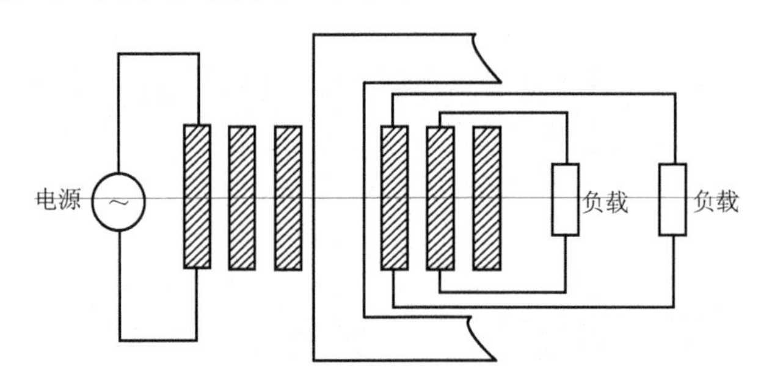

图 1-44　三绕组变压器结构示意图

为了方便绝缘，三绕组变压器的高压绕组都放在最外面，中、低压绕组哪个在最里面需从功率的传递和短路阻抗的合理性来确定。一般来讲，相互传递功率较多的两个绕组靠得近些，这样漏磁通少，短路阻抗可少些，可保证有较小的电压变化率，以提高运行性能。对于降压变压器，功率是从高压侧向中、低压侧传递，主要是向中压侧传递，所以把中压绕组放在中间，低压绕组靠近铁芯柱，如图 1-45（a）所示。对于升压变压器，功率是从低压侧向高、中压侧传递，所以把中压绕组靠近铁芯柱，低压绕组放在中间，如图 1-45（b）所示。

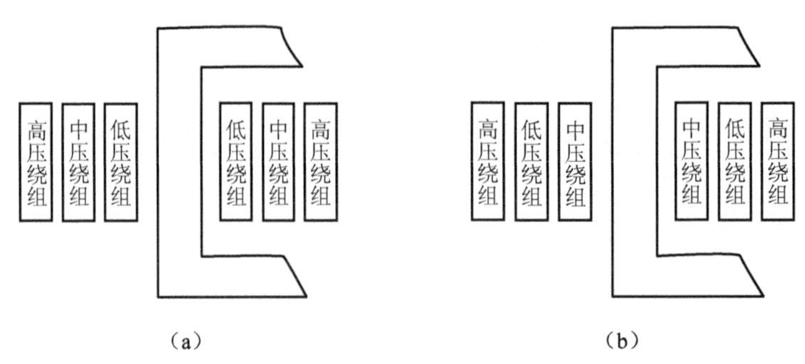

图 1-45　三绕组变压器的绕组排列图
（a）降压变压器　（b）升压变压器

2．容量及连接组别

1）额定容量

根据供电的需要，三侧容量可以设计得不同，各侧容量指绕组通过功率的能力。变压器铭牌上标注的额定容量是指容量最大的那侧容量。将额定容量作为 100，三侧的容量配合有下列三种，如表 1-3 所示。

表 1-3　三绕组变压器容量配合关系

高压侧	中压侧	低压侧
100	100	100
100	50	100
100	100	50

三侧容量都为 100 的变压器仅做成升压变压器。表中所列三侧容量的配合关系，并非

实际功率传递时的分配比例关系，而是指各绕组传递功率的能力。

2）连接组别

国家标准规定，三绕组变压器的标准连接组别有 YN，yn0，d11 和 YN，yn0，y0 两种。

3．变比、基本方程式和等效电路

1）变比

如图 1-46 所示，设三绕组变压器绕组 1、2、3 的匝数分别为 N_1、N_2、N_3，则变比为

$$k_{12}=\frac{N_1}{N_2}\approx\frac{U_{1N}}{U_{2N}}$$

$$k_{13}=\frac{N_1}{N_3}\approx\frac{U_{1N}}{U_{3N}}$$

$$k_{23}=\frac{N_2}{N_3}\approx\frac{U_{2N}}{U_{3N}} \tag{1-67}$$

2）基本方程式

如图 1-46 所示，三绕组变压器运行时，共有三类磁通。

（1）自漏磁通：只与一个绕组交链的磁通。

（2）互漏磁通：交链两个绕组的磁通。

（3）主磁通：主磁通同时与三个绕组交链，在铁芯中流通。它是由三个绕组的合成磁动势共同产生的。因此，负载运行时的磁动势平衡方程式为

$$\dot{I}_1N_1+\dot{I}_2N_2+\dot{I}_3N_3=\dot{I}_0N_1 \tag{1-68}$$

将二、三次折算到一次后，可得

$$\dot{I}_1+\dot{I}_2'+\dot{I}_3'=\dot{I}_0 \tag{1-69}$$

由于空载电流很小，可忽略不计，得

$$\dot{I}_1+\dot{I}_2'+\dot{I}_3'=0 \tag{1-70}$$

式中 $\dot{I}_2'$——绕组 2 电流的折算值，$\dot{I}_2'=\dfrac{\dot{I}_2}{k_{12}}$；

$\dot{I}_3'$——绕组 3 电流的折算值，$\dot{I}_3'=\dfrac{\dot{I}_3}{k_{13}}$。

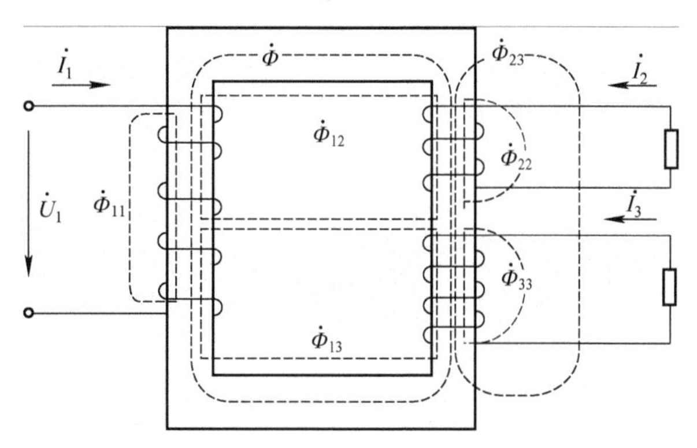

图 1-46 三绕组变压器运行示意

3）等效电路

仿照双绕组变压器的推导方法，可以得到三绕组变压器简化的等效电路，如图 1-47 所示。

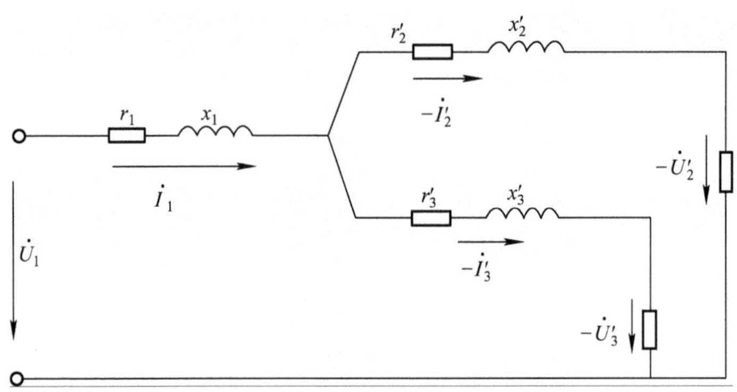

图 1-47　三绕组变压器的等效电路

需要指出的是，三绕组变压器等效电路中的电抗与自漏磁通和互漏磁通相对应。

1.5.2　自耦变压器

1. 结构特点

一次侧和二次侧共用一个绕组的变压器称为自耦变压器。如果将双绕组变压器的一、二次绕组串联起来作为新的一次侧，而二次绕组仍作为二次侧与负载阻抗 Z_L 相连接，便得到一台降压自耦变压器，如图 1-48 所示。U1U2 为高压绕组；u1u2 为低压绕组，又称公共绕组；U1u1 为串联绕组。显然，自耦变压器一、二次绕组之间不但有磁的联系，而且还有电的联系。

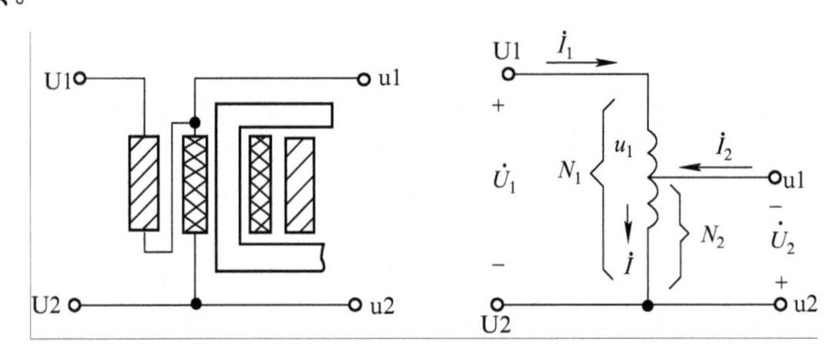

图 1-48　降压自耦变压器的结构图与接线图

2. 电压、电流及容量关系

1）电压关系

自耦变压器也是利用电磁感应原理工作的。当一次绕组 U1、U2 两端加交变电压 $\dot{U}_1$ 时，铁芯中产生交变磁通，并分别在一、二次绕组中产生感应电动势，若忽略漏阻抗压降，则有

$$\left.\begin{aligned} U_1 \approx E_1 = 4.44 f N_1 \Phi_m \\ U_2 \approx E_2 = 4.44 f N_2 \Phi_m \end{aligned}\right\} \tag{1-71}$$

自耦变压器的变比为

$$k_a = \frac{E_1}{E_2} = \frac{N_1}{N_2} \approx \frac{U_1}{U_2} \tag{1-72}$$

2）电流关系

负载运行时，外加电压为额定电压，主磁通近似为常数，总的励磁磁动势仍等于空载磁动势，即

$$\dot{I}_1 N_1 + \dot{I}_2 N_2 = \dot{I}_0 N_1 \tag{1-73}$$

若忽略励磁电流，得

$$\dot{I}_1 N_1 + \dot{I}_2 N_2 = 0$$

则

$$\dot{I}_1 = -\frac{N_2}{N_1}\dot{I}_2 = -\dot{I}_2 / k_a \tag{1-74}$$

可见，一、二次绕组电流的大小与匝数成反比，在相位上互差 180°。因此，流经公共绕组中的电流

$$\dot{I} = \dot{I}_1 + \dot{I}_2 = -\frac{\dot{I}_2}{k_a} + \dot{I}_2 = \left(1 - \frac{1}{k_a}\right)\dot{I}_2 \tag{1-75}$$

在数值上

$$I = I_2 - I_1$$

或

$$I_2 = I + I_1 \tag{1-76}$$

式（1-76）说明，自耦变压器的输出电流为公共绕组中电流与一次绕组电流之和。由此可知，流经公共绕组中的电流总是小于输出电流的。

3）容量关系

普通双绕组变压器的铭牌容量（又称通过容量）和绕组的额定容量（又称电磁容量或设计容量）相等，但自耦变压器两者却不相等。以单相自耦变压器为例，其铭牌容量为

$$S_N = U_{1N} I_{1N} = U_{2N} I_{2N} \tag{1-77}$$

而串联绕组 U1u1 段额定容量为

$$S_{U1u1} = U_{U1u1} I_{1N} = \frac{N_1 - N_2}{N_1} U_{1N} I_{1N} = \left(1 - \frac{1}{k_a}\right) S_N \tag{1-78}$$

公共绕组 u1u2 段额定容量为

$$S_{u1u2} = U_{u1u2} I = U_{2N} I_{2N} \left(1 - \frac{1}{k_a}\right) = \left(1 - \frac{1}{k_a}\right) S_N \tag{1-79}$$

比较上面三式可知，串联线圈 U1u1 段额定容量与公共线圈 u1u2 段额定容量相等，并均小于自耦变压器的铭牌容量。

自耦变压器工作时，其输出容量

$$S_2 = U_2 I_2 = U_2 (I + I_1) = U_2 I + U_2 I_1 \tag{1-80}$$

式（1-80）说明，自耦变压器的输出功率由两部分组成，其中 $U_2 I$ 为电磁功率，是通过电磁感应作用从原边传递到负载中去的，与双绕组变压器传递方式相同；$U_2 I_1$ 为传导功

率，是直接由电源经串联绕组传导到负载中去的，它不需要增加绕组容量，也正因为如此，自耦变压器的绕组容量才小于其额定容量。而且，自耦变压器的变比 k_a 愈接近 1，绕组容量就愈小，其优越性就愈显著，因此自耦变压器主要用于 $k_a<2$ 的场合。

3．自耦变压器的主要优缺点（和普通双绕组变压器比较）

1）主要优点

由于自耦变压器的设计容量小于额定容量，故在同样的额定容量下，自耦变压器的主要尺寸小，有效材料（硅钢片和铜线）和结构材料（钢材）都较节省，降低了成本，效率较高，重量减轻，故便于运输和安装，占地面积也小。

2）主要缺点

由于一、二次绕组间有电的直接联系，运行时一、二次侧都需装设避雷器，以防高压侧产生过电压时，引起低压绕组绝缘的损坏。同时，自耦变压器中性点必须可靠接地。

4．用途

目前，在高电压、大容量的输电系统中，自耦变压器主要用来连接两个电压等级相近的电力网，作联络变压器之用，三相自耦变压器如图 1-49 所示。在试验室中还常采用二次侧有滑动接触的自耦变压器作调压器，如图 1-50 所示。三相自耦变压器还可用作异步电动机的启动补偿器。

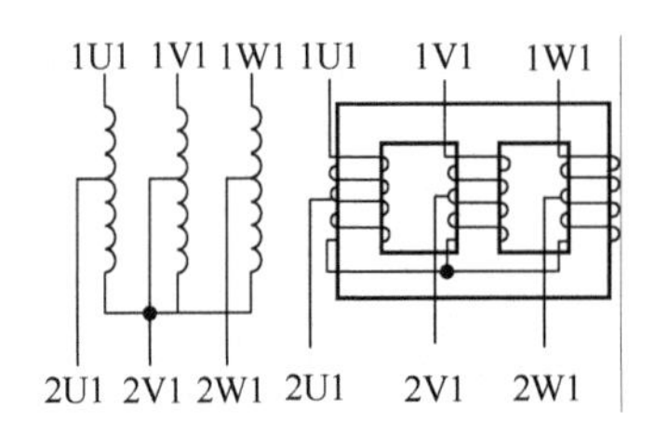

图 1-49　三相自耦变压器

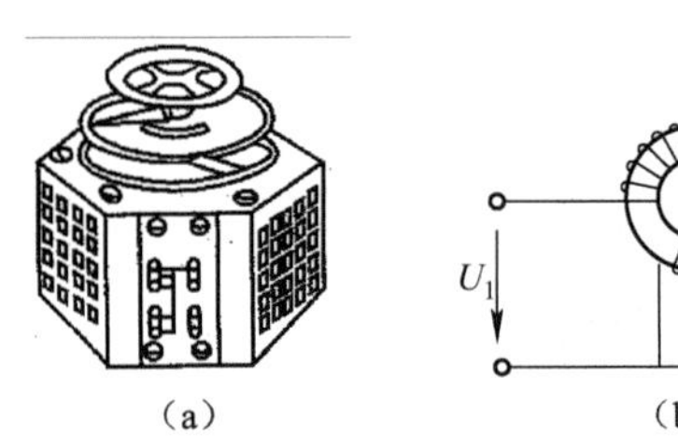

图 1-50　单相自耦调压器
（a）外形图　（b）原理图

1.5.3　仪用互感器

仪用互感器是一种供测量用的变压器，分为电流互感器和电压互感器两种。它们的工作原理与变压器相同。

使用互感器有两个目的：一是为了工作人员的安全，使测量回路与高压电网隔离；二是可以使用普通量程的电流表、电压表分别测量大电流和高电压。互感器的规格有各种各样的，但电流互感器副边额定电流都是 5 A 或 1 A，电压互感器副边额定电压都是 100 V。

互感器除了用于测量电流和电压外，还用于各种继电保护装置的测量系统，因此它的应用极为广泛。下面分别介绍电流互感器和电压互感器。

1．电流互感器

图 1-51 是电流互感器的原理图，其结构与普通变压器类似。但电流互感器的一次绕组匝数少，二次绕组匝数多。它的一次侧串联接入被测线路，流过被测电流 $\dot{I}_1$；二次侧接内阻抗极小的电流表或功率表的电流线圈，近似于短路状态，二次侧电流为 $\dot{I}_2$。因此，电流互感器的运行情况相当于变压器的短路运行。

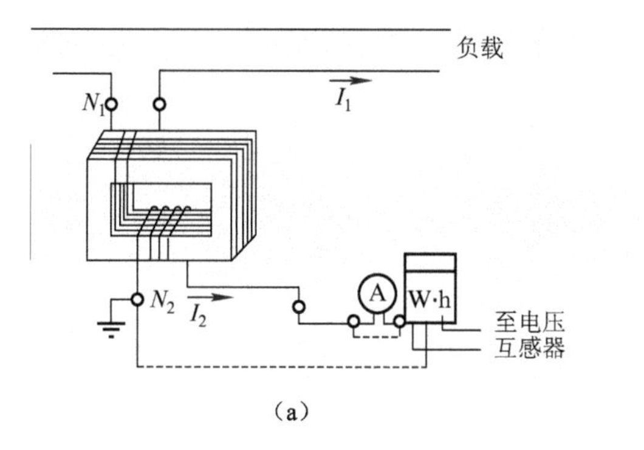

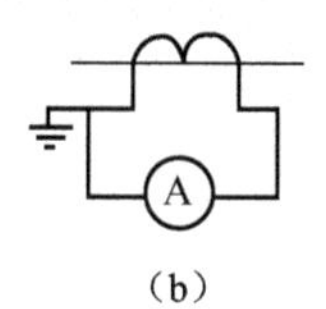

（a）　　　　　　　　　　（b）

图 1-51　电流互感器原理图

（a）接线图　（b）符号图

如果忽略励磁电流，由变压器的磁动势平衡关系可得

$$\frac{I_1}{I_2}=\frac{N_2}{N_1}=k_i \tag{1-81a}$$

或

$$I_1=k_iI_2 \tag{1-81b}$$

式中　k_i —— 电流变比，是个常数。

也就是说，把电流互感器的二次电流数值乘上一个常数就是一次被测电流数值。因此，测量 I_2 的电流表按 k_iI_2 来刻度，从表上直读出被测电流 I_1。

由于互感器总有一定的励磁电流，故一、二次电流比只是一个近似常数，因此把一、二次电流比按一个常数 k_i 处理的电流互感器就存在着误差，用相对误差表示为

$$\Delta I=\frac{k_iI_2-I_1}{I_1}\times100\% \tag{1-82}$$

根据误差的大小，电流互感器准确度分为下列各级：0.2、0.5、1.0、3.0、10.0。如 0.5 级的电流互感器表示在额定电流时误差最大不超过±0.5%。

使用电流互感器时，须注意以下三点。

（1）二次侧绝对不许开路。因为二次侧开路时，电流互感器处于空载运行状态，此时一次侧被测线路电流全部为励磁电流，使铁芯中磁通密度明显增大。这一方面使铁损耗急剧增加，铁芯过热甚至烧坏绕组；另一方面将使二次侧感应出很高电压，不但使绝缘击穿，而且危及工作人员和其他设备的安全。因此，其二次侧不能接熔断器，在一次电路工作时如需检修和拆换电流表或功率表的电流线圈，必须先将二次侧短路。

（2）电流互感器的铁芯和二次绕组必须可靠接地，以防止绝缘击穿后，电力系统的高电压传到低压侧，危及二次侧设备及操作人员的安全。

（3）电流互感器有一定的额定容量，使用时二次侧不宜接过多的仪表，以免影响互感器的准确度。

为了可在现场不切断电路的情况下测量电流和便于携带使用，把电流表和电流互感器合起来制造成钳形电流表。图 1-52 为钳形电流表的实物外形和原理电路图。互感器的铁芯为钳形，可以张开，使用时只要张开钳口，将待测电流的一根导线放入钳中，然后将铁芯闭合，钳形电流表就会显示出被测导线电流的大小，可直接读数。

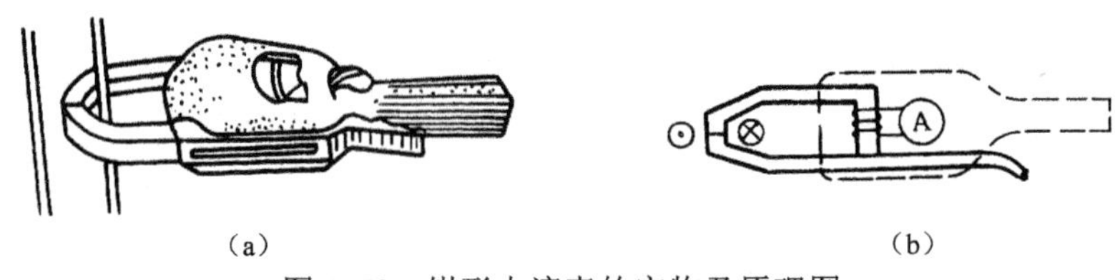

(a)　　　　　　　　(b)

图 1-52　钳形电流表的实物及原理图

(a) 实物图　(b) 原理图

2. 电压互感器

图 1-53 是电压互感器的原理图。一次侧直接并联在被测的高压电路上，二次侧接电压表或功率表的电压线圈。一次绕组匝数 N_1 多，二次绕组匝数 N_2 少。由于电压表或功率表的电压线圈内阻抗很大，因此电压互感器二次侧近似开路，实际上相当于一台二次侧处于空载状态的降压变压器。

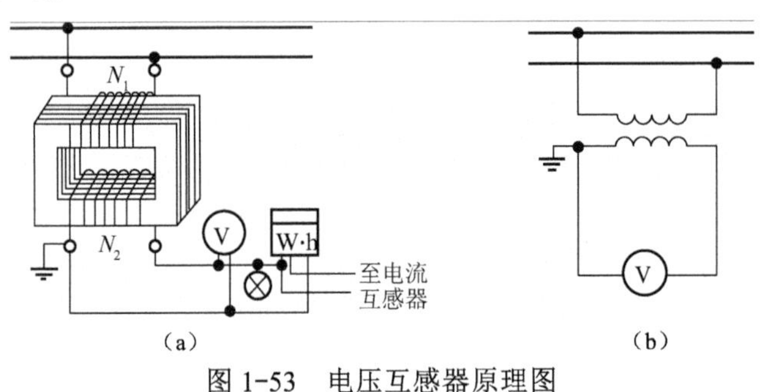

(a)　　　　　　　　(b)

图 1-53　电压互感器原理图

(a) 接线图　(b) 符号图

如果忽略漏阻抗压降，则有

$$U_1 / U_2 = N_1 / N_2 = k_u \tag{1-83a}$$

或

$$U_1 = k_u U_2 \tag{1-83b}$$

式中　k_u —— 电压变比，是个常数。

这就是说，把电压互感器的二次电压数值乘上常数 k_u 就是一次被测电压的数值。因此，测量 U_2 的电压表按 $k_u U_2$ 来刻度，从表上直读出被测电压 U_1。

实际的电压互感器，一、二次漏阻抗上都有压降，因此一、二次绕组电压比只是近似为一个常数，必然存在误差。根据误差的大小，电压互感器准确度分为 0.2、0.5、1.0、3.0 几个等级。

使用电压互感器时，须注意以下三点。

(1) 使用时电压互感器的二次侧不允许短路。电压互感器正常运行时是接近空载，如二次侧短路，则会产生很大的短路电流，绕组将因过热而烧毁，因此二次侧必须装熔断器。

(2) 电压互感器的二次绕组连同铁芯一起，必须可靠接地，以防绝缘破坏时，铁芯和绕组带高压电。

(3) 电压互感器有一定的额定容量，使用时二次侧不宜接过多的仪表，以免影响互感器的准确度。

小　结

变压器是一种传递交流电能的静止电气设备，它利用一、二次绕组匝数的不同，通过电磁感应作用改变交流电的电压、电流数值，但频率不变。

在分析变压器内部电磁关系时，通常按其磁通的实际分布和所起作用不同，分成主磁通和漏磁通两部分，前者以铁芯作闭合磁路，在一、二次绕组中均感应电动势，起着传递能量的媒介作用；而漏磁通主要以非铁磁性材料闭合，只起电抗压降的作用。

空载电流的大小为额定电流的 0.5%～3%，基本上为无功电流，主要用于建立磁场，所以又称励磁电流，空载电流的波形视铁芯饱和程度而定。

当频率、匝数不变时，铁芯中主磁通最大值由电源电压大小决定。当电源电压为常数时，主磁通也为常数。

分析变压器内部电磁关系有基本方程式、等效电路和相量图三种方法。基本方程式是一种数学表达式，它概述了电动势和磁动势平衡两个基本电磁关系，负载变化对一次侧的影响是通过二次磁动势 F_2 来实现的。等效电路是从基本方程式出发用电路形式来模拟实际变压器，而相量图是基本方程式的一种图形表示法，三者是完全一致的。在定量计算中常用等效电路的方法求解，而相量图能直观地反映各物理量的大小和相位关系，故常用于定性分析。

励磁阻抗 Z_m 和漏电抗 x_1、x_2 是变压器的重要参数。每一种电抗都对应磁场中的一种磁通，如励磁电抗对应于主磁通，漏电抗对应于漏磁通，励磁电抗受磁路饱和影响不是常量，而漏电抗基本上不受铁芯饱和的影响，因此它们基本上为常数。励磁阻抗和漏阻抗参数可通过空载和短路试验的方法求出。

电压变化率 ΔU 和效率 η 是衡量变压器运行性能的两个主要指标。电压变化率 ΔU 的大小反映了变压器负载运行时二次侧电压的稳定性，而效率 η 则表明变压器运行时的经济性。ΔU 和 η 的大小不仅与变压器的本身参数有关，而且还与负载的大小和性质有关。

三相变压器分为三相组式变压器和三相心式变压器。三相组式变压器每相有独立的磁路，三相心式变压器各相磁路彼此相关。

三相变压器的电路系统实质上就是研究变压器两侧线电压（或线电动势）之间的相位关系。变压器两侧电压的相位关系通常用时钟法来表示，即所谓连接组别。影响三相变压器连接组别的因素除绕组绕向和首末端标志外，还有三相绕组的连接方式。变压器共有 12 种连接组别，国家规定三相变压器有 5 种标准连接组。

在三相变压器中，由于一、二次绕组的连接方法不同，空载电流中不一定能含有三次谐波分量，这将影响到主磁通和相电动势的波形，并且这种影响还与变压器的磁路系统有关。

变压器并联运行的条件是：①额定电压、变比相等；②连接组别相同；③短路电压（短路阻抗）标幺值相等、短路阻抗角相等。前两个条件保证了空载运行时变压器绕组之间不产生环流，后一个条件是保证并联运行变压器的容量得以充分利用。组别相同这一条件必须严格满足，否则会烧坏变压器。

三绕组变压器的基本工作原理与双绕组变压器相同，多了一个绕组，内部磁场关系复杂些。

自耦变压器的特点是一、二次绕组间不仅有磁的耦合，而且还有电的直接联系。故其一部分功率不通过电磁感应，而直接由一次侧传递到二次侧，因此和同容量普通变压器相比，自耦变压器具有省材料、损耗小、体积小等优点。但自耦变压器也有其缺点，如短路电抗标幺值较小，因此短路电流较大等。

仪用互感器是测量用的变压器，使用时应注意将其副边接地，电流互感器二次侧绝不允许开路，而电压互感器二次侧绝不允许短路。

思考题与习题

1. 变压器是怎样实现变压的？

2. 变压器的主要用途是什么？为什么要高压输电？

3. 变压器铁芯的作用是什么？为什么要用 0.35 mm 厚、表面涂有绝缘漆的硅钢片叠成？

4. 变压器一次绕组若接在直流电源上，二次绕组会有稳定的直流电压吗？为什么？

5. 变压器有哪些主要部件？其功能是什么？

6. 变压器二次绕组额定电压是怎样定义的？

7. 双绕组变压器一、二次绕组的额定容量为什么按相等进行设计？

8. 有一台单相变压器，S_N =50 kV·A，U_{1N}/U_{2N}=10 500/230 V，试求一、二次绕组的额定电流。

9. 有一台 S_N=5 000 kV·A，U_{1N}/U_{2N}=10/6.3 kV，Y，d 连接的三相变压器，试求：（1）变压器的额定电压和额定电流；（2）变压器一、二次绕组的额定电压和额定电流。

10. 一台 380/220 V 的单相变压器，如不慎将 380 V 加在低压绕组上，会产生什么现象？

11. 为什么要把变压器的磁通分成主磁通和漏磁通，它们有哪些区别？并指出空载和负载时产生各磁通的磁动势。

12. 变压器空载电流的性质和作用如何？其大小与哪些因素有关？

13. 变压器空载运行时，是否要从电网中取得功率？取得的功率起什么作用？为什么小负荷的用户使用大容量变压器无论对电网还是对用户都不利？

14. 一台 220/110 V 的单相变压器，试分析当高压侧加 220 V 电压时，空载电流 I_0 呈何波形？加 110 V 时又呈何波形？若 110 V 加到低压侧，此时 I_0 又呈何波形？

15. 变压器的励磁电抗和漏电抗各对应于什么磁通？对已制成的变压器，它们是否是常数？当电源电压降至额定值的一半时，它们如何变化？为什么？并比较这两个电抗的大小。

16. 为什么变压器的空载损耗可近似看成铁损耗，短路损耗可否近似看成铜损耗？

17. 试绘出变压器“T”形、近似和简化等效电路，并说明各参数的意义。

18. 变压器二次侧接电阻、电感和电容负载时，从一次侧输入的无功功率有何不同？为什么？

19. 变压器空载试验一般在哪一侧进行？将电源加在低压侧或高压侧试验所计算出的励磁阻抗是否相等？

20. 变压器短路试验一般在哪一侧进行？将电源加到高压侧或低压侧试验所计算出的短路阻抗是否相等？

21. 变压器外加电压一定，当负载（阻感性）电流增大，一次电流如何变化？二次电压如何变化？当二次电压偏低时，对于降压变压器该如何调节分接头？

22. 变压器负载运行时引起二次侧端电压变化的原因是什么？二次侧电压变化率是如何定义的？它与哪些因素有关？当二次侧带什么性质负载时有可能使电压变化率为零？

23. 电力变压器的效率与哪些因素有关？何时效率最高？

24. 为何电力变压器设计时，一般取 $p_0 < p_{kN}$？如果取 $p_0 = p_{kN}$，变压器最适合带多大负载？

25. 有一台单相变压器，额定容量为 5 kV • A，高、低压绕组均由两个线圈组成，高压边每个线圈的额定电压为 1 100 V，低压边每个线圈的额定电压为 110 V，现将它们进行不同方式的连接。试问：可得几种不同的变比；每种连接时，高、低压边的额定电流为多少。

26. 一台单相变压器，已知 S_N=5 000 kV • A，U_{1N}/U_{2N}=35 kV/6.6 kV，铁芯的有效面积为 S_{Fe}=1 120 cm^2，若取铁芯中最大磁通密度 B_m=1.5 T，试求高、低压绕组的匝数和电压比（不计漏磁）。

27. 某三相变压器容量为 500 kV • A，Y，yn 连接，电压为 6 300/400 V，现将电源电压由 6 300 V 改为 10 000 V，如保持低压绕组匝数每相 40 匝不变，试求原来高压绕组匝数及新的高压绕组匝数。

28. 有一台型号为 S–560/10 的三相变压器，额定电压 U_{1N}/U_{2N} =10 000/400 V，Y，yn0 连接，供给照明用电，若白炽灯额定值是 100 W、220 V，要求变压器不过载，三相总共可接多少灯？

29. 某三相铝线变压器，S_N=750 kV • A，U_{1N}/U_{2N} =10 000/400 V，Y，d 连接，室温 30 ℃，在低压边作空载试验，测出 U_0=400 V，I_0=65 A，p_0=3 700 W；在高压边作短路试验，测得 U_k=450 V，I_k=35 A，p_k=7 500 W。试求变压器高压侧的参数并画出"T"形等效电路。

30. 某三相铝线变压器，S_N=1 250 kV • A，U_{1N}/U_{2N} =10 000/400 V，Y，yn0 连接，室温 20 ℃，在低压边作空载试验，测出 U_0=400 V，I_0=25.2 A，p_0=2 405 W；在高压边作短路试验，测得 U_k=440 V，I_k=72.17 A，p_k=13 590 W。试求：（1）变压器高压侧的参数并画出"T"形等效电路；（2）当额定负载且 $\cos\varphi_2 = 0.8$（滞后）和 $\cos\varphi_2 = 0.8$（超前）时的电压变化率、二次侧电压和效率。

31. 某三相变压器的额定容量 S_N =5 600 kV • A，额定电压 U_{1N}/U_{2N}=6 000/3 300 V，Y，d 连接，空载损耗 p_0=18 kW，短路损耗 p_k =56 kW。试求：（1）当输出电流为额定电流，$\cos\varphi_2 =$ 0.8（滞后）时的效率；（2）效率最高时的负载系数和最高效率。

32. 三相心式变压器和三相组式变压器在磁路结构上有何区别？

33. 三相心式变压器和三相组式变压器相比，具有哪些优点？

34. 在测取三相心式变压器的空载电流时，为何中间一相的电流小于两边相的电流？

35. 什么是单相变压器的连接组别，影响其组别的因素有哪些？如何用时钟法来表示？

36. 什么是三相变压器的连接组别，影响其组别的因素有哪些？如何用时钟法来表示？

37. 三相变压器的一、二次绕组按下图连接，试画出它们的线电动势相量图，并判断其连接组别。

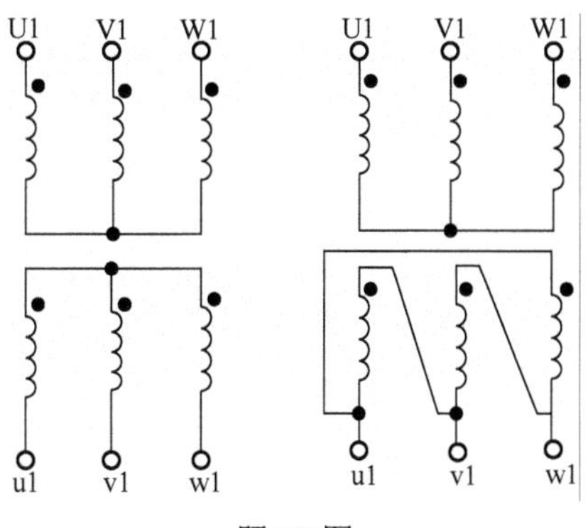

题 37 图

38. 三次谐波电流与变压器绕组的连接方式有何关系？若励磁电流中没有三次谐波电流，对绕组电势波形有何影响？

39. 试分析为什么三相组式变压器不能采用 Y，Y0 接线，而小容量的三相心式变压器却可以。

40. 变压器并联运行的理想条件是什么？哪些必须严格遵守？哪些可略有变化？

41. 若变压器并联运行条件任一条不满足，将产生什么后果？

42. 两台变压器数据如下：S_{NI}=1 250 kV • A，U_{kI}=6.5%，S_{NII}=2 000 kV • A，U_{kII}=6.0%，连接别组均为 Y，d11，额定电压均为 35/10.5 kV。现将它们并联运行，试计算：（1）当输出为 3 250 kV • A 时，每台变压器承担的负载是多少；（2）在不允许任何一台过载的条件下，并联变压器最大输出负载是多少，此时设备的利用率是多少。

43. 如下图所示系统，欲从 35 kV 母线上接一台 35/3 kV 变压器 T3，问该变压器应为何连接组别。

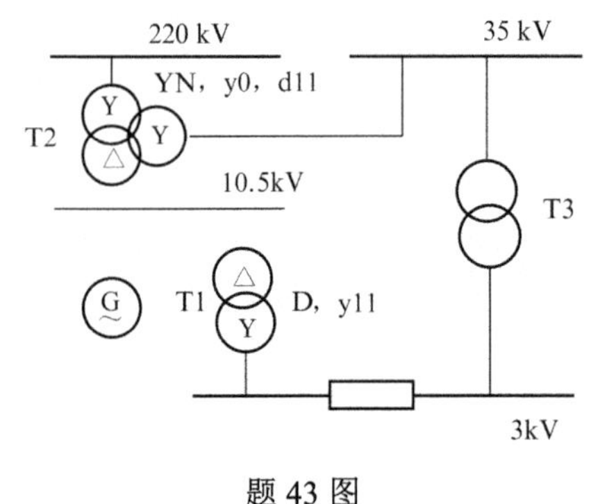

题 43 图

44. 某厂负载总容量为 120 kV • A，现有下列三台变压器可供选择：

Ⅰ：50 kV • A，10/0.4 kV，Y，yn0，u_k=0.075;

Ⅱ：100 kV • A，10/0.4 kV，Y，yn0，u_k=0.06;

Ⅲ：100 kV • A，10/0.4 kV，Y，yn0，u_k=0.07。

应选哪两台变压器并联运行，使变压器的利用率最高？

45. 三绕组变压器的额定容量是如何确定的？3 个绕组的容量有哪几种分配方式？

46. 三绕组变压器主要用在什么场合？

47. 自耦变压器的功率是如何传递的？为什么它的设计容量比额定容量小？

48. 使用电流互感器时须注意哪些事项？

49. 使用电压互感器时须注意哪些事项？

第2章
交流绕组及其电动势和磁动势

交流旋转电机主要分为异步电机和同步电机两大类，所有旋转电机从原理上讲都是可逆运行的，它既可作发电机运行也可作电动机运行，异步电机主要作电动机，同步电机主要作发电机。虽然两类电机在原理、结构、励磁方式、运行特性和主要运行方式等方面有很大的差异，但在电机内部所发生的电磁现象、机电能量转换等方面却有很多共同之处，可将这些共同性问题统一起来进行分析。本章主要研究交流绕组及其电动势和磁动势，这些都是交流旋转电机共同性的基本问题，也是分析交流电机重要的理论基础，对于学习交流旋转电机具有重要的意义。

2.1 交流电机绕组

交流旋转电机主要是进行交流电能和机械能的相互转换，交流绕组是实现机电能量转换的重要部件。交流绕组与主磁通相对运动产生感应电动势，同时交流电流过交流绕组也会产生磁动势，电动势和磁动势的大小和波形都与绕组的结构形式密切相关，因此交流绕组被称为“电机的心脏”。

2.1.1 交流绕组的常用术语

1．电角度与机械角度

在分析交流绕组和磁场在空间上的分布问题时，电机的空间角度常用电角度表示。由于每转过一对磁极，导体的基波电动势变化一个周期（360°电角度），因此一对磁极所占空间的电角度为360°，若电机极对数为p，则电角度为

$$电角度 = p \times 机械角度 \tag{2-1}$$

为了区别，电机圆周的几何角度为360°，这个角度称为机械角度。

2．极距τ

极距是指相邻的一对磁极轴线间沿气隙圆周即沿电枢表面的距离。一般用每个极面下所占的槽数表示，如图2-1所示。

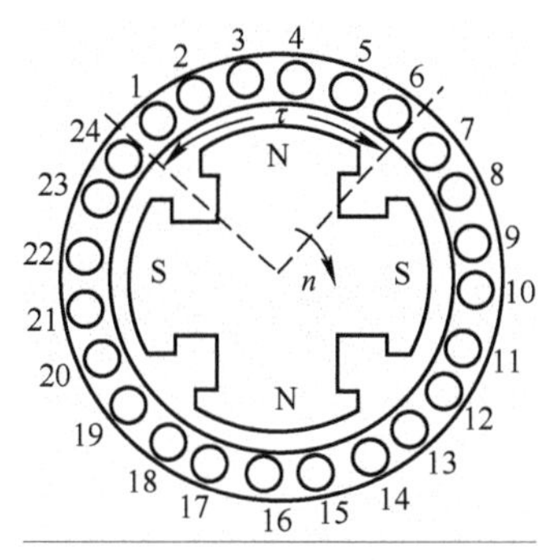

图2-1 交流绕组的极距

如定子槽数为Z，极对数为p（极数为$2p$），则极距用槽数表示时为

$$\tau=\frac{Z}{2p} \tag{2-2}$$

极距也可用电角度表示，即τ=180° 电角度；极距还可以用空间长度表示，即$\tau=\frac{\pi D}{2p}$，这里D为电机定子内圆直径。

3．线圈

线圈是组成绕组的基本单元，又称元件。线圈可以是单匝的也可以是多匝的。每个线圈都有首端和尾端两根线引出。线圈的直线部分，即切割磁力线的部分，称为有效边，嵌在定子槽的铁芯中。连接有效边的部分称为端接部分，置于铁芯槽的外部。双层绕组的一条有效边在一个槽的上层，而另一条有效边在另一个槽的下层，故分别称为上层边、下层边，如图 2-2 所示。

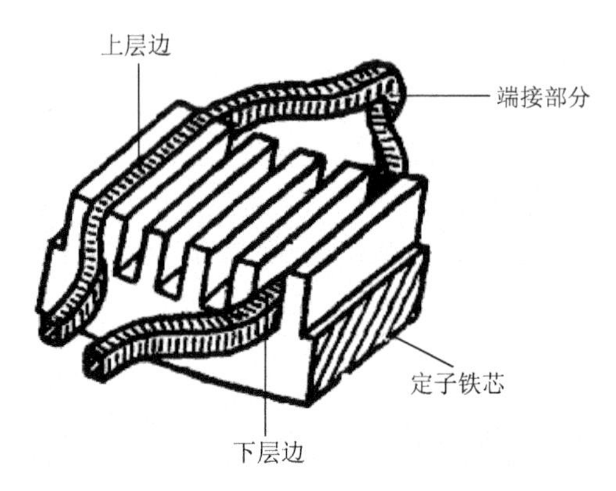

图 2-2　双层绕组元件的构成

4．节距

节距分为第一节距、第二节距和合成节距。节距的长短通常用元件所跨过的槽数表示。

1）第一节距y_1

同一线圈的两个有效边间的距离称为第一节距，用y_1表示。为使每个线圈获得最大的电动势或磁动势，节距应等于或接近于极距。

$y_1=\tau$的绕组称为整距绕组，$y_1<\tau$的绕组称为短距绕组，$y_1>\tau$的绕组称为长距绕组。短距绕组和长距绕组都可以削弱高次谐波，从而改善电动势或磁动势的波形，但是由于长距绕组用铜量多，故实际中一般不采用。

2）第二节距y_2

第一个线圈的下层边与相连接的第二个线圈的上层边间的距离称为第二节距，用y_2表示。

3）合成节距y

第一个线圈与相连接的第二个线圈的对应边间的距离称合成节距，用y表示，如图 2-3 所示。

5．槽距角α

槽距角α是指相邻两槽导体间所隔的电角度，如图 2-4 所示。电机定子的内圆周是p×360° 电角度，则槽距角为

$$\alpha = \frac{p \times 360^\circ}{Z} \tag{2-3}$$

槽距角α表明相邻两槽内导体的基波感应电动势在时间相位上相差α电角度。

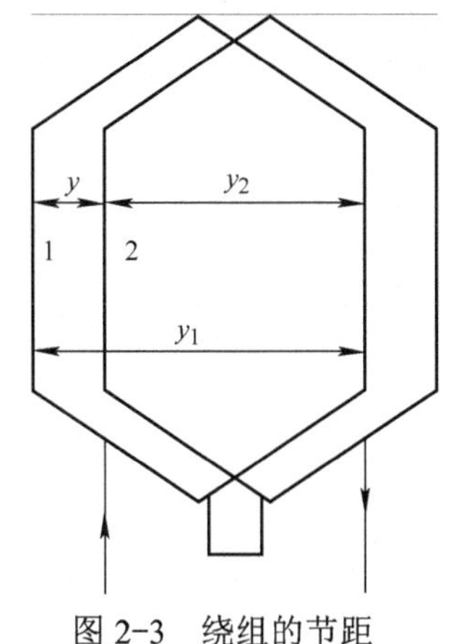

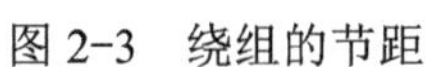
图 2-3　绕组的节距

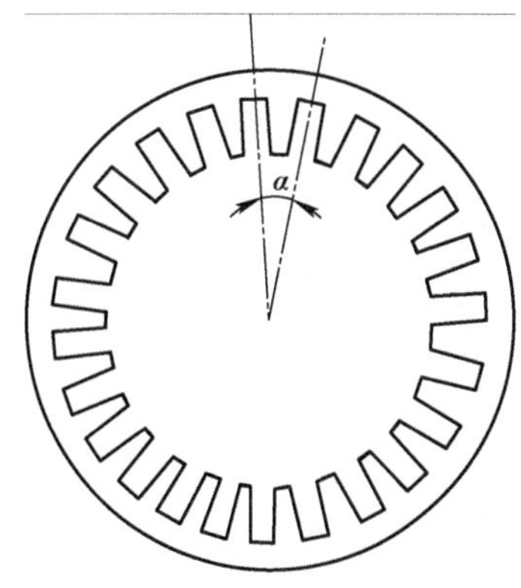

图 2-4　交流电机的槽距角

6．每极每相槽数 q

每一磁极下面每一相绕组所占有的槽数，称为每极每相槽数，用 q 表示，即

$$q = \frac{Z}{2mp} \tag{2-4}$$

式中　Z—— 总槽数；

　　p—— 极对数；

　　m—— 电机定子的相数。

为获得对称绕组，每极每相槽数应相同。q=1 的绕组称为集中绕组，q>1 的绕组称为分布绕组。q 为整数时的绕组，称为整数槽绕组；q 为分数时的绕组，称为分数槽绕组。

7．相带

在每个磁极下面每一相绕组所连续占有的电角度 $q\alpha$称为相带。由于每个磁极占 180°电角度，所以对三相绕组而言，每相绕组在每个磁极下占 60° 电角度，故称 60° 相带。也有占 120° 电角度的，称 120° 相带，但交流旋转电机一般采用 60° 相带绕组。

由于三相绕组在空间彼此相距 120° 电角度，且相邻磁极下导体感应电动势方向相反，根据节距的概念，沿一对磁极对应的定子内圆周相带的划分依次为 U1、 W2 、 V1、 U2、 W1、 V2，如图 2-5 所示。

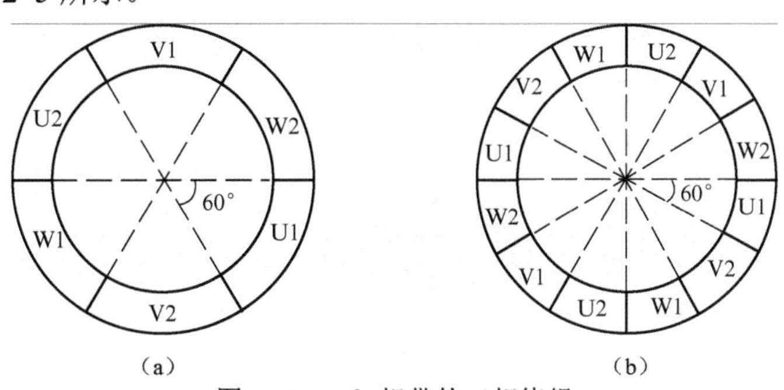

图 2-5　60° 相带的三相绕组

（a）2 极　（b）4 级

8．线圈组

将每个磁极下属于同一相的 q 个线圈按一定规律连接起来构成一个线圈组，也称为极相组。将属于同一相的所有极相组并联或串联起来，构成一相绕组。

9．槽电动势星形图

槽电动势星形图就是把定子各槽内导体感应的电动势用相量表示，这些相量构成一个辐射状的星形图，称之为槽电动势星形图，它实质上就是槽导体电动势相量图。其绘制方法通过下面的例题说明。

➘ 例 2-1

有一台三相交流电机，已知 $Z=24$，$2p=4$，求该交流电机的极距 τ、机械角度、电角度、槽距角 α 和每极每相槽数 q，并绘制槽电动势星形图。

解： 极距 $\tau=\dfrac{Z}{2p}=\dfrac{24}{4}=6$

机械角度 360°

电角度 电角度 $=p\times$ 机械角度 $=2\times360^\circ=720^\circ$

槽距角 $\alpha=\dfrac{p\times360^\circ}{Z}=\dfrac{2\times360^\circ}{24}=30^\circ$

每极每相槽数 $q=\dfrac{Z}{2mp}=\dfrac{24}{2\times3\times2}=2$

将定子铁芯上均匀分布的 24 个槽按顺序编号，如图 2-6 所示。各槽内导体的基波感应电动势采用同样编号的相量表示，各槽内导体的基波电动势在相位上依次相差一个槽距角 $\alpha=30^\circ$。当转子沿如图 2-6 所示的方向旋转时，第 2 槽导体电动势滞后于第 1 槽导体电动势 30°，第 3 槽导体电动势滞后于第 2 槽导体电动势 30°，依次类推，一直到第 12 槽。1～12 槽的槽电动势相量图，在机械上正好经过一对磁极，其对应的空间电角度是 360°（空间机械角度是 180°）。由于各同极性磁极下对应位置导体的电动势同相位，所以从 13～24 槽的电动势相位与 1～12 槽的电动势相位相重叠，整个电机的槽电动势星形图如图 2-7 所示。即若电机有 p 对磁极，则有 p 个重叠的槽电动势星形图。

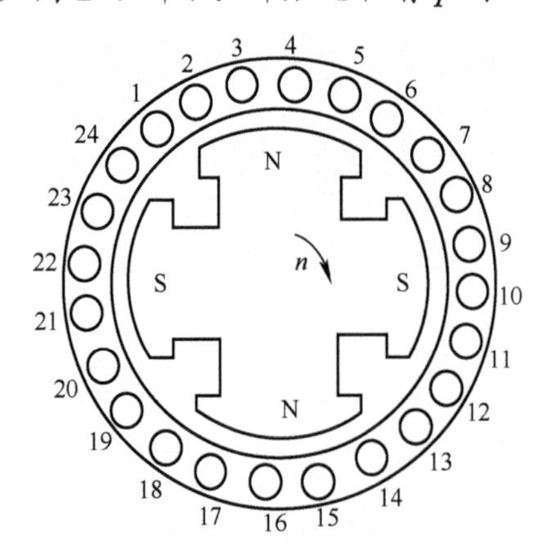

图 2-6 槽内导体沿定子圆周分布图

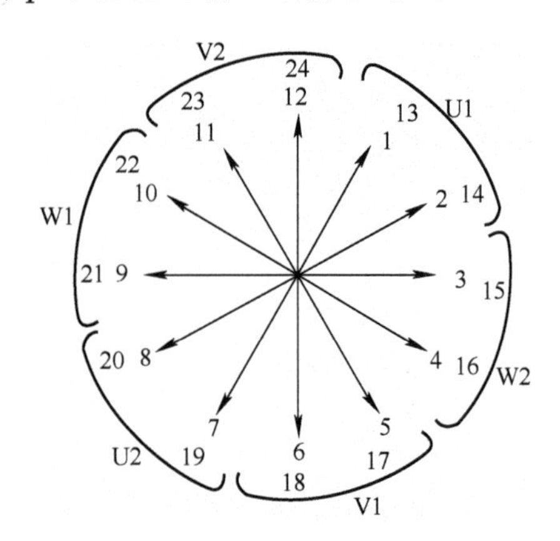

图 2-7 槽电动势星形图

2.1.2　交流绕组的分类

由于交流电机的应用相当广泛，不同类型交流电机对绕组的要求各不相同，因此交流绕组的种类也很多，其主要的分类方法如下。

（1）按槽内元件边的层数分为单层绕组、双层绕组和单双层绕组。

（2）按相数分为单相绕组、两相绕组、三相绕组和多相绕组。

（3）按绕组节距是否等于极距可分为整距绕组、短距绕组和长距绕组。

（4）按每极每相槽数是整数还是分数分为整数槽绕组和分数槽绕组。

（5）按绕组绕法分为叠绕组和波绕组，如图 2-8 所示。

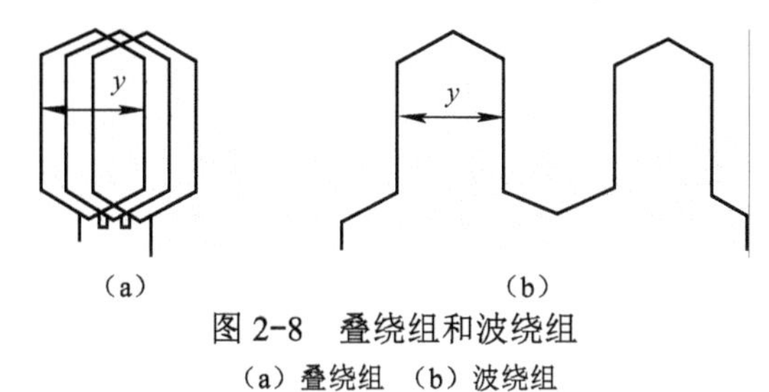

图 2-8　叠绕组和波绕组

（a）叠绕组　（b）波绕组

单层绕组一般用作小型异步电动机的定子绕组。双层叠绕组一般用作汽轮发电机组、大中型异步电动机及部分水轮发电机的定子绕组。双层波绕组一般用作水轮发电机的定子绕组和绕线式异步电动机的转子绕组。

2.1.3　交流绕组的基本要求

交流绕组是实现机电能量转换的重要部件，通常处于电机中温度最高的部位，它的绝缘有可能因承受高压而被击穿，短路故障时又可能受到强大的电磁力冲击而损坏，因此对交流绕组提出相应的要求。交流绕组形式虽然有很多种，但构成的基本要求却是相同的，交流绕组的基本要求主要是从运行和设计制造两个方面考虑的。

（1）三相绕组对称，以保证各相的电动势和磁动势对称。

（2）在导体数目一定的情况下，力争获得较大的基波电动势和基波磁动势。

（3）绕组的合成电动势和磁动势在波形上力求接近正弦波。

（4）用铜量要少，绝缘性能和机械强度要高，散热要好。

（5）制造、安装、检修要方便。

2.1.4　三相单层绕组

单层绕组的每个槽里只放一个线圈边，一个线圈的两个有效边就要占两个槽，所以线圈数等于槽数的一半。

根据线圈形状和端部连接方式，单层绕组分为链式绕组、同心式绕组和交叉式绕组。

1．单层链式绕组

单层链式绕组是由形状、几何尺寸和节距都相同的线圈连接而成的，就整体外形看，像一条长链子，故称链式绕组。

下面以 Z=24，极数 2p=4 的异步电动机定子绕组为例来说明链式绕组的构成。

例 2-2

一台极数 2p=4 的异步电动机，定子槽数 Z=24，采用三相单层链式绕组，说明单层链式绕组的构成原理并绘出展开图。

（1）计算极距 τ、每极每相槽数 q 和槽距角 α。

$$\tau = \frac{Z}{2p} = \frac{24}{4} = 6$$

$$q = \frac{Z}{2mp} = \frac{24}{2 \times 3 \times 2} = 2$$

$$\alpha = \frac{p \times 360^\circ}{Z} = \frac{2 \times 360^\circ}{24} = 30^\circ$$

（2）分相。

将槽依次编号，绕组采用 60°相带，则每个相带包含两个槽，相带和槽号的对应关系如表 2-1 所示。

表 2-1　相带和槽号的对应关系（三相单层链式绕组）

槽号 \ 相带	U1	W2	V1	U2	W1	V2
第一对极	1，2	3，4	5，6	7，8	9，10	11，12
第二对极	13，14	15，16	17，18	19，20	21，22	23，24

（3）构成一相绕组，绘出展开图。

将属于 U 相导体的 2 和 7，8 和 13，14 和 19，20 和 1 相连，构成四个节距相等的线圈。当电动机中有旋转磁场时，槽内的导体切割磁力线而感应电动势，U 相绕组的总电动势将是导体 1、2、7、8、13、14、19、20 的电动势之和（相量和）。四个线圈按“尾—尾”“头—头”相连的原则构成 U 相绕组，其展开图如图 2-9 所示。采用这种连接方式的绕组称为链式绕组。

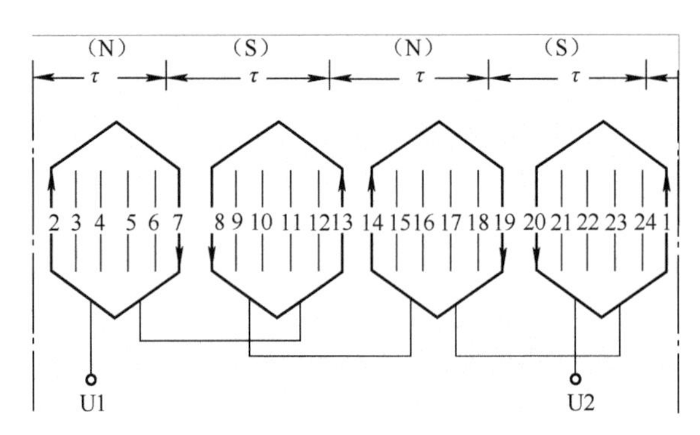

图 2-9　单层链式 U 相绕组展开图

用同样的方法可以得到另外两相绕组的连接规律。V、W 两相绕组的首端依次与 U 相绕组首端相差 120° 和 240° 的电角度，图 2-10 为三相单层链式绕组的展开图。

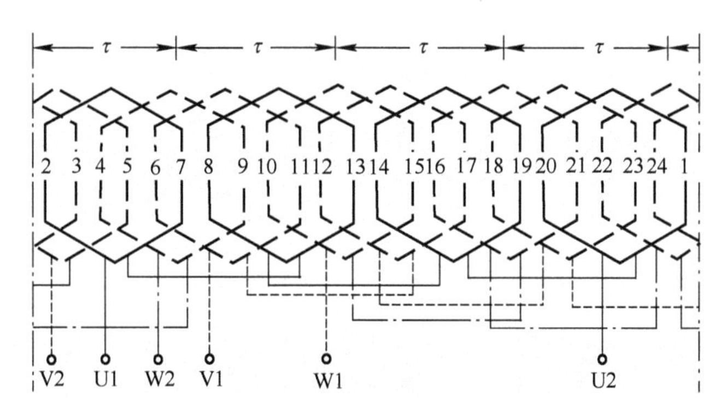

图 2-10　三相单层链式绕组的展开图

链式绕组主要用于 q=2 的 4、6、8 极的小型异步电动机中，具有工艺简单、制造方便、线圈端连接线少、节约材料等优点。

2．单层同心式绕组

同心式绕组是由几个几何尺寸和节距不等的线圈连成同心形状的线圈组构成的。

例 2-3

一台极数 $2p$=2 的交流电机，定子槽数 Z=24，说明三相单层同心式绕组的构成原理并绘出展开图。

（1）计算极距τ、每极每相槽数 q 和槽距角α。

$$\tau = \frac{Z}{2p} = \frac{24}{2} = 12$$

$$q = \frac{Z}{2mp} = \frac{24}{2 \times 3 \times 1} = 4$$

$$\alpha = \frac{p \times 360^\circ}{Z} = \frac{1 \times 360^\circ}{24} = 15^\circ$$

（2）分相。

将槽依次编号，绕组采用 60° 相带，则每个相带包含 4 个槽，相带和槽号的对应关系如表 2-2 所示。

表 2-2　相带和槽号的对应关系（三相单层同心式绕组）

相带	U1	W2	V1	U2	W1	V2
槽号	1，2，3，4	5，6，7，8	9，10，11，12	13，14，15，16	17，18，19，20	21，22，23，24

（3）构成一相绕组，绘出展开图。

把 U 相的每一相带内的槽分成两半，3 和 14 槽内的导体构成一个节距为 11 的大线圈，4 和 13 槽内的导体构成一个节距为 9 的小线圈，把两个线圈串联成一个同心式的绕组，再把 15 和 2、16 和 1 槽内的导体构成另一个同心式线圈组。两个线圈组按“头接头”“尾接尾”的反串联规律连接，得到 U 相同心式绕组的展开图，如图 2-11 所示。

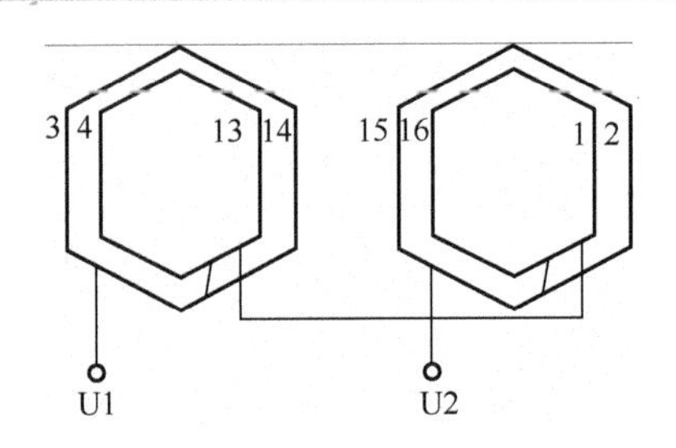

图 2-11　同心式线圈 U 相的展开图

同心式绕组下线方便、散热好；缺点是线圈尺寸不等，绕线工艺复杂，端接部分长，适用于 q=4，6，8 等偶数两极小型三相异步电动机中。

3．单层交叉式绕组

交叉式绕组是由线圈个数和节距都不等的两种线圈组构成的，同一线圈组中的各个线圈的形状、几何尺寸和节距都相等，各线圈组的端接部分都相互交叉。

例 2-4

一台极数 $2p$=4 的异步电动机，定子槽数 Z=36，采用三相单层交叉式绕组，说明单层交叉式绕组的构成原理并绘出展开图。

（1）计算极距τ、每极每相槽数 q 和槽距角α。

$$\tau=\frac{Z}{2p}=\frac{36}{4}=9$$

$$q=\frac{Z}{2mp}=\frac{36}{2\times3\times2}=3$$

$$\alpha=\frac{p\times360^\circ}{Z}=\frac{2\times360^\circ}{36}=20^\circ$$

（2）分相。

将槽依次编号，绕组采用 60° 相带，则每个相带包含三个槽，相带和槽号的对应关系如表 2-3 所示。

表 2-3　相带和槽号的对应关系（三相单层交叉式绕组）

相带 / 槽号	U1	W2	V1	U2	W1	V2
第一对极	1，2，3	4，5，6	7，8，9	10，11，12	13，14，15	16，17，18
第二对极	19，20，21	22，23，24	25，26，27	28，29，30	31，32，33	34，35，36

（3）构成一相绕组，绘出展开图。

根据 U 相绕组所占槽数，把 U 相所属的每个相带内的槽数分成两部分，2 和 10、3 和 11 构成两个节距都为 y_1=8 的大线圈；1 和 30 构成一个 y_1=7 的小线圈。同理，20 和 28、21 和 29 构成两个大线圈，19 和 12 构成一个小线圈，即在两对极下依次布置两大一小线圈。根据电动势相加的原则，线圈之间的连接规律是：两个相邻的大线圈之间应“头—尾”相连，大小线圈之间应按照“尾—尾”“头—头”规律相连。单层交叉式 U 相绕组展开图如图 2-12 所示。采用这种连接方式的绕组称为交叉式绕组。

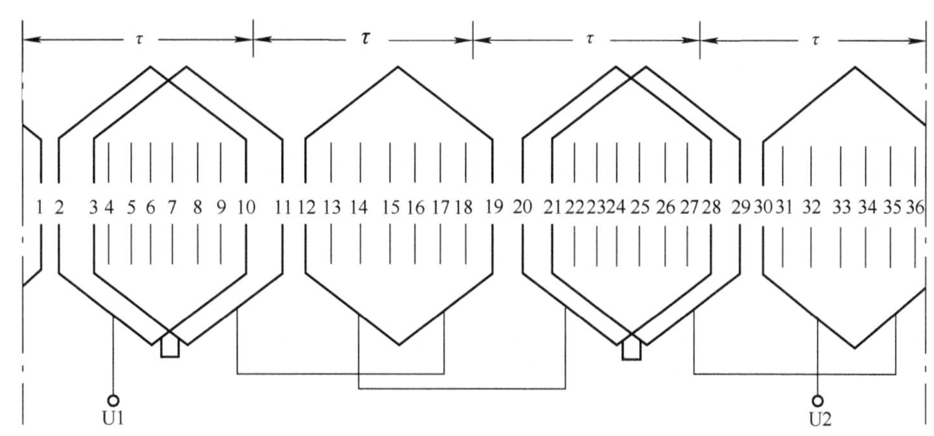

图 2-12　单层交叉式 U 相绕组展开图

用同样的方法可以得到另外两相绕组的连接规律。图 2-13 为三相单层交叉式绕组的展开图。

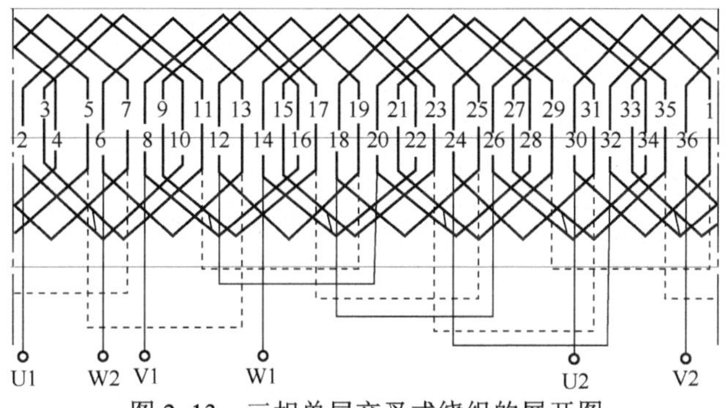

图 2-13　三相单层交叉式绕组的展开图

交叉式绕组不是等元件绕组，线圈节距小于极距，因此端接部分连线较短，有利于节约原材料。当 q=3 时，一般均采用交叉式绕组。

从以上三种形式的单层绕组分析可以看出：单层绕组的最大并联支路数 a 等于极对数 p；单层绕组的线圈节距在不同形式的绕组中是不同的，但从电动势计算的角度看，每相绕组中的线圈感应电动势均是属于两个相差 180° 空间电角度的相带内线圈边电动势的相量和，因此它仍可以看成是整距线圈，无短距绕组的效果。

单层绕组的优点是槽内无层间绝缘，嵌线方便，槽利用率较高；缺点是不能利用短距绕组来削弱高次谐波电动势和高次谐波磁动势，其感应的电动势和磁动势波形不够理想，而且它的漏电抗较大，使得电机损耗和噪声较大，启动性能不是很好。单层绕组一般用于功率在 10 kW 以下的异步电机中。

2.1.5　三相双层绕组

双层绕组的每个槽内分作上下两层，每个线圈的一个有效边放在一个槽的上层，另一个有效边则放在相隔一个槽数的另一个槽的下层。因此线圈数等于槽数，比单层绕组的线圈数增加一倍。

双层绕组按连接方式分为叠绕组和波绕组两种。叠绕组在绕制时，任何两个相邻的线圈都是后一个“紧叠”在前一个上面，故称叠绕组。波绕组是任何两个串联线圈沿绕制方向波浪似地前进。

双层绕组的构成原则和步骤与单层绕组基本相同。下面通过电机绕组的展开图绘制，来介绍双层绕组的连接规律。

例 2-5

一台 Z=36，$2p$=4，y_1=7 的交流电机，试绘制三相双层叠绕组的展开图。

（1）计算极距τ、每极每相槽数 q 和槽距角 α。

$$\tau=\frac{Z}{2p}=\frac{36}{4}=9$$

$$q=\frac{Z}{2mp}=\frac{36}{2\times 3\times 2}=3$$

$$\alpha=\frac{p\times 360^\circ}{Z}=\frac{2\times 360^\circ}{36}=20^\circ$$

（2）分相。

将槽依次编号，绕组采用 60° 相带，则每个相带包含三个槽，相带和槽号的对应关系如表 2-4 所示。

表 2-4　相带和槽号的对应关系（三相双层叠绕组）

相带 槽号	U1	W2	V1	U2	W1	V2
第一对极	1，2，3	4，5，6	7，8，9	10，11，12	13，14，15	16，17，18
第二对极	19，20，21	22，23，24	25，26，27	28，29，30	31，32，33	34，35，36

（3）构成一相绕组，绘制展开图。

根据 y_1=7（y_1<τ，为短距绕组）以及双层绕组的嵌线特点，一个线圈的线圈边放在上层，则另一个线圈边就放在下层。如 1 号线圈的一个线圈边在 1 号槽的上层（用实线表示），则另一个线圈边应放在 1+7=8 号槽的下层（用虚线表示）；2 号线圈的一个线圈边在 2 号槽的上层（用实线表示），则另一个线圈边应放在 2+7=9 号槽的下层（用虚线表示）。依此类推，将一个极下属于 U 相的 1、2、3 三个线圈（q=3），通过端部串联起来构成一组线圈（亦称线圈组），然后将第二个极下属于 U 相的 10、11、12 三个线圈串联起来构成第二组线圈，再依次把 19、20、21 和 28、29、30 线圈分别构成第三、第四组线圈。那么每相的四个线圈组可以通过串联或并联构成一相绕组。若要求并联支路数为 1，只需将四个线圈组串联起来，成为一相绕组。其他两相绕组可按同样方法构成，如图 2-14 所示。

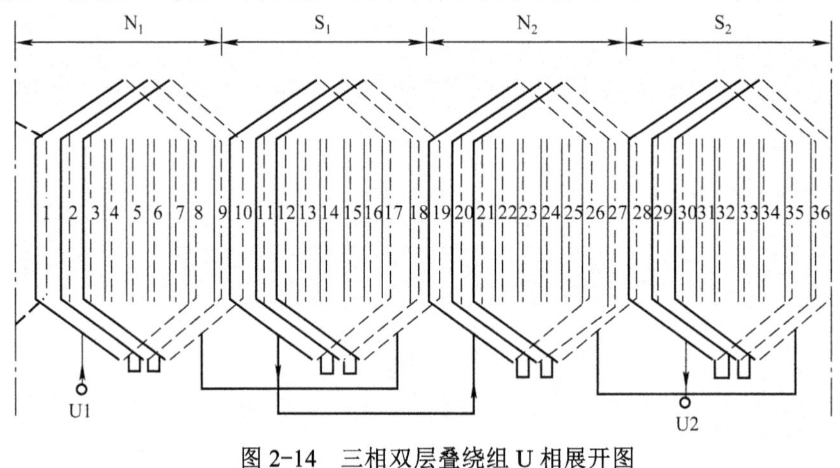

图 2-14　三相双层叠绕组 U 相展开图

从以上分析可以看出，四个磁极就构成 4 个线圈组，所以双层绕组每相的线圈组数等于电机的磁极数，即每相绕组的最大并联支路数 $2a=2p$。

叠绕组的优点是短距时能节省端部用铜和便于得到较多的并联支路数；缺点是线圈组间的连线较长，在多极电机中这些连接线的用铜量更大。叠绕组主要用于较大容量三相异步电动机的定子绕组和汽轮发电机的定子绕组。

至于双层波绕组，它的相带划分和槽号分配与双层叠绕组完全相同，它们的差别在于线圈端部形状和线圈之间的连接顺序。双层波绕组连接规律与直流电机的波绕组相似，即将同一极性下属于同一相的线圈按照一定次序串联起来，组成一组；再将另一极性下属于同一相的线圈按照一定次序串联起来，组成另一组，最后将这两组线圈串联或并联，构成一相绕组。

波绕组的优点是可以减少线圈组间的连接线，故多用在水轮发电机的定子绕组和绕线式异步电动机的转子绕组中。波绕组的线圈一般是单匝的，故短距不能节省端部用铜量。

双层绕组的节距可以根据需要来选择，一般做成短距来削弱高次谐波，改善电动势波形，因此容量较大的电机均采用双层短距绕组。

2.2　交流绕组的电动势

交流绕组的电动势是气隙磁场和绕组相对运动而产生的，气隙磁场的分布情况及绕组的构成方法，对电动势的波形和大小影响很大。下面研究绕组电动势的计算方法，从计算槽中一根导体的电动势开始，逐步引申到匝电动势、线圈电动势、线圈组电动势、相电动势、线电动势。本节只讨论正弦分布磁场下的绕组电动势。

2.2.1　正弦分布磁场下的绕组电动势

1．导体的电动势

在正弦分布磁场下，导体的电动势也为正弦波，根据电动势公式 $e=Blv$，可得导体电动势最大值

$$E_{\mathrm{c1m}}=B_{\mathrm{m1}}lv \tag{2-5}$$

式中　B_{m1}——正弦磁密幅值。

若 $2p\tau$ 为定子内圆周长，导体电动势有效值

$$\begin{aligned}E_{\mathrm{c1}}&=\frac{E_{\mathrm{c1m}}}{\sqrt{2}}=\frac{B_{\mathrm{m1}}lv}{\sqrt{2}}=\frac{B_{\mathrm{m1}}l}{\sqrt{2}}\times\frac{2p\tau}{60}n\\&=\frac{B_{\mathrm{m1}}l}{\sqrt{2}}\times\frac{2p\tau}{60}\times\frac{60f}{p}=\sqrt{2}fB_{\mathrm{m1}}l\tau\end{aligned} \tag{2-6}$$

式（2-6）中极距 τ 用长度单位表示。

磁密平均值　$B_{\mathrm{av}}=\dfrac{2}{\pi}B_{\mathrm{m1}}$

每极磁通量　$\Phi_1=B_{\mathrm{av}}\tau l=\dfrac{2}{\pi}B_{\mathrm{m1}}\tau l$

上式变换后，得

$$B_{m1}=\frac{\pi}{2}\Phi_1\frac{1}{\tau l} \tag{2-7}$$

将式（2-7）代入式（2-6），则导体电动势有效值

$$E_{c1}=\frac{\pi}{\sqrt{2}}f\Phi_1=2.22f\Phi_1 \tag{2-8}$$

式（2-8）中的Φ_1是指每极下的总磁通量，而变压器中Φ_m是指随时间作正弦变化的磁通的最大值，所以两者的意义不同。

导体电动势的有效值，正比于频率和每极磁通的乘积。当频率不变时，电动势和每极磁通成正比。

2．线圈的电动势

匝电动势即一匝线圈的两个有效边导体的电动势相量和。

1）单匝整距线圈的电动势

整距线圈，即$y_1=\tau$的线圈，如果一个有效边在N极中心线下，则另一个有效边刚好处于相邻的S极中心线下，如图2-15（a）所示。该整距单匝元件的上、下圈边的电动势$\dot{E}_{c1}$、$\dot{E}'_{c1}$大小相等而相位相反；由图2-15（b）可知，整距单匝元件的电动势为$\dot{E}_{t1}$，所以它的电动势值为一个线圈边电动势的两倍，即

$$E_{t1(y_1=\tau)}=2E_{c1}=\sqrt{2}\pi f\Phi_1=4.44f\Phi_1 \tag{2-9}$$

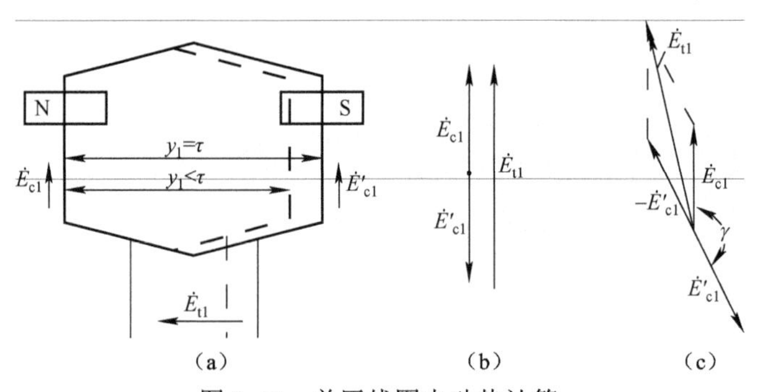

图2-15　单匝线圈电动势计算

（a）单匝线圈　（b）整距线圈电动势相量图　（c）短距线圈电动势相量图

2）单匝短距线圈的电动势

对于短距线圈，由于$y_1<\tau$，故其上、下圈边电动势的相位差不再是180°，而是相差γ角度，γ是线圈节距y_1所对应的电角度，如图2-15（c）所示。

$$\gamma=\frac{y_1}{\tau}\times180° \tag{2-10}$$

因此，短距单匝元件的电动势

$$E_{t1(y_1<\tau)}=2E_{c1}\cos\frac{180°-\gamma}{2}=2E_{c1}\sin(\frac{y_1}{\tau}\times90°)=4.44k_{y1}f\Phi_1 \tag{2-11}$$

$$k_{y1}=\sin(\frac{y_1}{\tau}\times90°) \tag{2-12}$$

式中　k_{y1}——线圈的短距系数，短距时$k_{y1}<1$，整距时$k_{y1}=1$。

短距系数的物理意义是：短距系数代表线圈短距后所感应的电动势与整距线圈感应的

电动势相比所打的折扣。短距线圈电动势为线圈边电动势相量的矢量和，而整距线圈电动势为线圈边电动势相量的代数和。短距线圈虽然对基波电动势的大小有影响，但它能有效抑制高次谐波电动势，故一般交流绕组大多数采用短距绕组。

若电机槽内每个线圈由 N_c 匝组成，每匝电动势均相等，所以一个线圈电动势有效值

$$E_{y1}=N_cE_{t1}=4.44N_ck_{y1}f\Phi_1 \tag{2-13}$$

3．线圈组（极相组）的电动势

每个线圈组（极相组）是由 q 个嵌放在相邻槽内的元件串联组成的，它们先后切割气隙磁场，在每个元件中感应的电动势幅值相等，而相位差为两个槽间的电角度。线圈组的合成电动势应该是 q 个元件电动势的相量和，如图 2-16（c）所示。

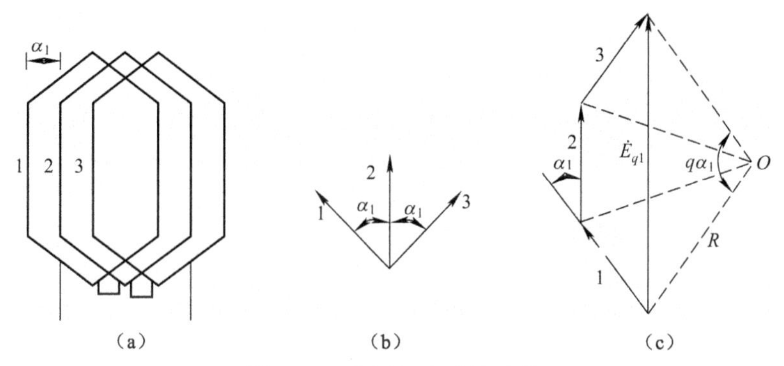

图 2-16　线圈组电动势计算

（a）线圈组　（b）线圈电动势相量　（c）线圈组电动势相量和

元件电动势相量相加的几何关系构成正多边形的一部分，根据几何关系可以求得 q 个元件串联后的合成电动势的有效值

$$E_{q1}=2R\sin\frac{q\alpha}{2} \tag{2-14}$$

其中 R 为外接圆半径，且

$$E_{y1}=2R\sin\frac{\alpha}{2} \tag{2-15}$$

将式（2-15）代入式（2-14）中，可得

$$E_{q1}=E_{y1}\frac{\sin\frac{q\alpha}{2}}{\sin\frac{\alpha}{2}}=qE_{y1}\frac{\sin\frac{q\alpha}{2}}{q\sin\frac{\alpha}{2}}=qE_{y1}k_{q1} \tag{2-16}$$

式中　E_{q1} —— q 个分布元件电动势的相量和；

qE_{y1} —— q 个集中元件电动势的代数和；

k_{q1} —— 分布系数，且

$$k_{q1}=\frac{\sin\frac{q\alpha}{2}}{q\sin\frac{\alpha}{2}} \tag{2-17}$$

分布系数的意义是由于绕组分布在不同的槽内，使得 q 个分布元件的合成电动势 E_{q1} 小于 q 个集中元件的合成电动势 qE_{y1}，因此 $k_{q1}<1$。

把一个元件的电动势代入，可得一个线圈组的电动势

$$E_{q1}=q4.44fN_{c}k_{y1}\Phi_1 k_{q1}=4.44qN_{c}k_{w1}f\Phi_1 \tag{2-18}$$

式中 qN_{c}——q 个元件的总匝数；

k_{w1}——绕组系数，表示考虑短距和分布影响时，线圈组电动势要打的折扣，其值

$$k_{w1}=k_{y1}k_{q1} \tag{2-19}$$

4．相电动势

整个电机共有 $2p$ 个磁极，这些磁极下属于同一相的线圈组可以串联也可以并联，组成一定数目的并联支路。一相电动势等于一条并联支路的总电动势。

对于双层绕组，每相有 $2p$ 个线圈组，设有并联支路数为 $2a$，则一相的电动势应该为

$$E_{p1}=\frac{2p}{2a}E_{q1}=4.44f\frac{2p}{2a}qN_{c}k_{w1}\Phi_1=4.44fNk_{w1}\Phi_1 \tag{2-20}$$

式中 N——一相绕组总的串联匝数，且

$$N=\frac{2pqN_{c}}{2a} \tag{2-21}$$

对于单层绕组，由于每个元件占两个槽，所以每相绕组总共有 p 个线圈组，有 pqN_{c} 匝，设有并联支路数为 $2a$，则每相绕组的串联总匝数

$$N=\frac{pqN_{c}}{2a} \tag{2-22}$$

因此，不论单层绕组或双层绕组，一相的电动势计算公式均为

$$E_{p1}=4.44fNk_{w1}\Phi_1 \tag{2-23}$$

式（2-23）与变压器绕组的计算公式形式上相似，只不过交流旋转电机采用短距和分布绕组，所以要乘以一个绕组系数，而变压器相当于整距集中绕组，其绕组系数为 1。

求出相电动势后，可计算线电动势。对称绕组星形连接时线电动势为相电动势的 $\sqrt{3}$ 倍，三角形连接时线电动势等于相电动势。

➘ 例 2-6

某台三相异步电动机接在 50 Hz 的电网上，每相感应电动势的有效值为 $E_{p1}=350\ \text{V}$，定子绕组每相每条支路串联的匝数 $N=312$，绕组系数 $k_{w1}=0.96$，求每极磁通为多少？

解：

$$E_{p1}=4.44fNk_{w1}\Phi_1$$

$$\Phi_1=\frac{E_{p1}}{4.44fNk_{w1}}=\frac{350}{4.44\times50\times312\times0.96}=0.005\ \text{Wb}$$

2.2.2 非正弦分布磁场下绕组产生的高次谐波电动势

由于实际的电机中，气隙磁通密度分布曲线并不是理想的正弦波形，利用傅里叶级数可以将非正弦磁场分解成为基波和一系列高次谐波，主磁极磁通密度的空间分布曲线

如图 2-17 所示。图中还分别画出了 3 次和 5 次谐波所对应的转子模型。

因此发电机的感应电动势除基波外，还存在一系列高次谐波。产生的原因一方面是发电机气隙磁通密度沿气隙空间分布的波形不是理想的正弦波，另一方面是由于电枢铁芯和转子铁芯有齿、槽造成气隙磁阻不均匀。这里主要讨论非正弦分布磁场产生的高次谐波电动势。

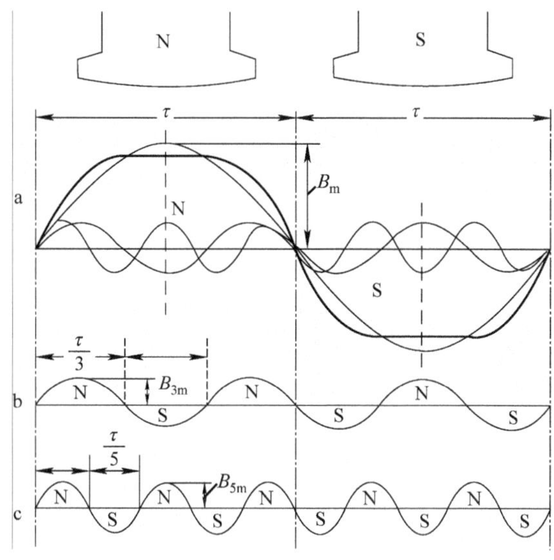

图 2-17　主磁极磁通密度的空间分布

谐波电动势的计算方法和基波电动势的计算方法相似。由图 2-17 可见，v 次谐波磁场的极对数为基波的 v 倍，而极距则为基波的 $\frac{1}{v}$，即

v 次谐波极对数

$$p_v = vp \tag{2-24}$$

v 次谐波极距

$$\tau_v = \frac{1}{v}\tau \tag{2-25}$$

由于谐波磁场也因转子旋转而旋转，其转速与基波相同，均为转子转速，即 $n_v=n_1$，因 $p_v=vp$，故在定子绕组内感生的高次谐波电动势的频率

$$f = \frac{pn}{60} = \frac{(vp)\ n_1}{60} = vf \tag{2-26}$$

式中　f——基波电动势的频率，$f = \frac{pn_1}{60}$。

根据式（2-23），v 次谐波相电动势的有效值

$$E_{pv} = 4.44Nk_{wv}f_v\Phi_v \tag{2-27}$$

式中　Φ_v——v 次谐波的每极磁通量；

　　k_{wv}——v 次谐波的绕组系数，且

$$k_{wv} = k_{yv}k_{qv} \tag{2-28}$$

式中　k_{yv}，k_{qv}——v 次谐波的短距系数与分布系数。

假如对基波而言，短距对应角和槽距电角分别为γ和α角度。对 v 次谐波而言，由于极对数是基波的 v 倍，所以短距对应角和槽距电角分别为 $v\gamma$和 $v\alpha$ 电角度，由此可得

$$k_{v\gamma}=\sin\left(\frac{vy_1}{\tau}\times 90^{\circ}\right) \tag{2-29}$$

$$k_{v\alpha}=\frac{\sin\dfrac{vq\alpha}{2}}{q\sin\dfrac{v\alpha}{2}} \tag{2-30}$$

高次谐波电动势对相电动势大小影响很小，它影响的主要是电动势的波形，会使电动势波形变坏，产生许多不利的影响，如发电机的附加损耗增加、效率下降、温升升高，还可能引起输电线路谐振而产生过电压，对邻近输电线的通信线路产生干扰，使异步电动机的运行性能变坏。因此为了改善电势的波形，必须尽可能地削弱电动势中的高次谐波，特别是影响较大的 3、5、7 次谐波。

2.2.3 磁场非正弦分布引起的谐波电动势的削弱方法

1. 采用短距绕组

选择适当的短距绕组，可使高次谐波的短距绕组系数远比基波的小，故能在基波电动势降低不多的情况下大幅度削弱高次谐波。

一般来说，若将节距缩短$\dfrac{\tau}{v}$，则可以消去 v 次谐波。例如缩短$\dfrac{\tau}{5}$，即节距 $y_1=\tau-\dfrac{\tau}{5}=\dfrac{4}{5}\tau$，可消去 5 次谐波。

不同绕组节距$\dfrac{y_1}{\tau}$时，各次谐波的短距系数的大小如表 2-5 所示。

表 2-5　不同节距时基波和部分谐波的短距系数

$\frac{y_1}{\tau}$	k_{y1}	k_{y3}	k_{y5}	k_{y7}
8/9	0.985	0.866	0.643	0.342
6/7	0.975	0.788	0.438	0
5/6	0.966	0.707	0.259	0.259
4/5	0.951	0.588	0	0.588

从表 2-5 中可以看出，当采用短距绕组时，基波电动势和谐波电动势都有不同程度的减小，只是基波电动势减小得很少，而谐波电动势减少得却比较多。

对于三相绕组，不论是采用星形连接还是三角形连接，线电压中不存在 3 次或 3 的倍数次谐波。因此在选择节距时，主要考虑削弱 5 次和 7 次谐波，通常取 $y_1=\dfrac{5}{6}\tau$ 左右，这时 5 次和 7 次谐波电动势大约只有整距时的 25.9%。至于更高次的谐波，由于幅值很小，影响不大，可以不必考虑。

2. 采用分布绕组

增加每极每相槽数 q，使某次谐波的分布系数接近于零，来削弱高次谐波电动势。

表 2-6 列出不同 q 时基波和部分谐波的分布系数。

表 2-6　不同 q 时基波和部分谐波的分布系数

q	k_{q1}	k_{q3}	k_{q5}	k_{q7}	k_{q9}	k_{q11}
2	0.966	0.707	0.259	0.259	0.707	0.966
3	0.960	0.667	0.217	0.177	0.333	0.177
4	0.958	0.654	0.205	0.150	0.270	0.126
5	0.957	0.646	0.200	0.149	0.247	0.110
6	0.957	0.644	0.197	0.145	0.256	0.102
7	0.957	0.642	0.195	0.143	0.229	0.097
8	0.956	0.641	0.194	0.141	0.225	0.095

由表 2-6 可见，采用分布绕组同样可以起到削弱高次谐波的作用。当 q 增加时基波的分布系数略有减少，但高次谐波的分布系数却显著减少，起到了削弱高次谐波作用。另外也发现，当 $q>6$ 时，高次谐波的分布系数下降得已不明显，如当 $q=6$ 时，$k_{q5}=0.197$，而 $q=8$ 时，$k_{q5}=0.194$。但随着 q 的增加，电机的槽数也增加，使得电机的成本提高。因此，一般交流电机的每极每相槽数 q 为 2～6，小型异步电动机的 q 为 2～4。

3．改善磁场分布接近正弦

在设计制造电机时，尽可能使气隙磁场沿空间按正弦分布。对隐极同步电机合理安排励磁绕组，使每极安放励磁绕组部分与极距之比为 0.7～0.75，即通过改善励磁绕组分布范围来改善磁场分布情况，如图 2-18（a）所示。对凸极同步电机通过改善极靴形状，使 $\delta_{max}/\delta_{min}=1.5～2$，$b_p/\tau=0.7～0.75$，把气隙设计得不均匀，使磁极中心处气隙最小，而磁极边缘处气隙最大，可以改善磁场分布情况，如图 2-18（b）所示。

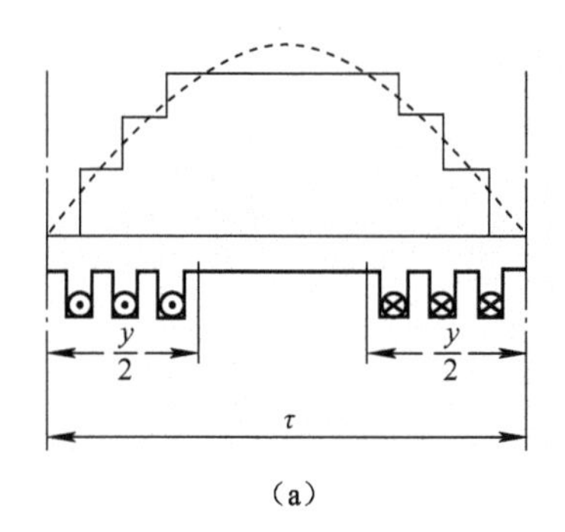

（a）

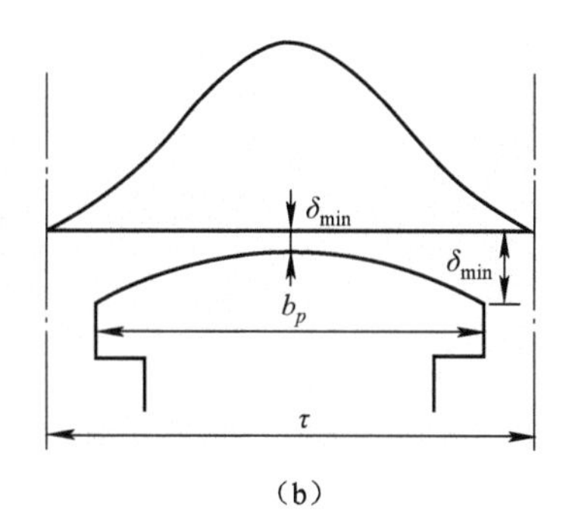

（b）

图 2-18　改善气隙磁场分布的方法

（a）隐极同步电机　（b）凸极同步电机

4．采用适当的三相连接方式

在三相绕组中，各相的 3 次谐波电动势大小相等、相位相同，即 $\dot{E}_{U3}=\dot{E}_{V3}=\dot{E}_{W3}$。当三相绕组接成 Y 连接时，线电动势 $\dot{E}_{UV3}=\dot{E}_{U3}-\dot{E}_{V3}=0$，故对称三相绕组的线电动势中不存在 3 次谐波，同理也不存在 3 的奇数倍次（如 9，15 次等）谐波电动势。电机绕组多采用 Y 形连接。

当三相绕组接成△形时，$\dot{E}_{U3}+\dot{E}_{V3}+\dot{E}_{W3}=3\dot{E}_{p3}=3\dot{I}_3 Z_3$，会在三相绕组中产生 3 次谐波环流 $\dot{I}_3$，3 次谐波电动势正好等于 3 次谐波环流所引起的阻抗压降。虽然在线电动势中也不会出现 3 次及 3 的奇数倍次谐波，但作△连接时会在绕组中产生附加的 3 次谐波环流，使损耗增加、效率降低、温升变高，故发电机绕组很少采用△形连接。

例 2-7

一三相同步电机，Y 连接，$2p=2$，$n_1=3\,000$ r/min，$Z=60$，每相串联总匝数 $N=20$，$f_N=50$ Hz，每极气隙基波磁通 $\Phi_1=1.505$ Wb，求：

（1）基波电动势频率、整距时相电动势和线电动势；

（2）如要消除 5 次谐波，节距 y_1 应选多大，此时的基波电动势为多大。

解：（1）基波电动势频率

$$f=\frac{pn_1}{60}=\frac{1\times 3\,000}{60}=50\ \text{Hz}$$

极距

$$\tau=\frac{Z}{2p}=\frac{60}{2}=30$$

每极每相槽数

$$q=\frac{Z}{2pm}=\frac{60}{2\times 3}=10$$

槽距角

$$\alpha=\frac{p\times 360^\circ}{Z}=\frac{1\times 360^\circ}{60}=6^\circ$$

整距绕组基波短距系数

$$k_{y1}=1$$

基波分布系数

$$k_{q1}=\frac{\sin\frac{q\alpha}{2}}{q\sin\frac{\alpha}{2}}=\frac{\sin\frac{10\times 6^\circ}{2}}{10\times\sin\frac{6^\circ}{2}}=0.955\,3$$

基波绕组系数

$$k_{w1}=k_{y1}k_{q1}=1\times 0.955\,3=0.955\,3$$

基波相电动势

$$\begin{aligned}E_{p1}&=4.44fNk_{w1}\Phi_1\\&=4.44\times 50\times 20\times 0.955\,3\times 1.505\\&=6\,383.5\ \text{V}\end{aligned}$$

基波线电动势

由于定子绕组采用 Y 连接，故 $E_1=\sqrt{3}E_{p1}=\sqrt{3}\times 6\,383.5=11\,\text{kV}$

（2）取 $y_1=\frac{\nu-1}{\nu}\tau=\frac{5-1}{5}\tau=\frac{4}{5}\tau$

基波短距系数

$$k_{y1}=\sin\frac{y_1}{\tau}90^\circ=\sin\frac{\frac{4}{5}\tau}{\tau}90^\circ=0.951$$

基波相电动势

$$\begin{aligned}E_{p1}&=4.44fNk_{y1}k_{q1}\Phi_1\\&=4.44\times 50\times 20\times 0.951\times 0.955\,3\times 1.505\\&=6\,070.7\ \text{V}\end{aligned}$$

2.3 交流绕组的磁动势

旋转电机是一种能量转换装置，能量的转换离不开磁场，要研究电机就必须研究电机中磁场的分布和性质。

同步电机和异步电机的定子绕组都是三相对称绕组，它们通入对称的交流电后，将产生三相合成磁动势。异步电机中交流绕组产生的磁动势是电机的主磁场，而同步电机的电枢（交流）绕组产生的磁动势会对主磁极磁通产生影响，可见交流绕组的磁动势对电机的能量转换和运行性能有很大的影响。同步电机和异步电机的定子绕组都是分布短距绕组，而流过它们的电流则是随时间变化的交流电，使得交流绕组的磁动势既是时间函数又是空间函数，分析比较复杂。根据由简单到复杂的原则，先研究单相绕组的磁动势，再研究三相绕组的磁动势。

2.3.1 单相绕组的磁动势

图 2-19 所示为一台两极交流旋转电机的示意图。定子上有一集中整距绕组 U1—U2。绕组中通以电流，假设某一瞬间电流的方向由 U1 流入，从 U2 流出，电流所建立的磁场的磁场线分布如图 2-19（a）中虚线所示，它产生的是两极的磁场。对定子而言，上端为 S 极，下端为 N 极。

假如将电机从 U2 绕组边处切开，展平后如图 2-19（b）所示。选定绕组 U2、U1 的轴线处为坐标原点，用纵坐标表示磁动势 f，横坐标 a 表示沿气隙圆周离开原点的空间距离。若略去铁芯中的磁阻不计，可认为绕组产生的磁动势全部降落在两个气隙上，并均匀分布，则定子内圆各处气隙中的磁动势正好等于绕组磁动势的一半，即 $\frac{1}{2}Ni$ 。同时规定，磁场线从定子进入转子的磁动势为正，反之为负，则可得到沿气隙圆周空间分布的磁动势曲线，如图 2-19（b）所示。可见磁动势波形为矩形波，宽度等于线圈宽度，高度为 $\frac{1}{2}Ni$ 。

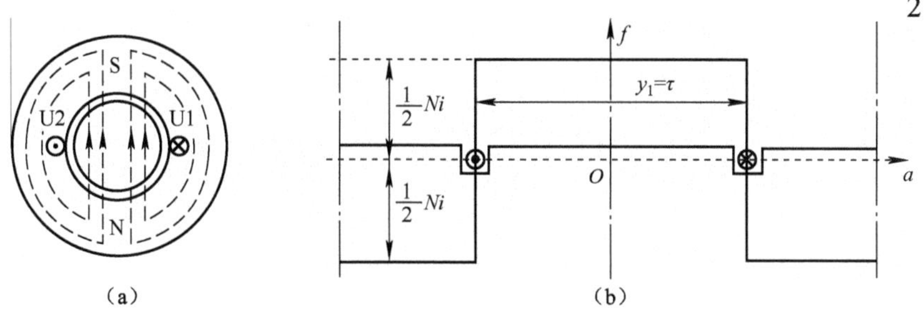

图 2-19 两极单相绕组的脉振磁场和磁动势

（a）单相绕组磁力线分布图 （b）气隙磁动势分布图

如果绕组中的电流为直流电，则矩形波的幅值不随时间发生变化。如果绕组中的电流为交流电，且其随时间按余弦规律变化，即 $i=\sqrt{2}I\cos\omega t$ ，则气隙磁动势

$$f=\frac{1}{2}Ni=\frac{\sqrt{2}}{2}NI\cos\omega t \tag{2-31}$$

式（2-31）表明，磁动势矩形波的幅值随时间按余弦规律变化，变化的频率即为交流电源的频率，但其轴线位置在空间保持固定不变。当电流达到正的最大值时，磁动势矩形波的幅值为正的最大值（ $\frac{\sqrt{2}}{2}NI$ ）；电流为零时，矩形波的幅值也为零；当电流为负的最大

值时，磁动势矩形波的幅值为负的最大值（$-\frac{\sqrt{2}}{2}NI$），如图 2-20 所示。

通常把这种空间位置固定不动，幅值大小和正负随时间而变化的磁动势称为脉振磁动势。

对于空间按矩形波分布的脉振磁动势，可用傅里叶级数分解为基波和一系列奇次谐波，如图 2-21 所示。

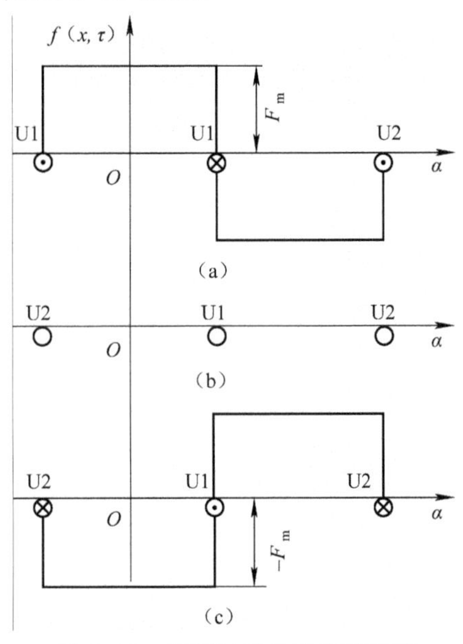

图 2-20　不同时刻的脉振磁动势

（a）$\omega t=0, i=I_m$　（b）$\omega t=90°, i=0$　（c）$\omega t=180°, i=-I_m$

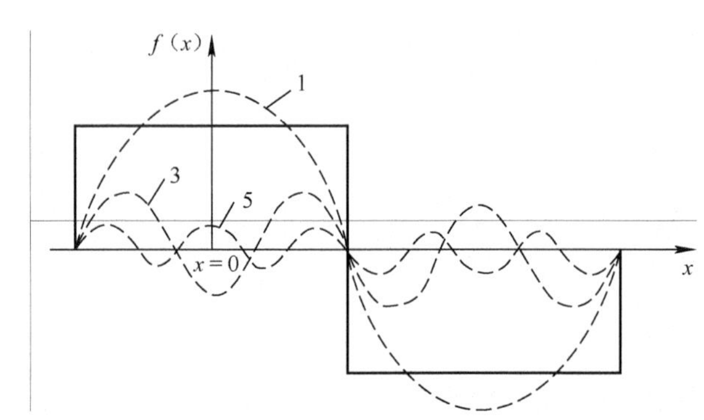

图 2-21　矩形波磁动势的分解

对于有 p 对磁极的电机，可推导出其基波磁动势的表达式为

$$f_1=\frac{2\sqrt{2}}{\pi}k_{w1}\frac{NI}{p}\cos\omega t\cos\alpha$$

$$=0.9k_{w1}\frac{NI}{p}\cos\omega t\cos\frac{\pi}{\tau}x=F_{pm1}\cos\omega t\cos\frac{\pi}{\tau}x \tag{2-32}$$

式中　I——相电流；

F_{pm1}——单相绕组基波磁动势最大幅值，$F_{pm1}=0.9k_{w1}\frac{NI}{p}$（安匝/极）。

可见，f_1 也是一个脉振磁动势。

从以上分析可得出如下结论。

（1）单相绕组通入交流电流产生的磁动势是脉振磁动势，它既是时间的函数又是空间的函数。

（2）基波磁动势在空间按余弦规律变化，幅值位置固定于绕组轴线，其幅值大小随时间按余弦规律变化，最大幅值为 $0.9k_{w1}\frac{NI}{p}$（安匝/极）。

（3）脉振磁动势的频率为交流电流的频率，即 $\frac{\omega}{2\pi}$。

交流旋转电机绕组通常采用分布绕组和短距绕组来削弱电动势中的高次谐波，同理，分布和短距也可削弱磁动势中的高次谐波，分布系数和短距系数计算公式也相同。因此，当电机采用对称三相分布短距绕组时，气隙中的磁动势可以认为就是基波磁动势。

➘ 例 2-8

一台 2 极，Z=36 的三相交流电机，N=72 匝，y_1=15 槽，接在 50 Hz 的电网上，绕组流过的电流为 687.3 A。求单相绕组所产生的基波磁动势的幅值。

解：极距

$$\tau = \frac{Z}{2p} = \frac{36}{2} = 18$$

每极每相槽数

$$q = \frac{Z}{2pm} = \frac{36}{2 \times 3} = 6$$

槽距角

$$\alpha = \frac{p \times 360^\circ}{Z} = \frac{1 \times 360^\circ}{36} = 10^\circ$$

$$k_{y1} = \sin\frac{y_1}{\tau}90^\circ = \sin\frac{15}{18} \times 90^\circ = 0.965$$

$$k_{q1} = \frac{\sin\frac{q\alpha}{2}}{q\sin\frac{\alpha}{2}} = \frac{\sin\frac{6 \times 10^\circ}{2}}{6 \times \sin\frac{10^\circ}{2}} = 0.956$$

$$k_{\mathrm{w}1} = k_{y1}k_{q1} = 0.965 \times 0.956 = 0.923$$

故一相磁动势幅值为

$$F_{\mathrm{pm}1} = 0.9\frac{IN}{p}k_{\mathrm{w}1} = 0.9 \times \frac{687.3 \times 72}{1} \times 0.923 = 41\,108 \text{ 安匝/极}$$

2.3.2　三相绕组的磁动势

由于现代电力系统采用三相制，这样无论是同步电机还是异步电机大都采用三相制，因此分析三相绕组的合成磁动势是研究交流旋转电机的理论基础。由于基波磁动势对电机的性能有决定性的影响，因此这里主要讨论三相基波磁动势。

三相绕组的合成磁动势的分析方法主要有两种，即数学分析法和图解法。本节将采用这两种方法对三相绕组的合成磁动势的基波进行分析。

1．数学分析法

三相交流旋转电机一般采用对称三相绕组，即三相绕组在空间上互差 120° 电角度，绕组中三相电流在时间上也互差 120° 电角度。

把空间坐标的原点取在 U 相绕组的轴线上，把 U 相电流达到最大值的时刻作为时间坐标的起点，并设三相绕组中流过三相余弦电流

$$\left.\begin{aligned} i_{\mathrm{U}} &= I_{\mathrm{m}}\cos\omega t \\ i_{\mathrm{V}} &= I_{\mathrm{m}}\cos(\omega t - 120^\circ) \\ i_{\mathrm{W}} &= I_{\mathrm{m}}\cos(\omega t + 120^\circ) \end{aligned}\right\} \tag{2-33}$$

则 U、V、W 三相绕组各自产生的单相脉振磁动势的基波表达式为

$$\left.\begin{aligned}f_{U1}(t,\ \alpha)&=F_{pm1}\cos\omega t\cos\alpha\\f_{V1}(t,\ \alpha)&=F_{pm1}\cos(\omega t-120^\circ)\cos(\alpha-120^\circ)\\f_{W1}(t,\ \alpha)&=F_{pm1}\cos(\omega t-240^\circ)\cos(\alpha-240^\circ)\end{aligned}\right\}\tag{2-34}$$

利用三角函数公式分解为

$$\left.\begin{aligned}f_{U1}(t,\ \alpha)&=\frac{F_{pm1}}{2}\cos(\omega t+\alpha)+\frac{F_{pm1}}{2}\cos(\omega t-\alpha)\\f_{V1}(t,\ \alpha)&=\frac{F_{pm1}}{2}\cos(\omega t+\alpha-240^\circ)+\frac{F_{pm1}}{2}\cos(\omega t-\alpha)\\f_{W1}(t,\ \alpha)&=\frac{F_{pm1}}{2}\cos(\omega t+\alpha-120^\circ)+\frac{F_{pm1}}{2}\cos(\omega t-\alpha)\end{aligned}\right\}\tag{2-35}$$

由式（2-35）可见，三个脉振磁动势分解出来六个旋转磁动势，其中三个正向旋转磁动势恰能相互叠加，而三个反向旋转磁动势恰是相互抵消，故三相绕组的基波合成磁动势

$$f_1=f_{U1}+f_{V1}+f_{W1}$$

$$f_1=\frac{3}{2}F_{pm1}\cos(\omega t-\alpha)\tag{2-36}$$

由式（2-36）可知，三相合成磁动势既是一个时间函数又是一个空间的函数，它是一个幅值不变的旋转磁动势，其幅值是单相脉振幅值的$\frac{3}{2}$倍，即

$$F_1=\frac{3}{2}F_{pm1}=\frac{3}{2}\times0.9\frac{IN}{p}k_{w1}=1.35\frac{IN}{p}k_{w1}\ \text{（安匝/极）}\tag{2-37}$$

2．图解法

以两极三相交流旋转电机为例，在电机的定子铁芯中，放置三相对称绕组 U1—U2、V1—V2、W1—W2。规定绕组轴线的正方向符合右手螺旋定则，即从每相的首端进，尾端出，大拇指所指的方向代表绕组轴线正方向，如图 2-22（e）（f）（g）（h）所示的$\bar{U}$、$\bar{V}$、$\bar{W}$。在三相对称绕组中通入式（2-33）中三相对称电流。

三相电流的波形如图 2-22 所示。假设电流的瞬时值为正时，从绕组的首端流入，尾端流出。电流流入端用符号⊗表示，流出端用符号⊙表示。

根据一相绕组产生的脉振磁动势的大小与电流成正比，其方向可用右手螺旋定则确定，其幅值位置均在该相绕组的轴线上这个规律，可选取几个特别的瞬时观察，进而分析出三相对称绕组流过三相对称电流所产生的磁动势的特点。

选择$\omega t=0^\circ$、$\omega t=120^\circ$、$\omega t=240^\circ$和$\omega t=360^\circ$等几个特定的时刻分析。

当$\omega t=0^\circ$时，U 相电流从 U1 流入，以符号⊗表示；从 U2 流出，以符号⊙表示；$i_V=i_W=-\frac{1}{2}I_m$，电流分别从 V1 及 W1 流出，以符号⊙表示；而从 V2 及 W2 流入，以符号⊗表示。根据右手螺旋定则可知，三相绕组中电流产生的合成磁场的方向是从上向下，如图 2-22（a）所示。

用同样的方法可以画出$\omega t=120^\circ$、$\omega t=240^\circ$、$\omega t=360^\circ$时的电流及三相合成磁场的方向，分别如图 2-22（b）、（c）、（d）所示。

还可以用每相脉振磁动势 F_U、F_V、F_W 三相量叠加的方法分析上述四个特定时刻的三相合成磁动势 F 的性质、大小和位置。当单相交流电通入单相绕组时会产生磁动势，当仅考虑基

波时，此磁动势在空间上呈余弦分布，其幅值将与电流的瞬时值成正比，即随时间按余弦规律变化，磁动势的幅值位置始终在该相绕组的轴线上。当三相对称绕组通入三相对称电流时，三个单相绕组产生的在各自绕组轴线上的脉振的磁动势 F_U、F_V、F_W，合成后就得到三相绕组的合成磁动势 F。此时合成磁动势与脉振的磁动势相比，不仅大小发生变化，性质也发生变化。以 ωt=0° 为例，如图 2-22（e）所示，因为每相脉振磁动势的大小和该相电流的瞬时值成正比，所以此时 U 相电流为最大，瞬时 U 相磁动势幅值 $F_U=F_m$，也是最大，且为正值，F_U 在 U 相的轴线上，与该相轴正方向一致；而 $i_V=i_W=-\frac{1}{2}I_m$，则 $F_V=F_W=-\frac{F_m}{2}$，F_V、F_W 分别在 V、W 相的轴线上，与该相轴的正方向相反。可见三相合成后磁动势的幅值为 $F=\frac{3}{2}F_m$，位置在 U 相的轴线上，与该轴正方向一致。用同样的方法可以画出 ωt=120°、ωt=240°、ωt=360° 时的三相合成磁动势 F 的大小、位置和方向，分别如图 2-22（f）（g）（h）所示。

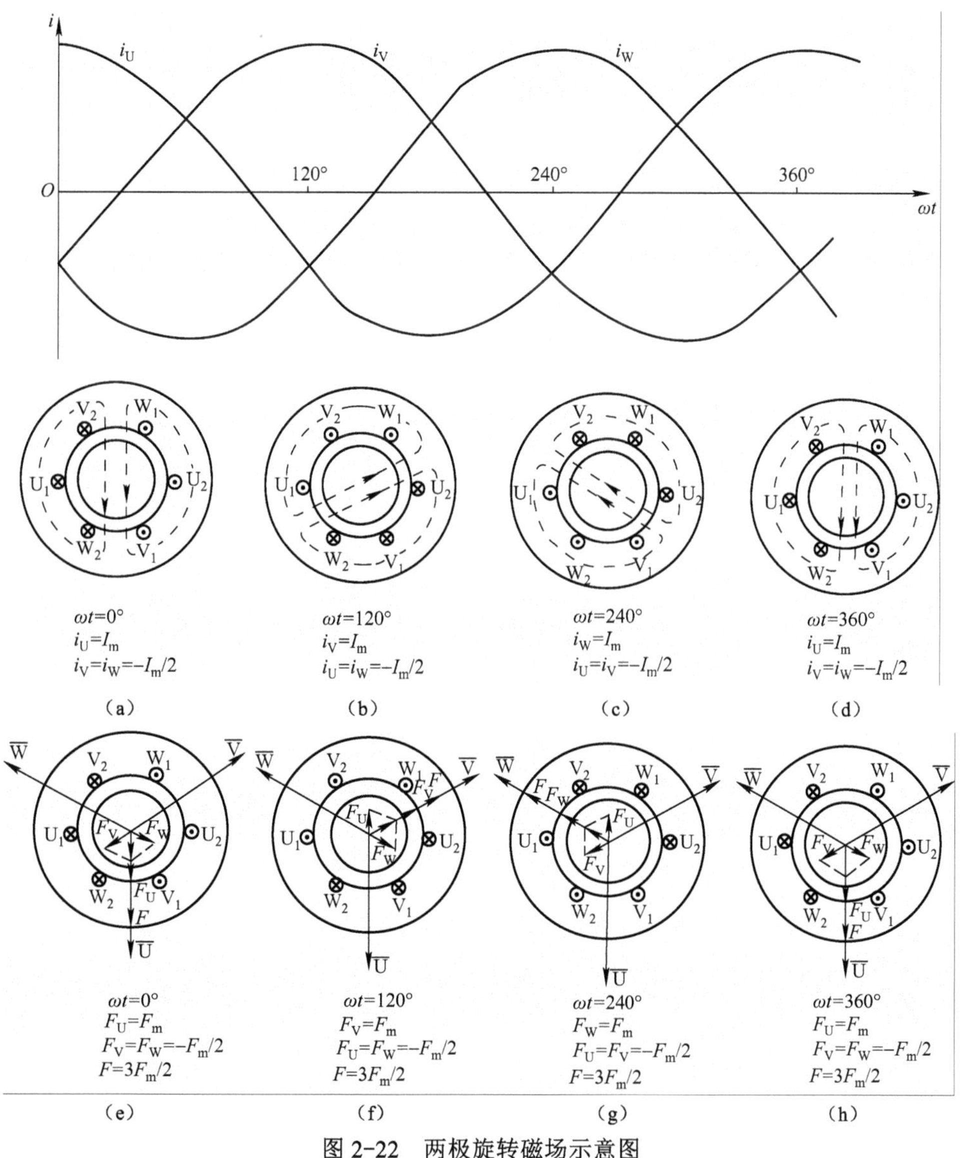

图 2-22　两极旋转磁场示意图

通过比较这四个时刻，可以看出三相基波合成磁场在空间上呈余弦分布，其轴线在空间上是旋转的，其幅值等于$\frac{3}{2}F_{m}$恒定不变，旋转磁场矢量顶点的轨迹为一圆，所以称为圆形旋转磁场。

通过数学分析法和图解法，可得出如下结论。

（1）当三相对称绕组流过三相对称电流时，其合成磁动势的基波是一个幅值不变的旋转磁动势。

（2）旋转磁动势的转速与电源的频率和定子绕组的极对数有关。当电机为一对磁极时，电流变化一个周期，旋转磁动势旋转 360° 空间电角度，对应的机械角度也是一周为 360° 。因此，当电机为p对磁极时，电流变化一个周期，旋转磁动势也是旋转 360° 空间电角度，而对应机械角度为 360° /p，即旋转了 1/p 周。

若电源的频率为f，每分钟变化 60f 次，则旋转磁场磁动势每分钟转速

$$n_1=\frac{60f}{p}\ (\mathrm{r/min}) \tag{2-38}$$

式（2-38）说明，旋转磁动势的转速与电机的极对数成反比，和电源的频率成正比。

（3）由图 2-22 可知，三相绕组中流过交流电流的相序是正序 U—V—W，旋转磁动势的转向也是 U—V—W，即从 U 相绕组的轴线转向 V 相绕组的轴线，再转向 W 相绕组的轴线。若任意对调两相绕组所接电源的相序，则三相绕组中流过交流电的相序是负序 U—W—V，用上面同样的分析方法可知，旋转磁动势的转向会反转，转向为 U—W—V。

因此旋转磁动势的转向与通入三相绕组中的电流相序有关，总是从载有超前电流相绕组的轴线转向载有滞后电流相绕组的轴线。

（4）由磁动势相量图或数学分析法可证明旋转磁动势的幅值是单相脉振磁动势最大幅值的$\frac{3}{2}$倍，即

$$F_1=\frac{3}{2}F_{pm1}=1.35\frac{IN}{p}k_{w1} \tag{2-39}$$

（5）当某相电流达到最大值时，合成磁动势的轴线正好转到该相绕组的轴上，且其方向和磁脉振磁动势的方向相同。

➘ 例 2-9

一台三相交流旋转电机，f=50 Hz，定子采用双层绕组，Y 连接，Z=48，2p=4，线圈匝数 N_c=22，线圈节距 y_1=10，每相并联支路数为 4，定子绕组相电流 I_P=37 A。试求三相绕组所产生的合成磁动势基波幅值和转速。

解：

$$\tau=\frac{Z}{2p}=\frac{48}{2\times2}=12$$

$$q=\frac{Z}{2pm}=\frac{48}{2\times2\times3}=4$$

$$\alpha=\frac{p\times360^\circ}{Z}=\frac{2\times360^\circ}{48}=15^\circ$$

$$k_{y1}=\sin\frac{y_1}{\tau}90°=\sin(\frac{10}{12}\times 90°)=0.966$$

$$k_{q1}=\frac{\sin\frac{q\alpha}{2}}{q\sin\frac{\alpha}{2}}=\frac{\sin\frac{4\times 15°}{2}}{4\times\sin\frac{15°}{2}}=0.958$$

$$k_{w1}=k_{y1}k_{q1}=0.966\times 0.958=0.925$$

一相绕组串联的总匝数

$$N=\frac{2pqN_c}{a}=\frac{2\times 2\times 4\times 22}{4}=88$$

三相合成磁动势基波幅值

$$F_1=1.35\frac{IN}{p}k_{w1}=1.35\times\frac{37\times 88}{2}\times 0.925=2\,033\ (安匝/极)$$

三相合成磁动势基波转速

$$n_1=\frac{60f}{p}=\frac{60\times 50}{2}=1\,500\ (r/min)$$

如前所述，单相绕组流过单相交流电，在气隙中产生脉振磁动势；而三相对称绕组流过三相对称电流时，在气隙中产生圆形旋转磁场。也就是说，在时间上相位差 120°、在空间相位相隔 120° 的三个脉振磁动势，可以合成一个旋转磁场。广义说来，在时间上有相位差的多相交流电，流经在空间上有相位差的多相绕组，都可建立旋转磁场。当绕组和电流均对称时，则为圆形旋转磁场，否则为椭圆磁场，此时它的最大值是不恒定的，转速也不均匀。

2.3.3 单相基波脉振磁动势的分解

单相绕组产生的基波脉振磁动势表达式为

$$f_1=F_{pm1}\cos\omega t\cos\alpha \tag{2-40}$$

根据三角公式可以变化为

$$f_1=\frac{F_{pm1}}{2}\cos(\omega t-\alpha)+\frac{F_{pm1}}{2}\cos(\omega t+\alpha)=f_1^{+}+f_1^{-} \tag{2-41}$$

其中 $f_1^{+}=\frac{F_{pm1}}{2}\cos(\omega t-\alpha)$，这是一个旋转磁动势表达式，磁动势最大幅值为 $\frac{F_{pm1}}{2}$，沿绕组中电流相序方向恒速旋转，转速为 $n_1=\frac{60f}{p}$。

$f_1^{-}=\frac{F_{pm1}}{2}\cos(\omega t+\alpha)=\frac{F_{pm1}}{2}\cos[\omega t-(-\alpha)]$，这也是一个旋转磁动势表达式，磁动势最大幅值为 $\frac{F_{pm1}}{2}$，逆着绕组中电流相序方向恒速旋转，转速为 $n_1=\frac{60f}{p}$。

综上所述，一个单相脉振磁动势始终可以看成由两个反向旋转的基波磁动势相加而成。这两个旋转磁动势转向相反，转速相同，大小相等，其幅值为脉振磁动势最大幅值的一半，当脉振磁动势的幅值达到最大值时，两个旋转磁动势向量恰与脉振磁动势的向量同向，如图 2-23 所示。

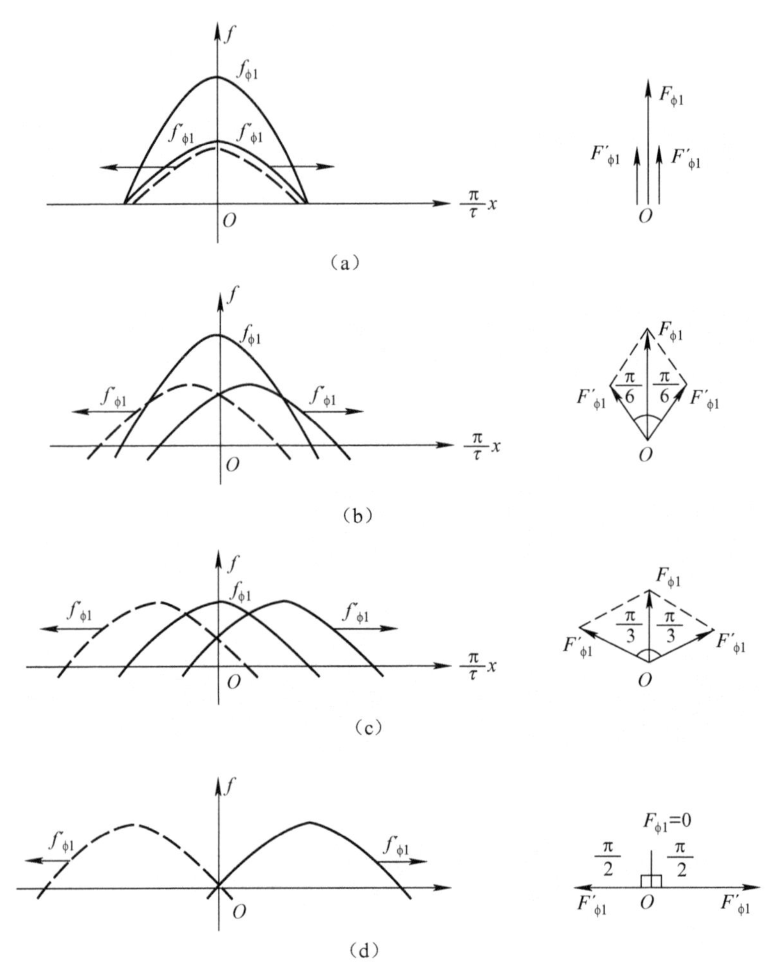

图 2-23　基波脉振磁动势分解为两个旋转磁动势

（a）$\omega t=0°$　（b）$\omega t=30°$　（c）$\omega t=60°$　（d）$\omega t=90°$

小　　结

1. 三相绕组的构成原则：注意三相的对称性，要保证三相绕组产生的电动势、磁动势对称；力求获得最大的基波电动势和磁动势；尽可能削弱谐波电动势，因此要求节距尽量接近极距。

2. 采用短距和分布绕组可削弱高次谐波，但短距和分布绕组对基波分量也有一定的削弱，应合理选择节距和每极每相槽数。

3. 电动势随时间变化的波形与磁场的磁通密度的空间分布波形有关系。由于一般电机里的磁通密度分布很难达到正弦分布，为此电动势除基波外，还具有高次谐波。

4. 相电动势的公式为 $E_{p1} = 4.44Nk_{w1}f\Phi_1$。此式说明，相电动势的大小与每极磁通、转子转速、相绕组的串联匝数和绕组系数有关。

5. 单相交流绕组流过交流电产生脉振磁动势，其基波的幅值在相绕组轴线处，且固定不变，最大幅值为 $0.9k_{w1}\dfrac{NI}{p}$。脉振频率为绕组电流的频率。脉振磁动势可以分解成两个转速相同、幅值为原幅值一半、转向相反的旋转磁动势。

6. 当三相对称绕组流过三相对称电流时，其合成磁动势的基波是一个幅值恒定的圆形旋转磁动势，该磁动势的特点为：

（1）旋转速度 $n_1 = \dfrac{60f}{p}$；

（2）旋转方向与电流相序有关，始终从超前电流相转向滞后电流相；

（3）幅值等于单相脉振磁动势基波最大幅值的 3/2 倍；当某相电流达最大值时，合成磁动势轴线正好转到该相绕组的轴线上。

思考题与习题

1. 一台三相单层绕组的交流电机，极数 $2p=6$，定子槽数 $Z=48$，求其极距τ、机械角度、电角度、槽距角α、每极每相槽数 q 各为多少。

2. 试述双层绕组的优点。为什么现代交流电机大多采用双层绕组（小型电机除外）？

3. 试述交流绕组构成的原则。

4. 试述短距系数 k_{y1} 和分布系数 k_{q1} 的物理意义。

5. 比较交流电机的相电动势公式和变压器相电动势公式的异同。

6. 采用短距绕组可削弱电动势中 v 次谐波的同时，对基波电动势的大小是否有影响？

7. 一台交流电机 $2p=4$、$Z=36$，若希望尽可能削弱 5 次谐波，绕组的节距应选取多少？

8. 采用分布短距绕组改善电动势波形时，每根导体中的感应电动势是否也相应得到改善？

9. 同步发电机电枢绕组为什么一般不接成三角形，而变压器却希望有一侧接成三角形？

10. 单相绕组的磁动势性质是什么？其幅值有多大？

11. 一台三角形接法的三相定子绕组，当绕组内有一相断线时，产生的磁动势是什么性质的磁动势？

12. 三相绕组的合成磁动势性质是什么？其转速多大？

13. 一台 2 极，$Z=24$ 的三相交流电机，采用双层叠绕组，并联支路数 $2a=1$，$y_1 = \dfrac{7}{9}\tau$，每个线圈匝数 $N_c=30$，每极气隙磁通 $\Phi_1=6.5\times10^{-3}$ Wb，试求每相绕组的感应电动势。

14. 一台三相同步电机，双层分布短距绕组，Y 连接，$Z=48$，$2p=2$，$y_1=20$，每相绕组串联匝数 $N=32$，空载时线电压为 10.5 kV，试求每极基波磁通量。

15. 额定转速为 3 000 r/min 的同步发电机，若将转速调整到 3 060r/min 运行，其他情况不变，问定子绕组三相电动势大小、波形、频率及各相电动势相位差有何改变？

第3章 同步电机

同步电机是交流电机的一种，其转子的转速始终与定子旋转磁场的转速相同。从原理上看，同步电机既可作为发电机，也可用作为电动机或调相机。现代电力工业中，无论是水力发电、火力发电，或者原子能发电，几乎全部采用同步发电机。在工矿企业和电力系统中，同步电动机和同步调相机的应用也比较多。

3.1 同步发电机的工作原理和结构

3.1.1 同步发电机的工作原理

3.1.1.1 三相同步发电机的工作原理

同步发电机定子铁芯的内圆均匀分布着定子槽，槽内嵌放着按一定规律对称的三相绕组 AX、BY、CZ，如图 3-1 所示。转子铁芯上装有制成一定形状的成对磁极，磁极上绕有励磁绕组。通以直流电流时，将会在电机的气隙中形成极性相间的分布磁场，称为励磁磁场。

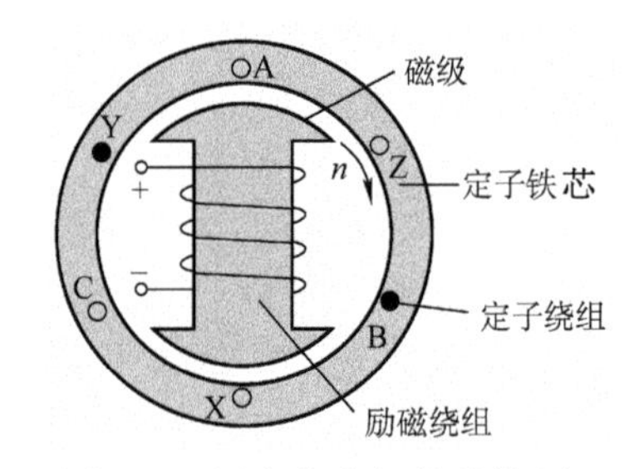

图 3-1 同步发电机的结构原理

当原动机拖动转子以恒定速度旋转时，励磁磁场随转轴一起旋转并顺次切割定子各相绕组。定子绕组中将会感应出大小和方向按周期性变化的三相对称的正弦规律变化感应电动势。各相电动势的大小相等，三相电动势时间相位差 120°，满足了三相电动势对称要求。如果同步发电机带上负载，就有电能输出，实现机械能转换为电能。

其中，定子绕组感应电动势的频率为

$$f=\frac{pn}{60} \tag{3-1}$$

由式（3-1）可见，当同步发电机的极对数一定时，定子绕组感应电动势的频率与转子转速之间存在着恒定的比例关系，这是同步电机的主要特点。

由于我国电力系统的标准频率为 50 Hz，所以同步发电机转速为$n=\frac{3\,000}{p}$，电机的极对数与转速成反比。由计算可知，如一台汽轮机的转速为 n=3 000 r/min，则被其拖动的发电机极对数 p=1。

3.1.1.2 同步发电机的铭牌

1. 同步发电机的型号

发电机型号都是由汉语拼音大写字母与数字组成。其中，汉语拼音字母是从发电机全名称中选择有代表意义的汉字，取该汉字的第一个拼音字母组成。

汽轮发电机有 QFQ、QFN、QFS 等系列，前两个字母表示汽轮发电机；第三个字母表示冷却方式，Q 表示氢外冷，N 表示氢内冷，S 表示双水内冷。水轮发电机系列有 TS 系列，T 表示同步，S 表示水轮。例如：QFS—300—2 表示容量 300 MW 双水内冷 2 极汽轮发电机。TSS1264/160—48 表示双水内冷水轮发电机，定子外径为 1 264 厘米，铁芯长为 160 厘米，极数为 48。

2．同步发电机的额定值

1）额定容量 S_N

额定容量指发电机出线段额定视在功率，单位为 VA、kV·A 或 MV·A，$S_N=\sqrt{3}U_N I_N$。

2）额定功率 P_N

额定功率指发电机额定输出的有功功率，$P_N=\sqrt{3}U_N I_N \cos\varphi_N$。

3）额定电压 U_N

额定电压指该台发电机额定运行时，定子三相线端的线电压，单位为 V 或 kV。

4）额定电流 I_N

额定电流指该台发电机额定运行时，流过定子绕组的线电流，单位为 A。

5）额定功率因数 $\cos\varphi_N$

额定功率因数指该台发电机额定运行时的功率因数。

6）额定励磁电压 U_{fN}

额定励磁电压指该台发电机额定运行时，转子励磁绕组两线端的直流电压，单位为 V。

7）额定励磁电流 I_{fN}

额定励磁电流指该台发电机额定运行时，流过转子励磁绕组的直流电流，单位为 A。

8）额定转速

额定转速指该台发电机额定运行时对应电网频率的同步转速，单位为 r/min。

3.1.2　三相同步发电机的基本结构

同步电机有旋转电枢和旋转磁极两种结构形式，前者适用于小容量同步电机，近来应用很少；后者应用广泛，是同步电机的基本结构形式。

在旋转磁极式结构中，根据磁极形状又可分为隐极式和凸极式两种类型，如图 3-2 所示。隐极同步发电机气隙均匀，转子机械强度高，适合于高速旋转，多与汽轮机构成发电机组，是汽轮发电机的基本结构形式。凸极同步发电机的气隙不均匀，比较适合于中速或低速旋转，常与水轮机构成发电机组，是水轮发电机的基本机构形式。

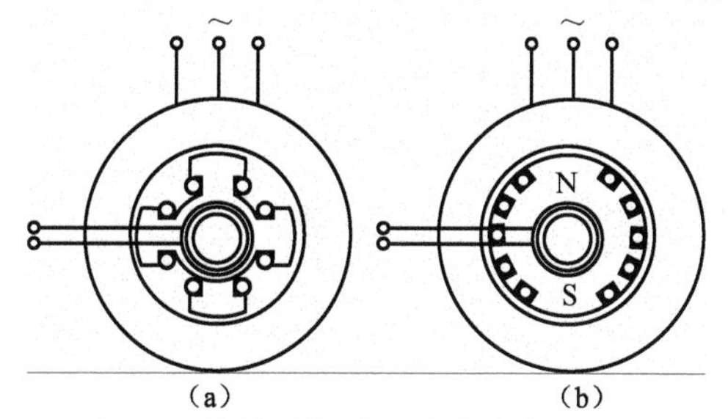

图 3-2　旋转磁极式同步发电机示意图
（a）凸极式　（b）隐极式

3.1.2.1 汽轮发电机的基本结构

汽轮发电机是以汽轮机或燃气轮机为原动机的同步发电机，是火力发电厂、核能发电厂的主要设备之一，其基本结构为隐极式。图 3-3 所示为一台汽轮发电机基本结构示意图。

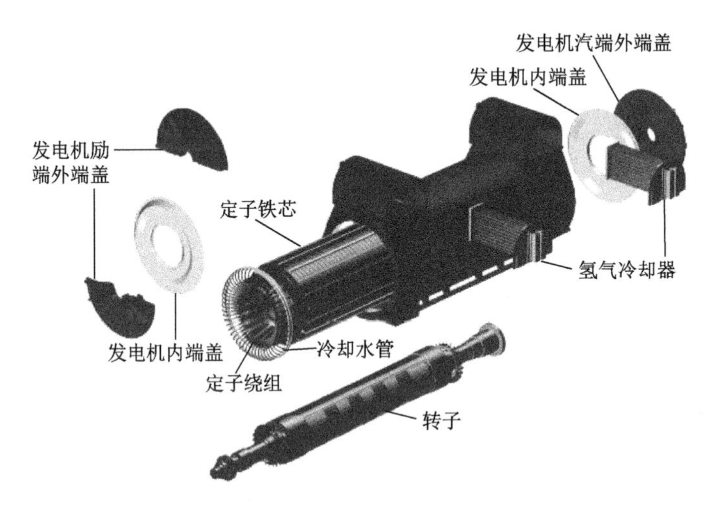

图 3-3 汽轮发电机基本结构示意图

由于汽轮机和燃气轮机采用高转速运行时效率较高，因此汽轮发电机一般做成具有最高同步速的两极结构。汽轮发电机由于转速高、离心力大，其外形必然细长，均为卧式结构。汽轮发电机的主要部件有定子、转子、端盖和轴承等。

1. **定子**

定子又称为电枢，主要由定子铁芯、定子绕组、机座以及紧固连接部件组成。

1）定子铁芯

定子铁芯是构成电机磁路和固定定子绕组的重要部件。要求导磁性能好、损耗小、刚度好、振动小，并在结构和通风系统布置上能有良好的冷却效果。

定子铁芯由厚度为 0.35 mm 或 0.5 mm 的涂有绝缘漆膜硅钢片叠成，每叠厚 30～60 mm。各段叠片间留有 6～10 mm 的通风槽，以利于铁芯散热。当定子铁芯外圆的直径大于 1 m 时，由于材料标准尺寸的限制，必须做成扇形冲片，然后按圆周拼合叠装而成。叠装时把各层扇形片间的接缝互相错开，压紧后仍为一整体圆筒形，如图 3-4 所示。

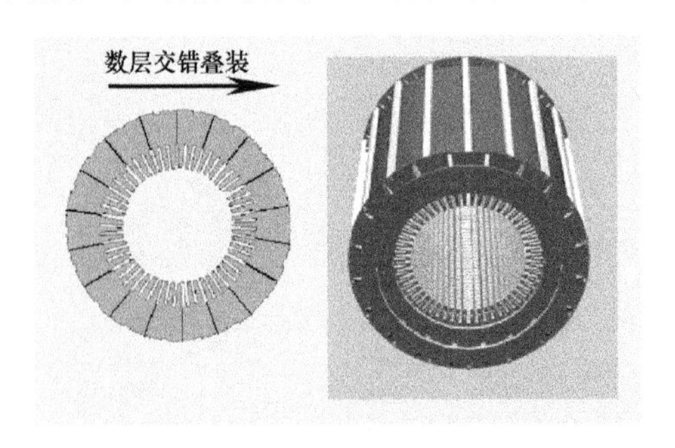

图 3-4 定子铁芯示意图

2）定子绕组

定子绕组又称电枢绕组，作用是产生对称的三相交流电动势，向负载输出三相交流电流，实现机电能量的转换。定子绕组一般采用双层短距叠绕组形式，按一定规律连接成三相对称绕组。

定子绕组由多个线圈连接组成，为了减小绕组中导体集肤效应引起的附加损耗，每个线圈常用若干股相互绝缘的扁铜线绕制而成，并且在槽内及端部还要按一定方式进行编织换位。

2．转子

转子主要由转子铁芯、励磁绕组、阻尼绕组、护环、中心环、滑环及风扇等部件组成。

1）转子铁芯

转子铁芯既是转子磁极的主体，又要承受由于高速旋转产生的巨大离心力，因此要求转子铁芯具备高导磁性能和高机械强度。转子铁芯常用含有镍、铬、钼、钒的优质合金钢材料，与转轴锻造成一体。转轴的一部分作为磁极，加工出若干个槽，槽内嵌放励磁绕组。转子表面约占圆周长三分之一的部分不开槽，称大齿，即主磁极。图3-5所示为隐极发电机转子铁芯。

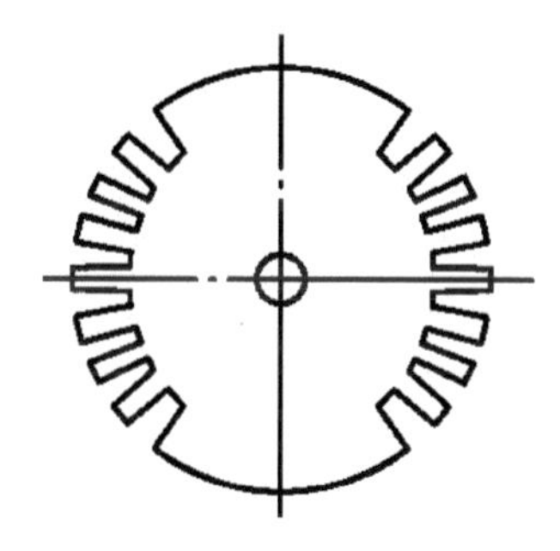

图3-5 隐极发电机转子铁芯

2）励磁绕组

励磁绕组采用同心式线圈结构，由扁铜线绕制而成。励磁绕组嵌放在转子铁芯槽内，使用不导磁高强度材料做成的槽楔将励磁绕组固定在槽内压紧。

3）阻尼绕组

某些大型汽轮发电机为了降低不平衡运行时转子的发热，转子上装有阻尼绕组。阻尼绕组的作用是提高同步发电机承担不对称负载的能力和抑制转子机械振荡。当发电机正常稳定运行时，阻尼绕组不起任何作用。

4）护环、中心环与滑环

护环为金属圆筒，用于保护励磁绕组的两个端部，防止因离心力作用而甩出，因此要求采用高强度非导磁的合金钢制成。中心环用于支持护环，并阻止励磁绕组的轴向移动。滑环装在转轴上，实现励磁绕组与励磁电源的连接，一端经引线连接励磁绕组，另一端经电刷接励磁电源。

3.1.2.2 水轮发电机的基本结构

水轮发电机与汽轮发电机的基本工作原理相同，但在结构上有很大区别。水轮发电机由水轮机驱动，由于转速较低，通常采用凸极式转子。从支撑方式看，隐极同步发电机只有卧式一种，但凸极同步发电机有立式和卧式两类。冲击式水轮机驱动的发电机多采用卧式结构，一般用于小容量发电机；而低速、大容量水轮发电机则采用立式结构。

立式水轮发电机转子部分必须支撑在一个推力轴承上。根据推力轴承安放位置的不同，立式水轮发电机可分为悬式和伞式两种基本结构，如图 3-6 所示。

悬式结构是将推力轴承装在转子的上部，整个转子悬挂在机架上。该结构适用于中高速机组。优点是机组径向机械稳定性较好，轴承损坏较小，轴承维护检修方便。

伞式结构则是将推力轴承装在转子下部的机架上，整个转子是处于一种被托架着的状态转动。该结构适用于中低速大容量机组。优点是电站厂房高度可降低，减轻机组重量；缺点是推力轴承直径较大，轴承损耗较大，轴承的维护检修较不方便。

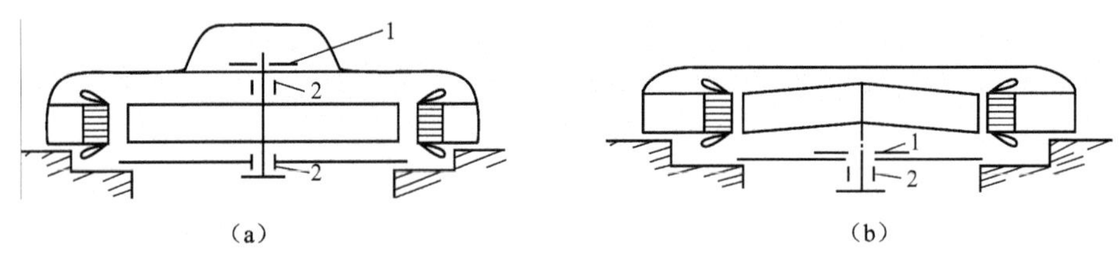

图 3-6　悬式和伞式水轮发电机示意图

（a）悬式　（b）伞式

1—推力轴承；2—导轴承

1．定子

水轮发电机定子铁芯的基本结构与汽轮发电机相同。定子绕组的结构也与汽轮发电机相似。只是由于水轮发电机的磁极数多，定子绕组多采用双层波绕组，可节省极相组间的连接线，并且多采用分数槽绕组以改善绕组感应电动势的波形。

2．转子

凸极同步发电机的转子由磁极、励磁绕组、磁轭和阻尼绕组等部分构成。

磁极一般由 1～3 mm 的钢板叠压而成，高速电机则采用实心形式。励磁绕组是集中式绕组，多采用绝缘扁铜线绕制而成，套装在磁极铁芯上，如图 3-7 所示。阻尼绕组由若干插在极靴槽中的铜条经两端环短接而成，其作用与汽轮发电机阻尼绕组的作用相同。磁轭可用铸钢，也可用冲片叠压。在磁极的两端面加上磁极压板，用柳丁或拉紧螺杆等进行紧固。磁极用“T”形尾或鸽尾与磁轭相连，二者连接应牢固，以满足旋转受力要求。

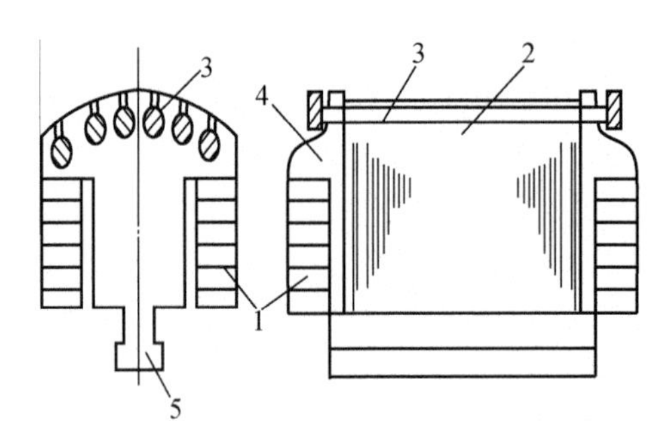

图 3-7　凸极同步发电机的磁极与绕组

1—励磁绕组；2—磁极铁芯；3—阻尼绕组；4—磁极钢板；5—T 尾

3.1.3 三相同步发电机的励磁方式

同步发电机运行时，必须在励磁绕组中通入直流电流，以建立主磁场。所谓励磁方式是指同步发电机获得直流励磁电流的方式，而将供给励磁电流的装置称为励磁系统。励磁系统主要有两个组成部分：一是励磁功率部分，主要为向同步发电机的励磁绕组提供直流电流的励磁电源；二是励磁调节部分，可以根据发电机电压及运行工况的变化，自动调节励磁功率单元输出的励磁电流的大小，以满足系统运行的要求。

发电机的励磁方式按励磁电源的不同分为三种方式：直流励磁机励磁方式、交流励磁机励磁方式与静止励磁方式。其中，交流励磁机励磁方式按整流器是否旋转又可分为交流励磁机静止整流器励磁方式与交流励磁机旋转整流器励磁方式两种。

1．直流励磁机励磁方式

该励磁方式以直流发电机作为励磁机，并且与同步发电机同轴旋转，采用并励、他励或永磁励磁方式，输出的直流电流经电刷、滑环送入同步发电机转子励磁绕组。该励磁方式是通过励磁调节器改变直流励磁机的励磁电流大小，改变直流励磁机输出的电压高低，从而调节发电机的励磁电流，实现调节同步发电机的输出端电压与输出无功功率大小。图3-8所示为直流励磁机励磁系统工作原理图。

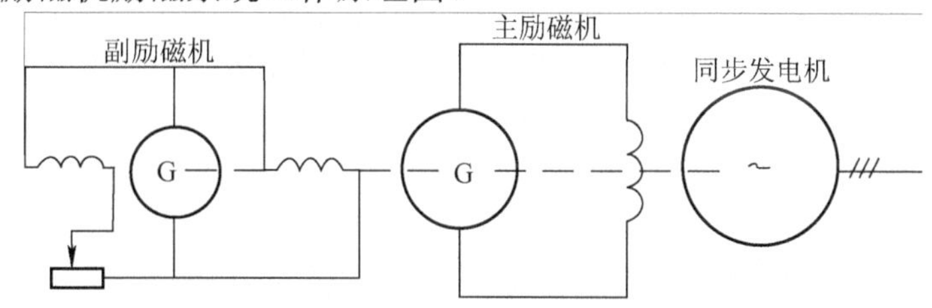

图3-8 直流励磁机励磁系统

2．交流励磁机静止整流器励磁方式

该励磁方式又称为三机励磁方式，同一轴上有三台交流发电机，即主发电机、交流主励磁机和交流副励磁机，系统的工作原理如图3-9所示。副励磁机的励磁电流开始时由外部直流电源提供，待电压建立起来后再转为自励（有时采用永磁发电机）。副励磁机的输出电流经过静止晶闸管整流器整流后供给主励磁机，而主励磁机的交流输出电流经过静止的三相桥式硅整流器整流后供给主发电机的励磁绕组。

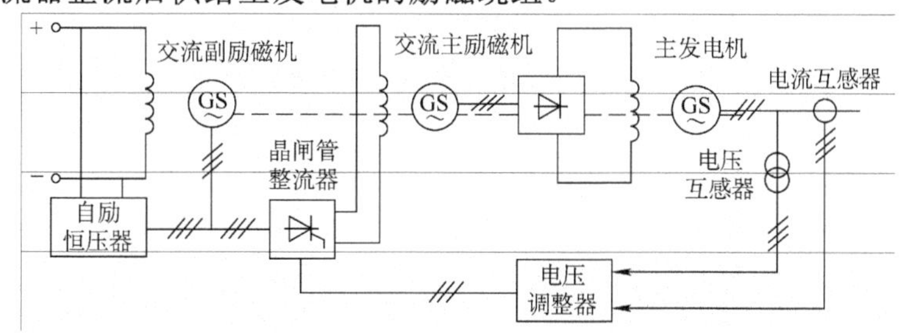

图3-9 交流励磁机静止整流器励磁系统

3．交流励磁机旋转整流器励磁方式

静止整流器的直流输出必须经电刷和集电环输送到旋转的励磁绕组，对大容量的同步发电机其励磁电流达到数千安培，使得集电环严重过热。因此，在大容量的同步发电机中，常采用不需要电刷和集电环的旋转整流器励磁系统。主励磁机是旋转电枢式三相同步发电机，旋转电枢的交流电流经与主轴一起旋转的硅整流器整流后，直接送到主发电机的转子励磁绕组。交流主励磁机的励磁电流由同轴的交流副励磁机经静止的晶闸管整流器整流后供给。由于这种励磁系统取消了集电环和电刷装置，故又称为无刷励磁系统。图 3-10 所示为交流励磁机旋转整流器励磁系统工作原理图。

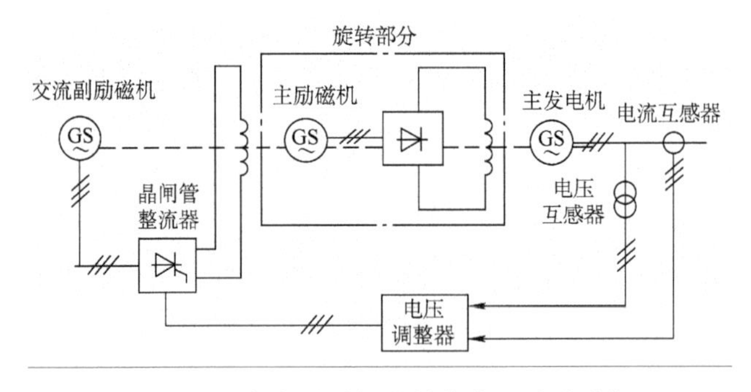

图 3-10　交流励磁机旋转整流器励磁系统

4．静止励磁方式

静止励磁方式型式较多，其中应用较多的是自并励励磁方式。该励磁方式的励磁电源取自发电机本身。发电机的励磁电流由并接在发电机端的励磁整流变压器经由晶闸管整流器、电刷、集电环提供，系统如图 3-11 所示。由于该系统取消了励磁机部分，整个励磁装置没有旋转部件，属于静止励磁方式的一种。

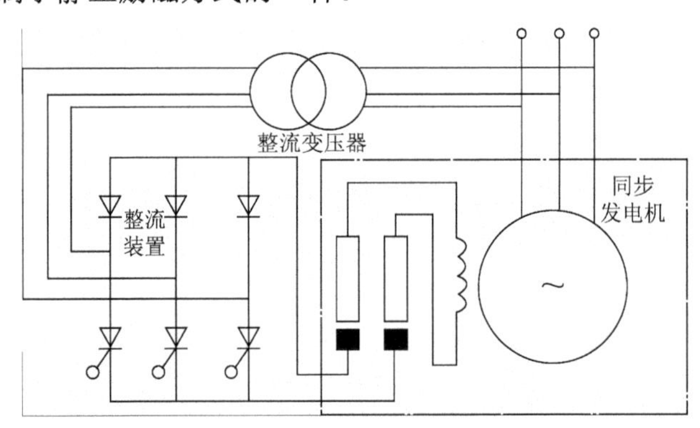

图 3-11　自励式静止半导体励磁系统

3.2　同步发电机的运行原理

3.2.1　同步发电机的空载运行

原动机带动发电机在同步转速下运行，励磁绕组通过适当的励磁电流，电枢（定子）绕组不带任何负载（开路）时的运行情况，称为空载运行。

空载运行是同步发电机最简单的运行方式，其气隙磁场由转子磁动势 F_f（励磁磁动势）

单独建立，称为励磁磁场。

3.2.1.1　空载气隙磁场

空载运行时，由于电枢电流为零，同步发电机仅有由励磁电流建立的主极磁场。一台四极凸极同步发电机空载运行时，电机内的磁通分布如图 3-12 所示。从图中可见，主极磁通分为主磁通 Φ_0 和主极漏磁通 $\Phi_{f\sigma}$ 两部分。其中，主磁通通过气隙与定、转子交链，随着转子同步速旋转，在定子绕组中感应三相电动势，从而实现定、转子间的机电能量转换；漏磁通只与转子绕组交链，不参与定、转子间能量转换。

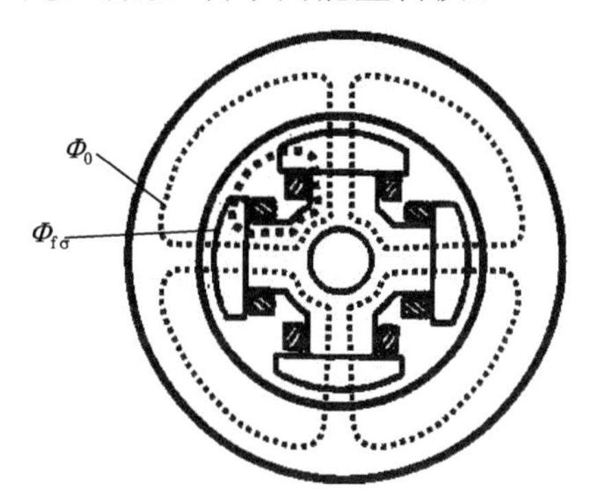

图 3-12　同步发电机的空载磁路

3.2.1.2　空载特性

当转子以同步速旋转时，主磁场在气隙中形成旋转磁场，从而使定子电枢绕组切割主磁通感应三相对称电动势，即 $\dot{E}_{0A}=E_0\angle 0^\circ$，$\dot{E}_{0B}=E_0\angle 120^\circ$，$\dot{E}_{0C}=E_0\angle -120^\circ$。其三相基波电动势的有效值为：

$$E_0 = 4.44 f N_1 k_{w1} \phi_0 \tag{3-2}$$

式中　ϕ_0——每极基波磁通，单位为 Wb；

N_1——定子绕组每相串联匝数；

k_{w1}——基波电动势的绕组系数。

当原动机转速恒定、f 为恒定值时，改变直流励磁电流 I_f，相应的主磁通大小改变，则每相感应电动势 E_0 大小也改变。因此在额定转速下，发电机励磁电动势 E_0 与励磁电流 I_f 之间的函数关系，称为发电机的空载特性，即 $E_0=f(I_f)$，如图 3-13 所示。由于 $E_0\propto\Phi_0$，$F_f\propto I_f$，因此改变坐标的比例，空载特性也可表示为 $\phi_0=f(F_f)$ 的关系曲线，该曲线称为同步发电机的磁化曲线。

空载特性是同步发电机的基本特性，由图 3-13 可见，当主磁通 Φ_0 较小时，电机的整个磁路处于不饱和状态，空载曲线下部为直线。直线部分的延长线 Oh 称为气隙线，气隙线表示了在电机磁路不饱和的情况下，主磁通随励磁磁动势的变化关系。随着主磁通的增加，铁芯逐渐饱和，铁芯部分所消耗的磁动势较大，主磁通 Φ_0 不再随着励磁磁动势线性增加，因此空载曲线向下弯曲。

为了充分地利用铁磁材料，在电机设计时，通常把电机的额定电压点设计在磁化曲线的弯曲处，如图 3-13 曲线 1 上的 c 点，此时的磁动势称为额定空载磁动势 F_{f0}。线段 $\overline{ac}$ 表示消耗在铁芯部分的磁动势，线段$\overline{ab}$表示消耗于气隙部分的磁动势F_δ。F_{f0}与F_δ的比值反映了电机磁路的饱和程度，称为电机磁路的饱和系数，用K_μ表示，其表达式为

$$K_\mu=\frac{F_{f0}}{F_\delta}=\frac{\overline{ac}}{\overline{ab}}=\frac{\overline{dh}}{\overline{dc}}>1 \tag{3-3}$$

通常，同步电机的饱和系数K_μ=1.1～1.25。磁路越饱和，铁芯部分所消耗的磁动势也越大。

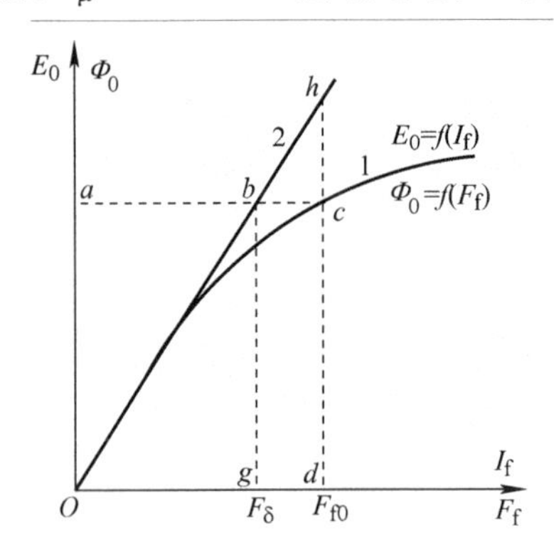

图 3-13　同步发电机的空载特性

3.2.1.3　空载特性的工程应用

空载特性在同步发电机理论中有着重要作用，将设计好的电机的空载特性与标准空载曲线的数据相比较，如果两者接近，说明电机设计合理；反之，则说明该电机的磁路过于饱和或者材料没有得到充分利用。如果磁路过于饱和，则励磁绕组用铜过多，且电压调节困难；如果磁路饱和度太低，则负载变化时电压变化较大，且铁芯利用率较低，铁芯耗材较多。空载特性结合短路特性可以求取同步电机的参数。发电厂通过测取空载特性来判断三相绕组的对称性以及励磁系统的故障。

3.2.2　对称负载时的电枢反应

3.2.2.1　电枢反应概念

同步发电机空载运行时，气隙中仅存在一个以同步转速旋转的主极磁场，在定子绕组中感应空载电动势$\dot{E}_0$。当接上三相对称负载时，就有三相对称电流流过定子绕组，产生一个旋转的电枢磁动势。因此，对称负载时在同步发电机的气隙中同时存在着两个磁动势，电枢磁动势与励磁磁动势相互作用形成负载时气隙中的合成磁动势，并建立负载时的气隙磁场。对称负载时电枢磁动势的基波对主极磁场基波的影响称为对称负载时的电枢反应。

电枢反应的性质取决于电枢磁动势基波和励磁磁动势基波的空间相对位置。该相对位置与励磁电动势$\dot{E}_0$和电枢电流$\dot{I}_a$之间的相位差ψ有关。ψ称为内功率因数角，与负载的性质有关。下面就ψ角的几种情况，分别讨论电枢反应的性质。

为了分析方便，电枢绕组的每一相均用一个等效整距集中线圈表示，励磁磁动势和电枢磁动势仅取其基波。由交流旋转磁场原理可知，三相合成旋转磁动势的幅值总是与电流为最大的一相绕组的轴线重合。

3.2.2.2　不同 ψ 的电枢反应性质

1．$\dot{I}$ 和 $\dot{E}_0$ 同相（ψ=0°）时的电枢反应

图 3-14（a）是一台凸极同步发电机的原理图。此时转子磁极轴线（直轴、纵轴或 d 轴）超前于 A 相轴线 90°。旋转的励磁磁场在定子三相绕组中感应对称的三相电动势 $\dot{E}_{0A}$、$\dot{E}_{0B}$、$\dot{E}_{0C}$，三相电动势和电流的时间相量图如图 3-14（b）所示。在图示瞬间三相电流的瞬时值分别为 $i_A=I_m$、$i_B=-I_m/2$、$i_C=-I_m/2$。三相绕组合成的基波磁动势 $\overline{F_a}$ 的轴线总是和转子磁极轴线相差 90° 电角度，而与转子的交轴（或横轴、q 轴）相重合。因此，ψ=0° 时的电枢反应称为交轴电枢反应。

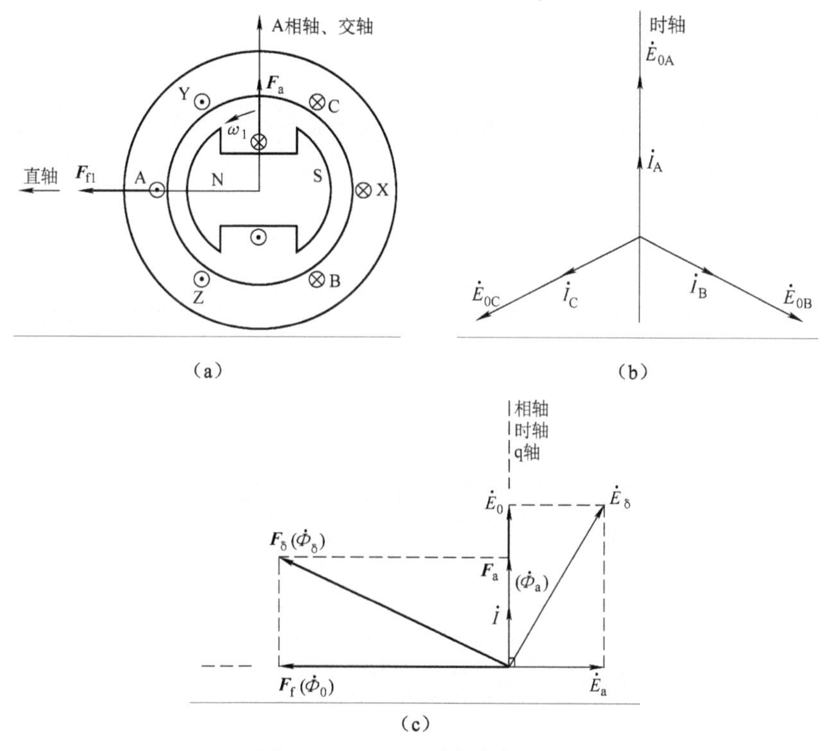

图 3-14　ψ=0° 时的电枢反应

（a）空间相量图　（b）时间相量图　（c）时间-空间相量图

由图 3-14（c）可见，交轴电枢反应使气隙合成磁场轴线位置从空载时的直轴处逆转向后移一个锐角，其位移角度的大小取决于同步发电机的负载大小，而幅值也有所增加。

ψ=0° 时，同步发电机的负载近似为电阻性负载。此时定子电流产生的交轴电枢磁场与流过励磁电流的转子励磁绕组相互作用产生电磁力，与转子形成电磁转矩。该电磁转矩的方向与转子的旋转方向相反，对转子起到制动作用，使发电机的转速下降。为了维持发电机的转速不变，需要相应地增加原动机的输入功率。

2．$\dot{I}$ 滞后 $\dot{E}_0$ 90°（ψ=90°）时的电枢反应

三相绕组中电流的方向及产生的磁动势如图 3-15（a）所示。此时电枢磁动势 $\overline{F_a}$ 的轴线滞后于转子的励磁磁动势 $\overline{F_{f1}}$ 180° 电角度，即 $\overline{F_a}$ 与 $\overline{F_{f1}}$ 的方向相反。此时转子的励磁磁

动势和电枢磁动势一同作用在直轴上，方向相反，电枢反应为纯去磁作用，合成磁动势的幅值减小。所以这一电枢反应称为直轴去磁电枢反应。如图 3-15（b）所示，为 ψ=90°时三相空载电动势和电枢电流的相量图。

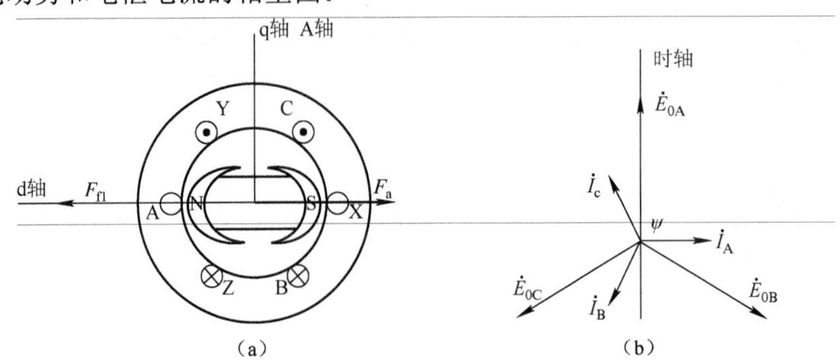

图 3-15　ψ=90° 时的电枢反应

（a）空间相量图 （b）时间相量图

ψ=90° 时，同步发电机的负载电流为感性无功电流。电枢磁场对转子载流导体产生的电磁力不形成电磁转矩，则对发电机转子的转速不会产生制动作用，但会使发电机的端电压降低。若要维持端电压不变，需要相应地增加励磁电流。

3．$\dot{I}$ 超前 $\dot{E}_0$ 90°（ψ=−90°）时的电枢反应

三相绕组中电流的方向及产生的磁动势如图 3-16（a）所示。此时电枢磁动势 $\overline{F_a}$ 的轴线滞后于转子的励磁磁动势 $\overline{F_{f1}}$ 0° 电角度，即 $\overline{F_a}$ 与 $\overline{F_{f1}}$ 的方向相同。此时转子的励磁磁动势和电枢磁动势一同作用在直轴上，二者同相，电枢反应为纯助磁作用，合成磁动势的幅值增大。所以这一电枢反应称为直轴助磁电枢反应。图 3-16（b）所示为 ψ=−90° 时三相空载电动势和电枢电流的相量图。

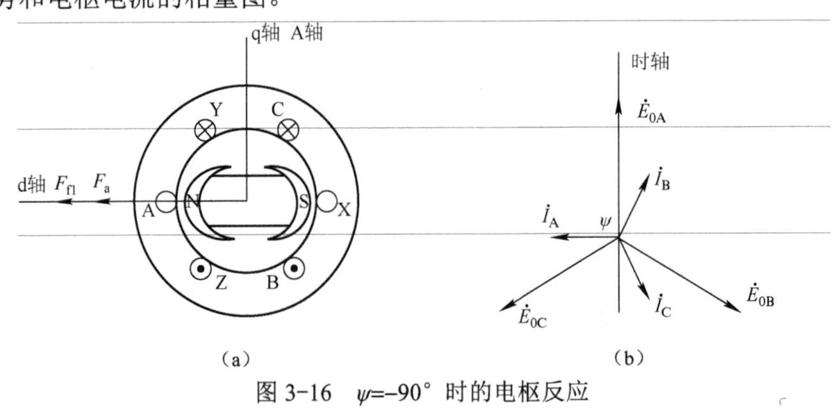

图 3-16　ψ=−90° 时的电枢反应

（a）空间相量图 （b）时间相量图

ψ=−90° 时，同步发电机的负载电流是容性无功电流。电枢磁场对转子载流导体产生的电磁力不形成电磁转矩，则对发电机转子的转速不会产生制动作用，但会使发电机的端电压升高。若要维持端电压不变，需要相应地减小励磁电流。

4．0° <ψ<90° 时的电枢反应

一般情况下，同步发电机既向电网输出一定的有功功率，又向电网输送一定的电感性

无功功率，此时 0° <ψ<90° ，即电枢电流 $\dot{I}$ 滞后于励磁电动势 $\dot{E}_0$ 一个锐角 ψ，这时的电枢反应如图 3-17 所示。

此时电枢磁动势 $\overline{F_a}$ 滞后励磁磁动势 $\overline{F_{f1}}$ 一个（90° +ψ）的空间电角度。该位置既不在电机的交轴上，又不在直轴上。所以，此时的电枢反应既非单纯交磁性质，也非纯去磁性质，而是兼有两种性质。因此可将此时的电枢磁动势 $\overline{F_a}$ 分解成直轴和交轴两个分量。即

$$\overline{F}_a = \overline{F}_{ad} + \overline{F}_{aq} \tag{3-4}$$

$$F_{ad} = F_a \sin\psi \tag{3-5}$$

$$F_{aq} = F_a \cos\psi \tag{3-6}$$

其中 $\overline{F_{aq}}$ 为交轴电枢反应分量，起交磁作用；$\overline{F_{ad}}$ 为直轴电枢反应分量，起去磁作用。

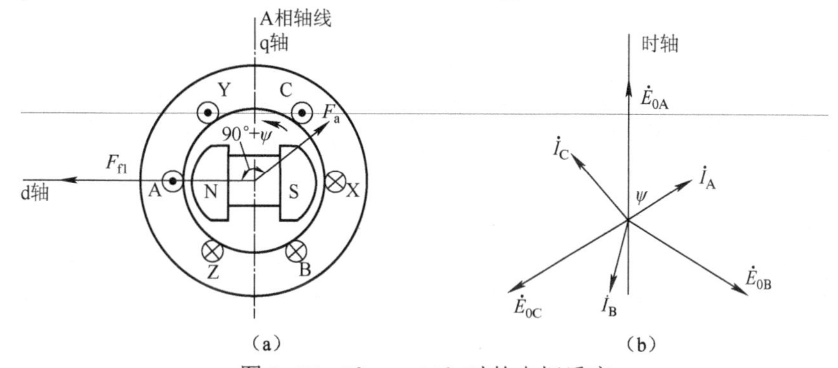

图 3-17　0° <ψ<90° 时的电枢反应

（a）空间相量图　（b）时间相量图

如图 3-17（b）所示，为 0° <ψ<90° 时三相空载电动势和电枢电流的相量图，其中每相电枢电流可分解为直轴和交轴两个分量。即

$$\dot{I} = \dot{I}_d + \dot{I}_q \tag{3-7}$$

$$I_d = I\sin\psi \tag{3-8}$$

$$I_q = I\cos\psi \tag{3-9}$$

0° <ψ<90° 时，电枢反应既有交轴电枢反应，又有直轴去磁电枢反应，使发电机的转速和端电压均下降。若要维持发电机的转速和端电压不变，需要相应地增加原动机的输入功率和转子的励磁电流。

3.2.3　同步发电机的电动势方程式和相量图

3.2.3.1　隐极同步发电机的电动势方程式和相量图

1．隐极同步发电机的电动势方程式

当隐极同步发电机负载运行时，气隙中将存在着两种旋转磁场，即由交流励磁的电枢旋转磁场和由直流励磁的励磁旋转磁场。在不计磁路饱和时，空载特性是一条直线，因此可以利用叠加原理进行分析。即把电枢磁场和励磁磁场作为相互独立的磁场存在于同一磁路中，这些磁场分别在定子绕组中产生感应电动势，感应电动势之和为每相绕组的气隙合成电动势 $\dot{E}_\delta$，$\dot{E}_\delta$ 减去定子绕组的漏阻抗压降后，即为发电机的端电压。此时各物理量之

间的电磁关系如下：

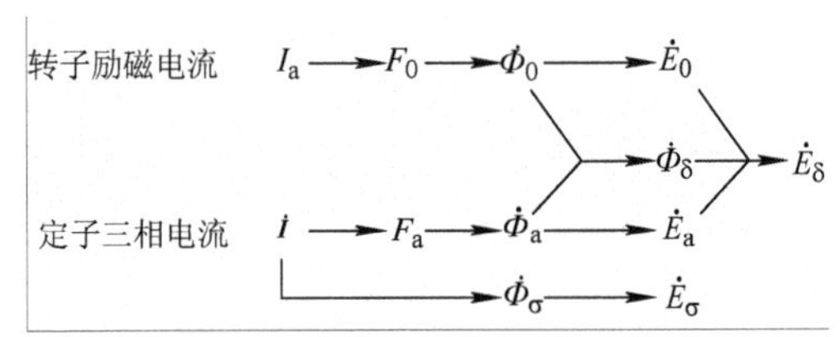

由图 3-18 所示同步发电机各物理量规定的正方向，得出一相电动势平衡方程式

$$\dot{E}_0 + \dot{E}_a + \dot{E}_\sigma = \dot{U} + \dot{I}R_a \tag{3-10}$$

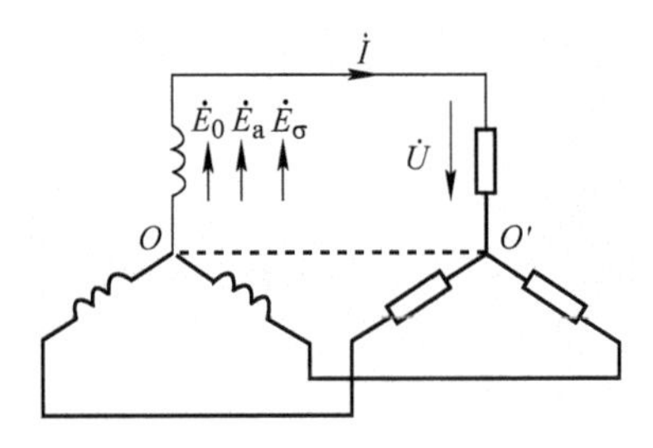

图 3-18　同步发电机相绕组中各物理量的正方向规定

由于不计饱和时有 $E_a \propto \Phi_a \propto F_a \propto I_a$，因此可将 $\dot{E}_a$ 写成负电抗压降的形式，即

$$\dot{E}_a = -j\dot{I}x_a \tag{3-11}$$

式中，x_a 称为电枢反应电抗，在物理意义上表示对称三相电流产生的电枢反应磁场在定子相绕组中感应电动势的能力。

同理，每相感应漏电动势也可以写成电抗压降的形式，即

$$\dot{E}_a = -j\dot{I}x_a \tag{3-12}$$

将式（3-11）、式（3-12）代入式（3-10），可得

$$\begin{aligned}\dot{E}_0 &= \dot{U} + \dot{I}R_a + j\dot{I}x_a + j\dot{I}x_\sigma = \dot{U} + \dot{I}R_a + j\dot{I}(x_a + x_\sigma) \\ &= \dot{U} + \dot{I}R_a + j\dot{I}x_t\end{aligned} \tag{3-13}$$

式中，$x_t = x_a + x_\sigma$，称为隐极同步发电机的同步电抗，等于电枢反应电抗和电枢漏抗之和。同步电抗表征对称稳态运行时电枢旋转磁场和电枢漏磁场的一个综合参数。

2．隐极同步发电机的等效电路

根据式（3-13）可以作出隐极同步发电机的等效电路，如图 3-19 所示。从等效电路来看，隐极同步发电机就相当于励磁电动势 E_0 和同步阻抗 $x_t = x_a + x_\sigma$ 的串联电路。由于等效电路简单，物理意义明显，因此在工程分析中被广泛应用。

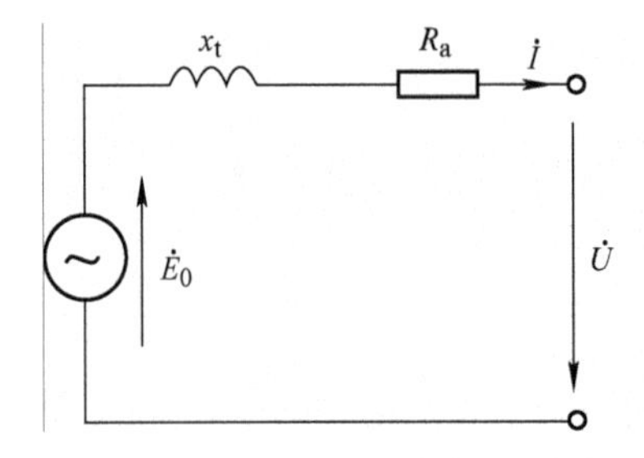

图 3-19　隐极同步发电机的等效电路

3．隐极同步发电机的相量图

考虑磁路饱和时，如果已知发电机带负载的情况，即已知 $\dot{U}$ 、$\dot{I}$ 、$\cos\varphi$ 以及发电机的参数 R_a 和 x_t，根据式（3-13）可以画出隐极同步发电机的相量图，如图 3-20 所示。图中，$\dot{U}$ 与 $\dot{I}$ 之间的夹角 φ 为功率因数角；$\dot{E}_0$ 与 $\dot{I}$ 之间的夹角 ψ 为内功率因数角；$\dot{E}_0$ 与 $\dot{U}$ 之间的夹角 θ称为功率角，简称功角。

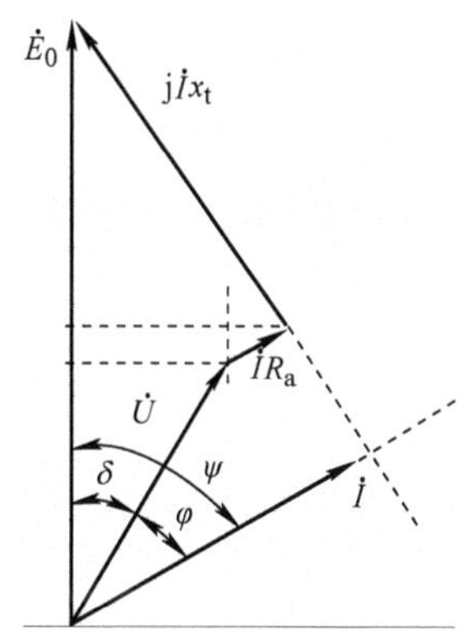

图 3-20　隐极同步发电机的相量图

根据相量图可直接计算出 E_0 和 ψ 的值，即

$$E_0=\sqrt{(U\cos\varphi+R_aI)^2+(U\sin\varphi+x_tI)^2} \tag{3-14}$$

$$\psi=\arctan\frac{x_tI+U\sin\varphi}{R_aI+U\cos\varphi} \tag{3-15}$$

3.2.3.2　凸极同步发电机的电动势方程式和相量图

1．凸极同步发电机的电动势方程式

由于凸极式同步发电机的定、转子之间的气隙不均匀，当同一电枢磁动势作用在直轴时得到的电枢磁通量比作用在交轴时得到的电枢磁通量大。而作用在直轴和交轴之间的不同位置时所产生的电枢磁通量都将不一样。需利用双反应理论进行分析，即当电枢磁动势的轴线既不和直轴重合又不和交轴重合时，可以把电枢磁动势 F_a 分解成直轴分量 F_{ad} 和交轴分量 F_{aq}，再分别求出直轴和交轴磁动势的电枢反应，最后再将它们的效果进行叠加。

当不计磁路饱和时，可将凸极同步发电机的电枢电流 $\dot{I}$ 分解为 $\dot{I}_q$ 和 $\dot{I}_d$，则存在以下电磁关系：

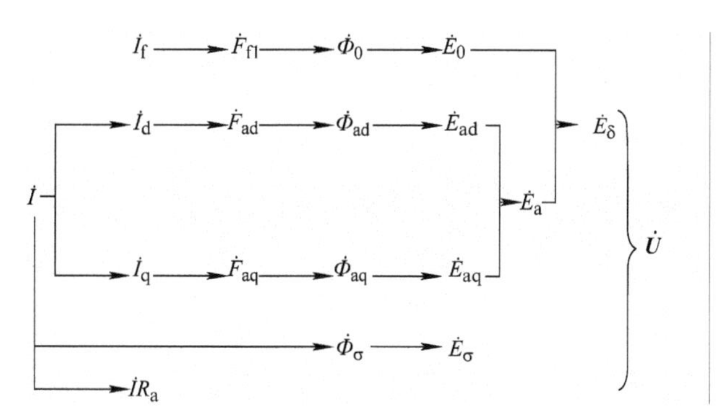

根据基尔霍夫第二定律，可得凸极同步发电机电枢回路的电动势平衡方程式为

$$\dot{E}_0+\dot{E}_{aq}+\dot{E}_{ad}+\dot{E}_{\sigma}=\dot{U}+\dot{I}R_a \tag{3-16}$$

同理，直轴和交轴电枢反应电动势可用相应的负电抗压降来表示，即

$$\left.\begin{aligned}\dot{E}_{ad}&=-jx_{ad}\dot{I}_d\\ \dot{E}_{aq}&=-jx_{aq}\dot{I}_q\end{aligned}\right\} \tag{3-17}$$

式中，x_{ad} 和 x_{aq} 分别为凸极同步发电机直轴电枢反应电抗和交轴电枢反应电抗。

将式（3-17）代入（3-16），则电动势方程式为

$$\begin{aligned}\dot{E}_0&=\dot{U}+\dot{I}R_a+jx_{ad}\dot{I}_d+jx_{aq}\dot{I}_q+jx_{\sigma}\dot{I}\\ &=\dot{U}+\dot{I}R_a+jx_{ad}\dot{I}_d+jx_{aq}\dot{I}_q+jx_{\sigma}(\dot{I}_d+\dot{I}_q)\\ &=\dot{U}+\dot{I}R_a+j\dot{I}_d(x_{ad}+x_{\sigma})+j\dot{I}_q(x_{aq}+x_{\sigma})\\ &=\dot{U}+\dot{I}R_a+j\dot{I}_dx_d+j\dot{I}_qx_q\end{aligned} \tag{3-18}$$

式中，x_d 和 x_q 分别为凸极同步发电机的直轴同步电抗和交轴同步电抗。x_d 和 x_q 分别表征在对称负载下，单位直轴或交轴电流三相联合产生的电枢总磁场（包括电枢反应磁场和漏磁场）在电枢每一相绕组中感应的电动势。

由于凸极同步发电机气隙不均匀，所以有两个同步电抗 x_d 和 x_q。且由于 $x_{ad}>x_{aq}$，则 $x_d>x_q$，一般 $x_q\approx0.6\,x_d$。

2．凸极同步发电机的相量图

根据式（3-18）可作出凸极同步发电机带阻感性负载的相量图，如图 3-21 所示。在作此相量图时，为将 $\dot{I}$ 分解为 $\dot{I}_q$ 和 $\dot{I}_d$，假设 ψ 角已知。然而实际上，内功率因数角 ψ 是无法测量的，不能事先给定。但是在负载确定，即 U、I、$\cos\varphi$ 已知的条件下，可以确定 ψ 角。

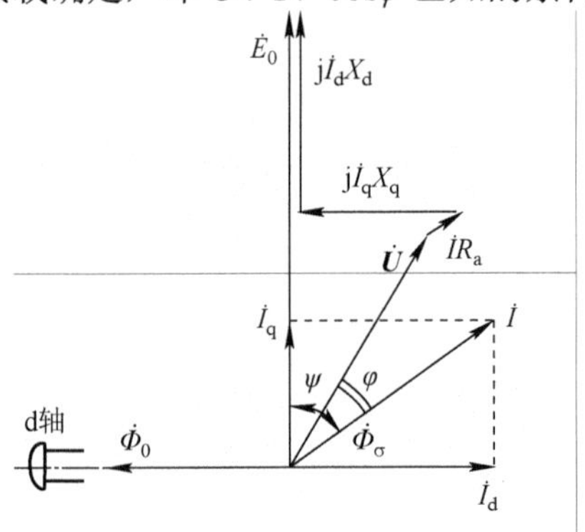

图 3-21　凸极同步发电机带阻感性负载的相量图

由相量图 2-22 所示，由于

$$\overline{MQ}=\frac{I_qx_q}{\cos\psi}=Ix_q$$

得 ψ 的计算式：

$$\psi=\arctan\frac{Ix_q+U\sin\varphi}{U\cos\varphi+IR_a} \tag{3-19}$$

因而求得励磁电动势 E_0 的计算式为

$$\dot{E}_0 = \dot{U} + \dot{I}R_a + j\dot{I}x_q + j\dot{I}_d(x_d - x_q) \tag{3-20}$$

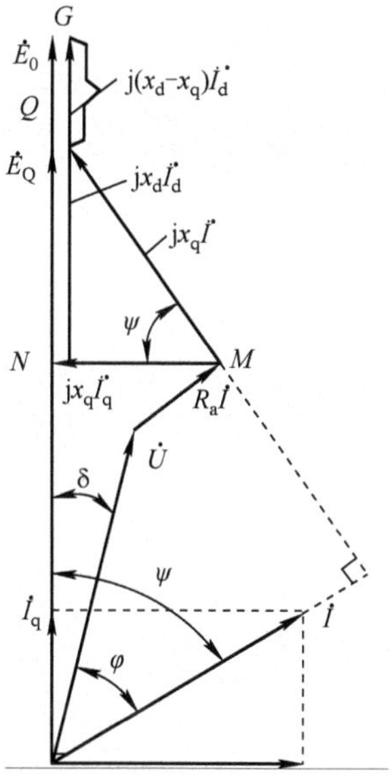

图 3-22　凸极同步发电机确定 ψ 角相量图

3.2.4　同步发电机的运行特性

当同步发电机在转速（频率）保持恒定，并假定功率因数 $\cos\varphi$ 不变，则发电机有三个互相影响的变量，即发电机的端电压 U、负载电流 I 和励磁电流 I_f。当保持其中某一变量为常数时，其他二者之间的函数关系称为同步发电机的运行特性。同步发电机的运行特性有空载特性、短路特性、外特性和调整特性。空载特性在本章开始已作了介绍，空载特性曲线本质上就是电机的磁化曲线。本节主要介绍短路特性、外特性和调整特性。

3.2.4.1　短路特性

短路特性是指保持同步发电机在额定转速状况下，将定子三相绕组短路，定子绕组的相电流 I_k（稳态短路电流）与转子励磁电流 I_f 的关系。

1．短路特性

图 3-23 所示为同步发电机短路试验接线图。试验时，电枢绕组三相端点短路，原动机拖动转子到同步转速 n_N,，调节励磁电流 I_f 从 0 增加到 $1.2I_N$ 为止。记录不同短路电流时的 I_a=I_k、I_f，作出短路特性 I_k=f（I_f），如图 3-24 所示。

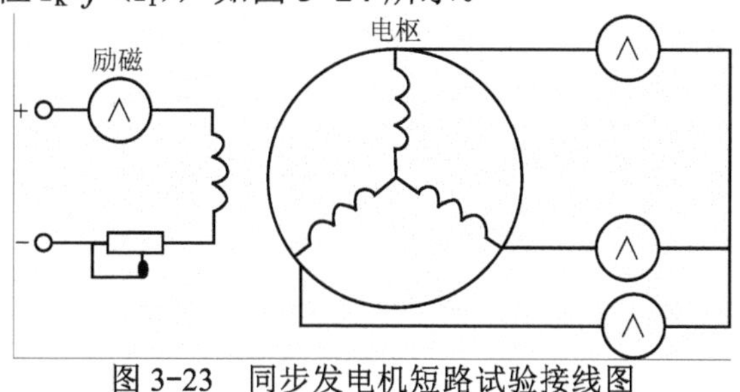

图 3-23　同步发电机短路试验接线图

短路试验时，发电机的端电压 U=0，限制短路电流的仅是发电机的内部阻抗。由于一般同步发电机的电枢电阻 R_a 远小于同步电抗 x_d，所以短路电流可认为是纯感性的，即 $\psi \approx 90°$。此时的电枢磁动势基本上是一个纯去磁作用的直轴磁动势，此时电枢绕组的电抗为直轴同步电抗 x_d。发电机中气隙合成磁动势数值很小，致使磁路处于不饱和状态，所以短路特性为一直线，如图 3-24 所示。即

$$I_k = \frac{E_0}{x_d} \propto I_f \tag{3-21}$$

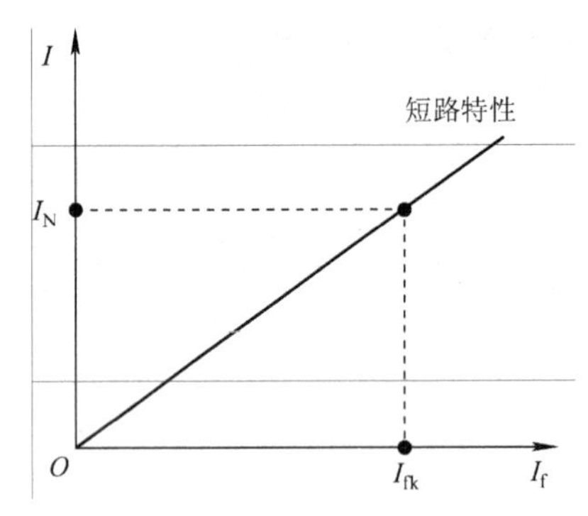

图 3-24　同步发电机短路特性

2．利用空载和短路特性确定 x_d 的不饱和值

短路试验时，短路电流为纯感性的，电枢反应起去磁作用，使磁路处于不饱和状态，所以在气隙线和短路特性曲线上查出励磁电动势 E'_0 和短路电流 I_k，从而求得直轴同步电抗 x_d 的不饱和值。即

$$x_d = \frac{E'_0}{I_k} \tag{3-22}$$

其标么值为

$$x_d^* = \frac{I_N x_d}{U_N} = \frac{I_N(E'_0 / I_k)}{U_N} = \frac{E'_0 / U_N}{I_k / I_N} = \frac{E_0'^*}{I_k^*} \tag{3-23}$$

3．短路比 K_c

在同步电机的设计与试验中，短路比是一个常用数据。短路比是空载时使空载电压为额定值的励磁电流 I_{f0} 与短路时使短路电流为额定值的励磁电流 I_{fk} 的比值。短路比用表示 K_c，则

$$K_c = \frac{I_{f0}}{I_{fk}} = \frac{I_{k0}}{I_N} \tag{3-24}$$

由式（3-22）得 $I_{k0} = \dfrac{E'_0}{x_d}$，代入上式得

$$K_c = \frac{E'_0 / x_d}{I_N} = \frac{E'_0 / U_N}{I_N x_d / U_N} = K_u \frac{1}{x_d^*} \tag{3-25}$$

式（3-25）表明：短路比是直轴同步电抗不饱和值的标么值 x_d^* 的倒数乘以空载额定电压时的主磁路的饱和系数 K_u。短路比是反映电机综合性能的一个指标，它既和电机

的体积大小、材料以及造价等因素有关，又和电机的运行性能有关。短路比对电机的影响如下。

（1）短路比大，则同步电抗小，负载变化时发电机的电压变化就小，并联运行时发电机的稳定度较高；设计上，电机气隙较大，则转子的额定励磁磁动势和用铜量增大。

（2）短路比小，则同步电抗大，这时短路电流较小，但是负载变化时发电机的电压变化就大，发电机的稳定度较差。

因此设计合理的同步发电机，短路比的选择要兼顾运行性能和电机造价这两方面。由于水电站输电距离一般较长，稳定性问题比较严重，所以对水轮发电机要求选择较大的短路比，一般取 K_c=0.8～1.3，对汽轮发电机要求 K_c=0.5～0.7。

3.2.4.2　外特性

1．外特性

外特性是指发电机保持额定转速不变，I_f=常数、$\cos\varphi$=常数时，发电机的端电压 U 与负载电流 I 之间的关系曲线 $U=f(I)$。外特性既可用直接负载法测取，也可用作图法间接求取。

如图 3-25 所示，表示带有不同功率因数的负载时同步发电机的外特性。对于感性负载 $\cos\varphi=0.8$（滞后）和纯电阻负载 $\cos\varphi=1$ 时，外特性曲线是下降的，这是由于这两种情况下，$0^\circ<\psi<90^\circ$，电枢反应均有去磁作用与绕组漏阻抗压降引起的。对于容性负载 $\cos\varphi=0.8$（超前）时，由于 $\psi<0^\circ$，电枢反应具有助磁作用与容性电流的漏抗电压上升，则外特性曲线也可能是上升的。

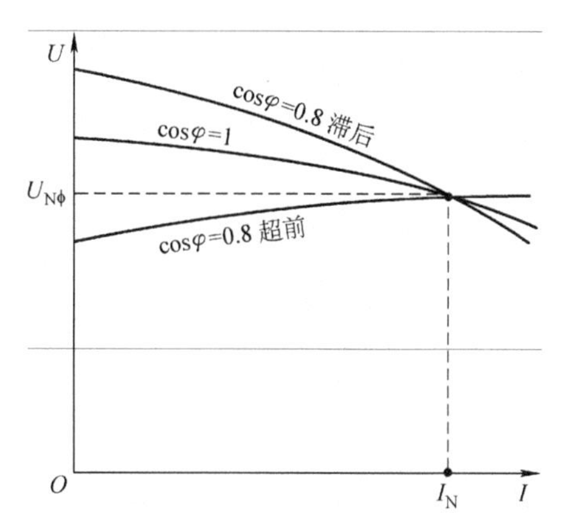

图 3-25　同步发电机外特性

2．电压变化率

从同步发电机的外特性可以求出其电压变化率，如图 3-26 所示。发电机在额定负载（$I=I_N,\cos\varphi=\cos\varphi_N,U=U_N$）运行时，励磁电流为额定励磁电流 I_{fN}。保持励磁和转速不变而卸去负载，此时端电压将上升到空载电动势 E_0，如图 3-26 所示。同步发电机的电压变化率（或电压调整率）定义为：

$$\Delta U\%=\frac{E_0-U_N}{U_N}\times100\% \tag{3-26}$$

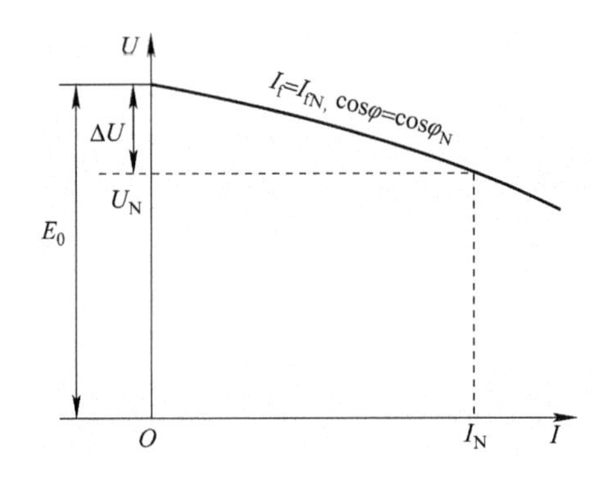

图 3-26　由外特性求电压变化率

电压变化率是表征同步发电机运行性能的重要数据之一。现代的同步发电机多装有快速自动调压装置，能自动调整励磁电流以维持电压基本不变，所以$\Delta U\%$的数值可大些。但为了防止短路故障跳闸切断负载时电压剧烈上升，可能击穿绕组绝缘，所以要求$\Delta U\%$小于 50%。水轮发电机的$\Delta U\%$为 18%～30%，汽轮发电机由于同步电抗较大，故$\Delta U\%$也较大，为 30%～48%（以上均为 $\cos\varphi=0.8$ 滞后时的数值）。

3.2.4.3　调整特性

调整特性是指发电机保持 $n=n_N$、$U=U_N$、$\cos\varphi=$常数时，励磁电流 I_f 与负载电流 I 的关系曲线 $I_f=f(I)$。

如图 3-27 所示，表示带有不同功率因数的负载时，同步发电机具有不同的调整特性曲线，并且调整特性的变化趋势与外特性正好相反。对于感性负载和纯电阻负载时，为了补偿负载电流形成的电枢反应的去磁作用和漏阻抗压降以维持端电压为额定电压，必须随负载电流 I 的增大相应地增加励磁电流。因此，此时的调整特性曲线是上升的。对于容性负载时，为了抵消电枢反应助磁作用以维持发电机端电压不变，必须随负载电流相应地减小励磁电流。因此，此时的调整特性曲线是向下的。

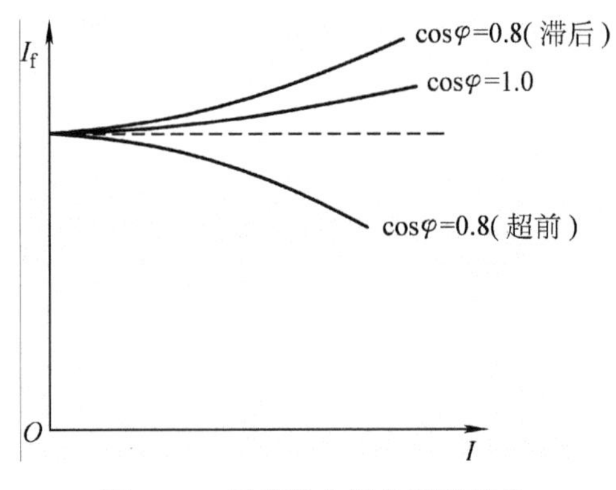

图 3-27　同步发电机的调整特性

3.2.4.4　效率

同步发电机的效率特性是指转速为同步转速、端电压为额定电压、功率因数为额定功率因数时，发电机的效率与输出功率的关系；即 $n=n_1$，$U=U_N$，$\cos\varphi=\cos\varphi_N$ 时，$\eta=f(P_2)$。

同步电发机的损耗包括电枢的基本铁损耗 p_{Fe}、电枢基本铜损耗 p_{Cu}、励磁损耗 p_{Cuf}、机械损耗 p_{mec} 和附加损耗 p_{ad}。其中，电枢基本铁损耗 p_{Fe} 是指主磁通在电枢铁芯齿部和轭部中交变所引起的损耗；电枢基本铜损耗 p_{Cu} 是换算到基准工作温度时，电枢绕组的直流电阻损耗；励磁损耗 p_{Cuf} 包括励磁绕组的基本铜耗、变阻器内的损耗、电刷的电损耗以及励磁设备的全部损耗；机械损耗 p_{mec} 包括轴承、电刷的摩擦损耗和通风损耗；附加损耗 p_{ad} 包括电枢漏磁通在电枢绕组与其他金属结构部件中所引起的涡流损耗，高次谐波磁场掠过主极表面所引起的表面损耗等。

同步发电的效率是输出的电功率 P_2 与输入的功率 P_1 之比。总损耗 Σp 确定后，则同步发电机的效率为

$$\eta=\frac{P_2}{P_1}\times 100\%=\frac{P_2}{P_2+\Sigma p}\times 100\% \tag{3-27}$$

式中：总损耗 $\Sigma p=p_{Fe}+p_{Cu}+p_{Cuf}+p_{mec}+p_{ad}$

3.3 同步发电机的并联运行

现代发电厂通常采用多台同步发电机并联运行的方式，而更大的电力系统则由多个发电厂并联组成。因此，研究同步发电机投入并联运行的方法及并联运行的规定，对于经济、合理的利用动力资源，发电设备的运行与维护，供电的可靠性与稳定性等，不仅具有理论意义，还具有极大的实际意义。

3.3.1 投入并联运行的条件和方法

同步发电机单机运行时，随着负载的变化，发电机的频率和端电压将发生相应的变化，供电的质量和可靠性较差。为了克服这些缺点，现代发电厂与变电所通常采用并联运行的方式，如图 3-28 所示。电网供电与单机供电相比，有以下主要优点。

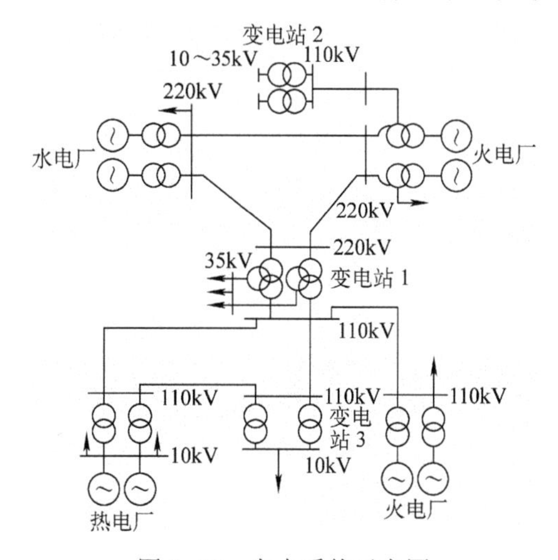

图 3-28　电力系统示意图

（1）提高了供电的可靠性。一台发电机发生故障或定期检修不会引起停电事故。

（2）提高了供电的经济性和灵活性。例如水力发电厂与火电厂并联时，在枯水期和丰水期，两种电厂可以调配发电，使得水资源得到合理使用。在用电高峰期和低谷期，可以灵活地决定投入电网的发电机数量，提高了发电效率和供电灵活性。

（3）提高了供电质量。由于电网的容量巨大（相对于单台发电机或者个别负载可视为无穷大），因此单台发电机的投入与停机，个别负载的变化，对电网的影响甚微，衡量供电质量的电压和频率可视为恒定不变的常数。同步发电机并联到电网后，它的运行情况要受到电网的制约，即发电机的电压、频率要与电网一致。

同步发电机投入并联运行时，为了避免产生冲击电流，防止发电机组的转轴受到突然的冲击扭矩遭受损坏以及电力系统受到严重的干扰，则待投入并联运行的发电机需要满足下列条件：

（1）发电机电压和电网电压大小相等；

（2）发电机电压相位和电网电压相位相同；

（3）发电机的频率和电网频率相等；

（4）发电机的相序和电网相序相同。

只要在电机安装时或大修后按规定调试后，第 4 个条件就满足了。

3.3.1.1 准同步法

把发电机调整到完全符合上述四条并联条件后并入电网，这种方法称为准同步法。这是靠操作人员将发电机调整到符合并联条件后才进行合闸并网的操作。调整过程中常用同步指示器来判断条件的满足情况。最简单的同步指示方法是灯光法，是利用三组同步指示灯来检验合闸的条件。也可采用同步表法进行并网操作，该方法是在仪表的监视下，调节待并发电机的电压和频率，使之符合与系统并联运行的条件时的并联操作。

实际操作中，除相序相同要绝对满足外，其余三个条件允许有一定的偏差，例如频率偏差不超过 0.2%～0.5%。

3.3.1.2 自同步法

上述准同步方法的优点是合闸时能使新投入的发电机和电网避免过大的冲击电流，缺点是操作较复杂，要求操作人员技术熟练而且比较费时间。当电网发生故障时，电网电压和频率都在变动，要满足准同步法条件比较困难。此时，为了把发电机迅速投入电网，可采用自同步法。

用自同步法进行并网操作，是在相序一致的情况下先将励磁绕组通过适当电阻短接，原动机将发电机拖动到接近同步速时，在没有接通励磁电流的情况下合闸将发电机并入电网，并迅速加入直流励磁，利用电机“自整步”作用将发电机拉入系统同步运行。

自同步法的优点是操作简单迅速，不需要增加复杂设备，但缺点是合闸及投入励磁时会产生冲击电流，一般用于系统故障时的并联操作。

3.3.2 有功功率调节和静态稳定

一台同步发电机并入电网后，必须向电网输送功率，并根据电力系统的需要随时进行调节，以满足电网中负载变化的需要。为了掌握有功功率的调节，首先必须研究电机的功率平衡关系和功角特性。

3.3.2.1　同步发电机功率和转矩平衡方程式

1．功率平衡方程式

同步发电机由原动机拖动旋转，在对称负载下稳定运行时，由原动机输入的机械功率 P_1 扣除发电机的机械损耗 p_{mec}、铁耗 p_{Fe} 和附加损耗 p_{ad} 后，转化为电磁功率 P_{em}，其能量转换过程如图 3-29 所示。得功率平衡方程式为：

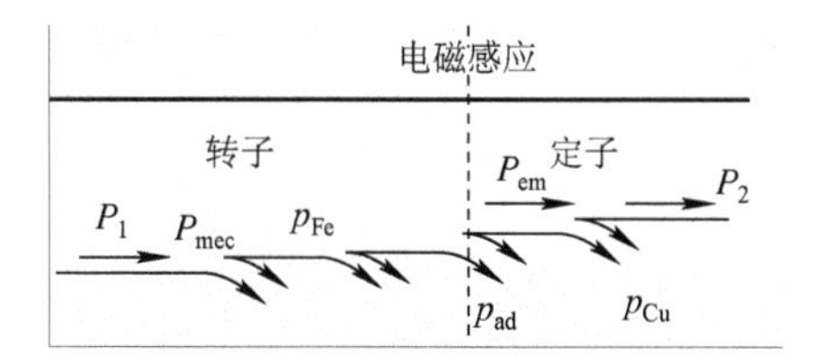

图 3-29　发电机能量流程示意图

$$P_1-(p_{mec}+p_{Fe}+p_{ad})=P_{em} \tag{3-28}$$

$$P_1=p_0+P_{em} \tag{3-29}$$

式中，p_0 为空载损耗，$p_0=p_{mec}+p_{Fe}+p_{ad}$。

电磁功率 P_{em} 是从转子侧通过气隙合成磁场传递到定子的功率。电磁功率扣除电枢绕组铜损耗 p_{Cu}，即为发电机输出的电功率 P_2。

$$P_2=P_{em}-p_{Cu} \tag{3-30}$$

因定子绕组的电阻很小，略去定子绕组的铜耗 p_{Cu} 则有

$$P_{em}\approx P_2=mUI\cos\varphi \tag{3-31}$$

2．转矩平衡方程式

将式（3-29）两边同除以机械角速度Ω，得到发电机转矩平衡方程式为

$$\frac{P_1}{\Omega}=\frac{p_0}{\Omega}+\frac{P_{em}}{\Omega}$$

$$T_1=T_0+T \tag{3-32}$$

式中　T_1——原动机输入转矩（驱动性质）；

T_0——发电机空载转矩（制动性质）；

T——发电机电磁转矩（制动性质）。

3.3.2.2　同步发电机功角特性

1．凸极电机功角特性

对于凸极发电机，电枢绕组电阻远小于同步电抗，可忽略不计，则电磁功率等于输出功率，即

$$\begin{aligned}P_{em}&\approx P_2=mUI\cos\varphi=mUI\cos(\psi-\delta)\\&=mUI(\cos\psi\cos\delta+\sin\psi\sin\delta)\end{aligned}$$

$$= mI_qU\cos\delta + mI_dU\sin\delta \tag{3-33}$$

由简化相量图，不计饱和时

$$I_qx_q = U\sin\delta\text{；}\quad I_dx_d = E_0 - U\cos\delta$$

$$\left.\begin{aligned} I_q &= \frac{U\sin\delta}{x_q} \\ I_d &= \frac{E_0 - U\cos\delta}{x_d} \end{aligned}\right\} \tag{3-34}$$

将式（3-34）代入式（3-33）可得

$$P_{em} = m\frac{E_0U}{x_d}\sin\delta + m\frac{U^2}{2}\left(\frac{1}{x_q} - \frac{1}{x_d}\right)\sin 2\delta \tag{3-35}$$

$$P'_{em} = m\frac{E_0U}{x_d}\sin\delta$$

$$P''_{em} = m\frac{U^2}{2}\left(\frac{1}{x_q} - \frac{1}{x_d}\right)\sin 2\delta$$

式中　P'_{em}——基本电磁功率；

　　　P''_{em}——附加电磁功率，附加电磁功率是由于交轴和直轴的磁阻不同而引起的。

式（3-35）表示，在恒定励磁和恒定电网电压（即 E_0=常数，U=常数）时，电磁功率的大小只取决于功率角 δ，$P_{em} = f(\delta)$ 称为同步发电机的功角特性。图 3-30 所示为凸极同步发电机的功角特性曲线。

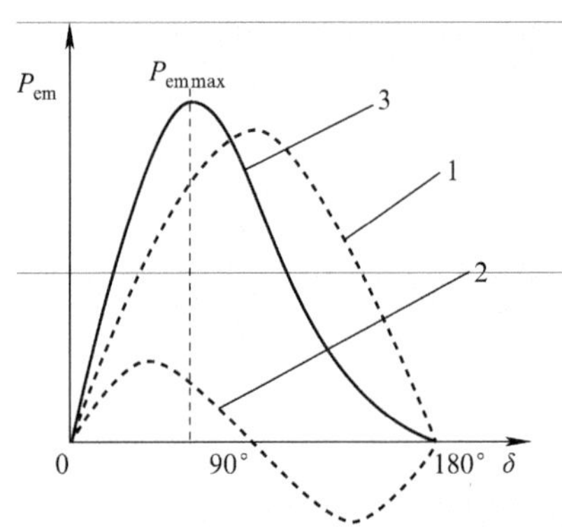

图 3-30　凸极同步发电机的功角特性

1—基本电磁功率；2—附加电磁功率；3—凸极同步发电机的电磁功率

由凸极同步发电机的功角特性可知，由于 $x_d \neq x_q$，附加的电磁功率不为零，且在 δ=45°时，附加电磁功率达到最大值，如图 3-30 中的曲线 2，这部分功率与 E_0 无关。凸极同步发电机的功角特性即是基本电磁功率图 3-30 中的曲线 1 和附加电磁功率特性曲线相加，如图 3-30 中的曲线 3。凸极电机的最大电磁功率比具有同样 E_0、U 和 x_d（即 x_t）的隐极电机稍大一些，并且在 δ<90° 时出现。

2．隐极电机功角特性

对于隐极发电机，由于 $x_q = x_d = x_t$，因此只有基本电磁功率，则功角特性表达式为

$$P_{em}=m\frac{E_0U}{x_t}\sin\delta \quad (3-36)$$

隐极同步发电机的功角特性曲线 $P_{em}=f(\delta)$ 如图 3-31 所示，当隐极同步发电机与系统并联运行时，系统电压 U 和频率是恒定的，若励磁电流不变，则空载电动势也是不变的，因此电磁功率即发电机的输出功率是功角 δ 的正弦函数。当 δ=90° 时，电磁功率达到极限值 $P_{em\max}=m\frac{E_0U}{x_t}$；当 δ>180° 时，电磁功率由正值变为负值，此时发电机不再向系统输出有功功率，而是向系统吸收有功功率，则同步电机转入电动机运行状态。

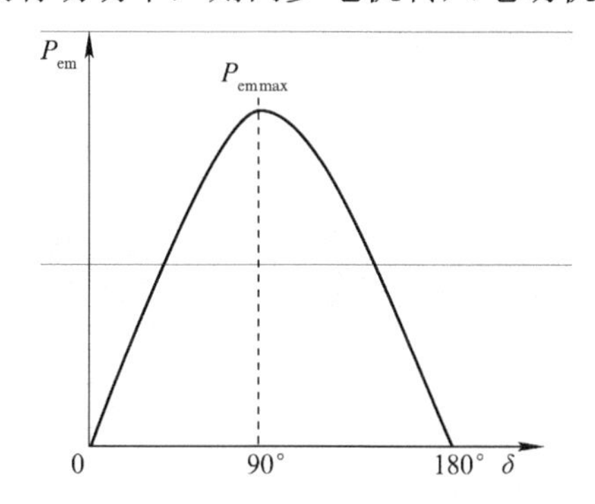

图 3-31　隐极同步发电机的功角特性

由以上分析可知，功角 δ 是研究同步发电机并联运行的一个重要物理量。功角 δ 具有双重的物理意义：一是励磁电动势 $\dot{E}_0$ 和端电压 $\dot{U}$ 两个时间相量之间的夹角，二是励磁磁动势 $\overline{F_{f1}}$ 和定子合成等效磁动势 $\overline{F_u}$ 空间相量之间的夹角。

由图 3-32 可见，电机的合成气隙磁场在转子内沿主极轴线逐渐扭斜，功角 δ 则反映了气隙合成磁场扭斜的角度。功角 δ 愈大则磁场所产生的磁拉力愈大，相应的电磁功率和电磁转矩也愈大。

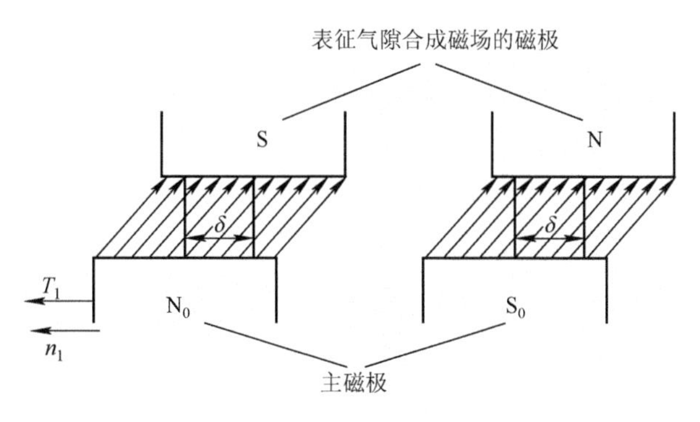

图 3-32　功角的物理意义

综上所述，功率角 δ 不仅决定了发电机并联运行时的输出功率，而且还反映了转子运动相对的空间位置，通过功率角 δ 把同步电机的电磁变化关系和机械运动紧密地联系起来。同步发电机转子相对位置变化，引起发电机有功功率的变化，相反，转子的相对空间位置又受到电磁过程的制约。

3.3.2.3 有功功率调节

为简化分析，以并联在无穷大电网的隐极同步发电机为例，忽略磁路饱和与定子绕组电阻的影响，且保持励磁电流不变，来分析有功功率的调节。

当发电机并联与系统处于空载运行状态时，发电机的输入机械功率 P_1 恰好和空载损耗相平衡，没有多余的部分可以转化为电磁功率，即 $P_1=p_0$，$T_1=T_0$，$P_{em}=0$，如图 3-33（a）所示。此时虽然可以有 $E_0>U$，且有电流 $\dot{I}$ 输出，但是为无功电流。此时气隙合成磁场和转子磁场的轴线重合，功率角等于零。

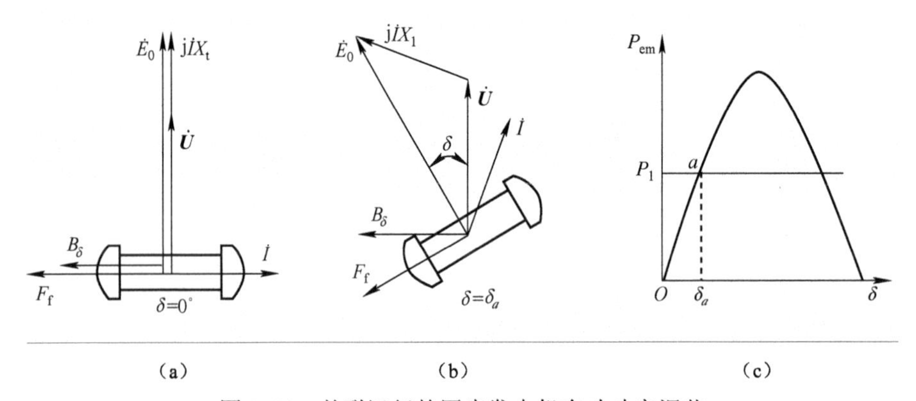

（a）　　（b）　　（c）

图 3-33　并联运行的同步发电机有功功率调节

（a）空载运行时的相量图　（b）负载运行时的相量图　（c）负载运行的有功功率调节

当增加原动机的输入功率 P_1 时，即增加了原动机的输入转矩 T_1，这时 $T_1>T_0$，使电机转子开始加速旋转，主磁极的位置将逐渐开始超前气隙合成磁场，相应的 $\dot{E}_0$ 将超前 $\dot{U}$ 一个功角 δ，如图 3-33（b）所示。此时 $\delta>0$，使 $P_{em}>0$，发电机开始向电网输出有功电流，并同时出现与电磁功率 P_{em} 相对应的制动电磁转矩 T。当 δ 增大到某一数值，使电磁制动转矩增大到与增大的驱动转矩相平衡时，发电机的转速就不再加速，最后在功角特性上新的运行点稳定运行，如图 3-33（c）所示。

以上分析表明，对于一个并联在无穷大电网上的同步发电机，要调节发电机输出的有功功率，就必须调节来自原动机的输入功率。还需指出，并不是无限制地增加来自原动机的输入功率，发电机输出功率都会相应增加。这是由于当功角 δ 达到 90° 即达到电磁功率的极限值 P_{emmax} 时，如果继续增加原动机的输入功率，则无法建立新的平衡，导致电机转速将连续上升而失步。

3.3.2.4 静态稳定

并联在电网运行的同步发电机，经常会受到来自电网或原动机方面的微小扰动，致使发电机运行状态发生变化。若在扰动消失后，发电机能自行恢复到原运行状态稳定运行，则称发电机是“静态稳定”的；否则，就是静态不稳定的。

以隐极同步发电机为例，当发电机为隐极发电机时，功率特性如图 3-34 所示，图中有两个平衡点 a 和 d 点。设输入功率为 P_1，电磁功率为 P_{em}，发电机若要保持稳定运行，功率一定要达到平衡，即 $P_1=P_{em}+p_0$，忽略空载损耗，则 $P_1=P_{em}$，下面分析 a、d 两点的运行特性。

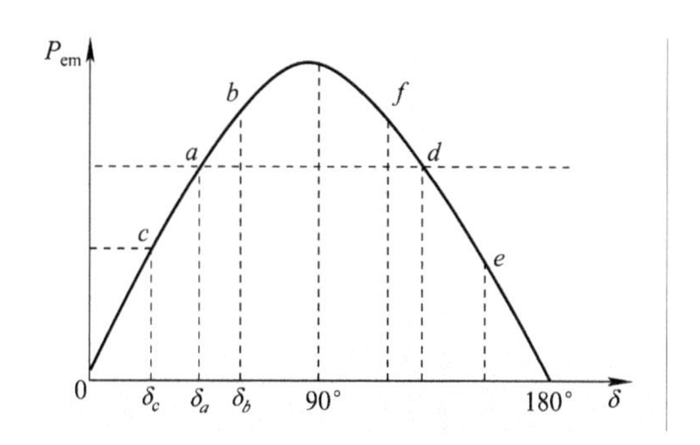

图 3-34　同步发电机静态稳定分析

假设发电机稳定运行在 a 点，当由于某种短暂的微小扰动使原动机输入的能量微小增大时，发电机转子将加速运行，使转子得到一个位移增量 $\Delta\delta$，运行点由原来的 δ_a 增大到 δ_b，电磁功率也相应地增加到 P_{emb}，由图可见，正的功角增量 $\Delta\delta=\delta_b-\delta_a$ 产生正的电磁功率 $\Delta P_{em}=P_{emb}-P_{ema}$。但是一旦扰动消失，发电机发出的电磁功率 P_{emb} 将大于输入的有效功率（$P_1=P_{ema}$），转子上制动性质的转矩增加，迫使电机减速，功角 δ 逐渐减小，因此发电机将回到原来的 a 点稳定运行。

若发电机稳定运行在 d 点，当发电机受到原动机输入能量微小增大的扰动时，发电机转子将加速运行，功角 δ 增加，运行点由原来的 δ_d 变到 δ_e。显然电机产生的电磁功率减小，转子上制动性质的转矩减小。当扰动突然消失，电机输入的有效功率将大于电磁功率，使功角 δ 继续增大，将使电机产生更大的加速度，转子不断地加速而失去同步。因此 d 点是静态不稳定点。

同步发电机失去同步后，必须立即减小原动机输入的机械功率，否则将使转子达到极高的转速，以致离心力过大而损坏转子。同时，当发电机失步后，发电机的频率和电网频率不一致，定子绕组中将出现一个很大的电流而烧坏定子绕组。因此，保持同步是十分重要的。

分析表明，从功角特性曲线上可看出，曲线上升部分的工作点，发电机运行是静态稳定的，因此同步发电机静态稳定的条件用数学式表示为

$$\frac{dP_{em}}{d\delta}>0 \tag{3-37}$$

反之，曲线下降部分，即 $\frac{dP_{em}}{d\delta}<0$，发电机的运行是静态不稳定的。在 $\frac{dP_{em}}{d\delta}=0$ 处，保持同步的能力恰好为零，所以该点为同步发电机的静态稳定极限。

$\frac{dP_{em}}{d\delta}$ 是衡量同步发电机稳定运行能力的一个系数，称为比整步功率，用 P_{syn} 表示。对于隐极机同步发电机的比整步功率为

$$P_{syn}=\frac{dP_{em}}{d\delta}=m\frac{E_0U}{x_t}\cos\delta \tag{3-38}$$

式（3-38）表明功角 δ 愈小，比整步功率愈大，发电机的稳定性愈好。

实际中，为了使同步发电机能稳定运行，在电机设计时，使发电机的极限功率 P_{emmax} 比其额定功率 P_N 大一定的倍数，这个倍数称为静态过载能力，用 K_m 表示。对于隐极同步发电机的静态过载能力为

$$K_{\mathrm{m}}=\frac{P_{\mathrm{em\,max}}}{P_{\mathrm{N}}}=\frac{m\frac{E_0U}{x_{\mathrm{t}}}}{m\frac{E_0U}{x_{\mathrm{t}}}\sin\delta_{\mathrm{N}}}=\frac{1}{\sin\delta_{\mathrm{N}}} \tag{3-39}$$

一般要求 K_{m}>1.7，通常在 1.7～3 之间，与此对应的发电机额定运行时的功率角 δ_{N} 在 25°～35° 之间。

3.3.3 无功功率的调节和V形曲线

电网在向负载提供有功功率的同时，还向负载提供一定数量的无功功率（例如向异步电动机和变压器提供励磁电流），无功功率将由并联在电网上的发电机共同分担。电网的负载大多是感性负载、其电枢反应具有去磁作用，为了维持发电机端电压不变，必须增大励磁电流。因此，无功功率的调节必须依靠调节励磁电流。

3.3.3.1 无功功率的功角特性

并联于无穷大电网的同步发电机当电网电压和频率恒定、参数（x_{d}、x_{q}、x_{t}）为常数、空载电动势 E_0 不变（即 I_{f} 不变）时，$Q=f$（δ）为无功功率的功角特性。

隐极同步发电机的无功功率特性如图 3-35 所示，当电网电压和频率恒定、参数为常数、空载电势 E_0 不变（即 I_{f} 不变）时，无功功率 Q 也是功角 δ 的函数。当励磁电流保持不变时，有功功率的调节会引起无功功率变化。当 Q>0 时，发电机输出感性无功（吸收容性）；当 Q<0 时，发电机向电网吸收感性无功（输出容性）。

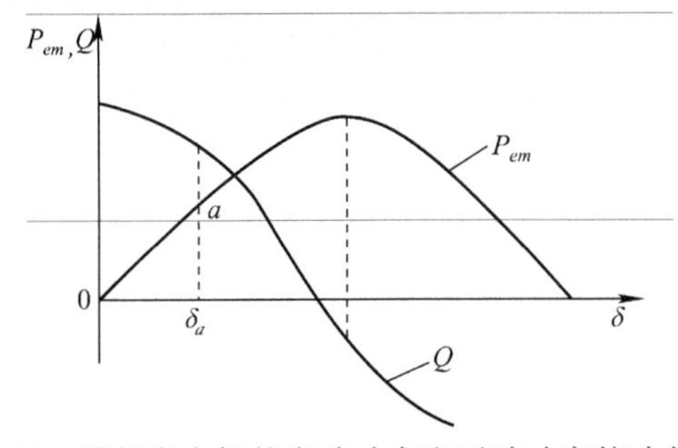

图 3-35 隐极发电机的有功功率和无功功率的功角特性

3.3.3.2 无功功率的调节

以隐极同步发电机为例，不计磁路饱和的影响，且忽略电枢绕组电阻。当发电机的端电压恒定，在保持发电机输出的有功功率不变时，则有：

$$P_{\mathrm{em}}=\frac{mE_0U}{x_{\mathrm{t}}}\sin\delta=\text{常数}$$

即

$$E_0\sin\delta=\text{常数}$$

$$P_2=mUI\cos\varphi=\text{常数} \tag{3-40}$$

即

$$I\cos\varphi=\text{常数} \tag{3-41}$$

上述两式表明，在输出恒定的有功功率时，如调节励磁电流，电动势相量 $\dot{E}_0$ 端点的轨迹为图 3-36 中的 AB 线，电枢电流相量 $\dot{I}$ 端点的轨迹为 CD 线。不同励磁电流时的 $\dot{E}_0$ 和 $\dot{I}$ 的相量端点在轨迹线上有不同的位置，图 3-36 反映了三种不同励磁情况下的相量图。

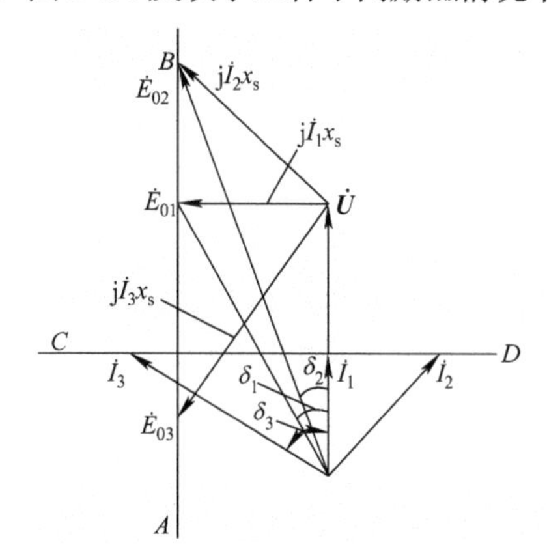

图 3-36 不同励磁时同步发电机的相量图

（1）当励磁电流 $I_f=I_{f0}$ 时，相应的空载电动势为 $\dot{E}_{01}$，此时 $\dot{I}_1$ 与 $\dot{U}$ 同相位，即 $\cos\varphi=1$，电枢电流全为有功分量，且其值最小。这种情况通常称为“正常励磁”。

（2）当增加励磁电流，使 $I_f>I_{f0}$ 时，则 $\dot{E}_{02}>\dot{E}_{01}$，此时电枢电流 $\dot{I}_2$ 滞后于端电压。电枢电流 $\dot{I}_2$ 中除有功分量 $I_2\cos\varphi_2$ 外，还出现一个滞后的无功分量 $I_2\sin\varphi_2$，即输出一个感性的无功功率。此状态下的励磁称为“过励”状态。

（3）当减小励磁电流，使 $I_f<I_{f0}$ 时，则 $\dot{E}_{03}<\dot{E}_{01}$，此时电枢电流 $\dot{I}_3$ 滞后于端电压。电枢电流 $\dot{I}_3$ 中除有功分量 $I_3\cos\varphi_3$ 外，还出现一个超前的无功分量 $I_3\sin\varphi_3$，即输出一个容性的无功功率。此状态下的励磁称为“欠励”状态。如果进一步减小励磁电流，空载电动势将更小，功率角将增大，当 δ=90° 时，发电机达到稳定运行的极限状态。若再进一步减小励磁电流，发电机将将不能稳定运行。

综上所述，在保持原动机输入功率不变时，通过调节励磁电流可以达到调节同步发电机无功功率的目的。当从某一“欠励”状态开始增加励磁电流时，发电机输出超前的无功功率开始减少，电枢电流中的无功分量也开始减少。达到“正常励磁”状态时，发电机输出的无功功率为零，电枢电流中的无功分量也变为零。此时，如果继续增加励磁电流，发电机将输出滞后性的无功功率，电枢电流中的无功分量又开始增加。

3.4 同步发电机的异常运行与突然短路

3.4.1 同步发电机不对称运行

同步发电机是根据在对称负载下长期运行来设计制造的，因而在使用时应尽量使同步电机在对称情况下运行。但是有时会遇到某些原因导致同步发电机出现不对称运行，例如同步发电机接有容量较大的单相负载（如单相电炉，民用电中的照明与家用电器，工业中的电气铁轨采用单相电源为牵引电机供电），输电线路的单相或两相短路，断路器或隔离开关一相未合上等，上述情况都将造成负载不对称，使发电机在不对称负载下运行。同步发电机的不对称运行属于异常运行状态，即介于正常和具有破坏性的事故运行之间的一种运行状态。

3.4.1.1 不对称运行分析

在不对称负载情况下运行，同步发电机的电枢电压和电枢电流都会出现三相不对称现象，使得接到电网的变压器和电动机运行情况变坏、效率降低。同时，也对发电机本身以及电网带来不良影响，因此对同步发电机的不对称负载的程度有一定的限制。

同步发电机不对称运行时，电机中包括正序、负序和零序分量。不计饱和时，三相不对称运行时可采用对称分量法将不对称电压和不对称电流分解为正序、负序和零序三个对称系统，在不同相序中取其中一相的等效电路进行分析。

1．相序电动势

转子励磁磁场按规定的正方向旋转，在定子绕组中产生的三相感应电动势定为正序，由于结构的对称性显然为对称正序电动势。但如果带不对称负载时，则为不对称运行。由于发电机不存在反转的转子励磁磁场，所以不会有负序电动势与零序电动势。

2．相序阻抗

1）正序阻抗

转子通入励磁电流正向同步旋转时，电枢绕组中所产生的正序三相对称电流所遇到的阻抗即为正序阻抗。因此正序阻抗实质上是同步发电机正常运行时的同步阻抗。对于隐极同步发电机即

$$Z_+ = R_+ + \mathrm{j}x_+ = R_\mathrm{a} + \mathrm{j}x_\mathrm{t}$$

式中 Z_+——正序阻抗；

R_+——正序电阻；

x_+——正序电抗。

对于凸极同步发电机，由于气隙不均匀，数值大小取决于正序旋转磁场与转子的相对位置。当发生三相对称稳态短路时，忽略的电枢电阻，正序电抗等于 x_d 的不饱和值。

2）负序阻抗

当转子正向同步旋转、励磁绕组短路、电枢加上一组对称的负序电压时，负序电枢电流所遇到的阻抗称为负序阻抗。

负序电枢磁场的转速为同步速，但其转向与转子的转向相反，以 $2n_1$ 速度切割转子上的励磁绕组和阻尼绕组，而产生两倍频率的感应电动势和电流。由于凸极同步发电机转子结构不对称，直轴、交轴上的磁路和电路系统不相同，因此对应的负序阻抗与等效电路也不相同。当负序磁场的轴线和转子直轴重合时，忽略铁损耗等效电路如图 3-37（a）所示。当负序磁场轴线和转子交轴重合时，其等效电路如图 3-37（b）所示。在凸极同步发电机中，负序磁场与交轴重合时为交轴负序电抗 $x_{\mathrm{q}-}$，负序磁场与直轴重合时为直轴负序电抗 $x_{\mathrm{d}-}$，因此负序电抗值是变化的，一般取二者的平均值作为负序电抗值，即

$$x_- = \frac{x_{\mathrm{q}-} + x_{\mathrm{d}-}}{2}$$

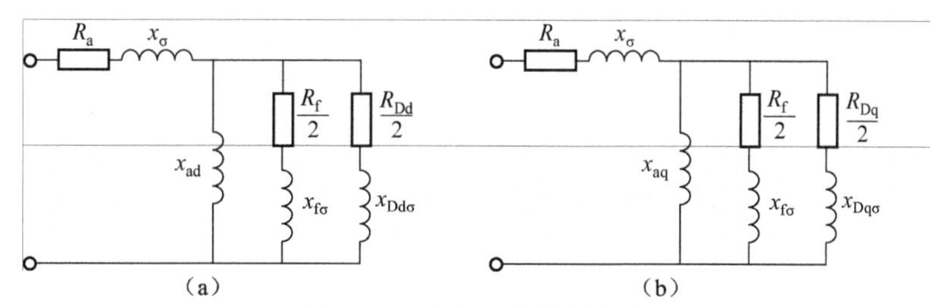

图 3-37　负序阻抗等效电路

（a）负序磁场轴线正对 d 轴　（b）负序磁场轴线正对 q 轴

3）零序阻抗

当转子正向同步旋转、励磁绕组短接，电枢绕组产生零序电流，该电流所遇到的阻抗称为零序阻抗。由于各相零序电流大小相等、相位相同，流过三相绕组产生的各相磁动势在空间互差 120° 电角度，则三相合成基波磁动势为零，不形成旋转磁场。因而零序电流只产生定子漏磁通，零序电抗实质上为一漏电抗。

与零序漏电抗相似，零序电抗的大小与绕组的节距有关。对于单层和双层整距绕组，每槽内线圈边中电流方向总是相同的，故零序电抗等于正序漏电抗，即 $x_0 = x_\sigma$。对于双层短距绕组，有一些槽的上、下层线圈边不同相，流过绕组的电流大小相等、方向相反，槽的零序漏磁通互相抵消，因此零序电抗小于正序漏电抗，即 $x_0 < x_\sigma$。

3．**相序电动势方程式和等效电路**

1）正序分量

$$\dot{E}_{0A} = \dot{E}_{A+} = \dot{U}_{A+} + j\dot{I}_{A+}Z_{A+}$$

2）负序分量

转子转向只有正转，定子绕组中无负序的励磁电流，因此为无源电路，即 $\dot{E}_{0A} = 0$。其相序电动势方程式为

$$\dot{U}_{A-} + j\dot{I}_{A-}Z_{A-} = 0$$

（3）零序分量

定子绕组中也不存在零序励磁电势，零序电路也为无源电路，即 $\dot{E}_{0A} = 0$。其相序电动势方程式为

$$\dot{U}_{A0} + \dot{I}_{A0}Z_0 = 0$$

根据上述各式，可得同步发电机各序等效电路，如图 3-38 所示。

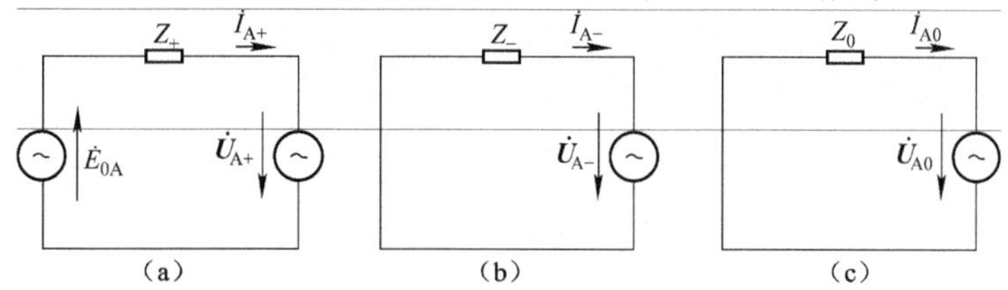

图 3-38　同步发电机各序等效电路

（a）正序等效电路　（b）负序等效电路　（c）零序等效电路

3.4.1.2　不对称运行对发电机的影响

不对称运行对发电机的影响主要有两方面：使转子表面局部过热，引起发电机振动。

1．转子表面局部过热

当发电机不对称运行时，在发电机中会有正序、负序、零序三组对称分量电流产生。负序电流在定、转子气隙中建立一个以同步转速旋转、方向与转子转向相反的旋转磁场（负序旋转磁场），以 $2n_1$ 的转速切割转子，在转子铁芯中感应两倍工频电流，由于转子结构不对称，两倍工频电流在转子上分布不均匀，造成在转子表面和大齿横向槽两侧的电流密度较大，容易出现局部温度升高、过热。

另外，转子上感应的两倍工频电流，不仅沿转子轴向分布，还有径向分布，在转子表面形成环流。电流流经护环及其嵌装表面，槽楔与齿的搭接处等部位时，由于各部位的接触电阻较大，也容易出现高温和过热，这些高温和过热点很可能发生转子局部烧损。由于凸极发电机没有护环，就不存在上述问题，所以水轮发电机较汽轮发电机可允许较高的不对称度。

2．引起发电机振动

在不对称负载运行时，负序磁场以两倍同步速旋转与正序主极磁场相互作用而产生100 Hz 的交变电磁转矩。该转矩同时作用在转子和定子铁芯上，引起机组的振动并产生噪声。凸极发电机由于直轴和交轴磁阻不同，交变的电磁转矩作用于机组振动更严重。

同步发电机承受振动的能力取决于其结构。铸造机座比较耐振，而焊接机座承受振动的能力较差，因为焊缝容易开裂。

综上所述，汽轮发电机不对称度的允许值由发热条件决定，而水轮发电机不对称的允许值由振动条件决定。按国家标准规定，在额定负载连续运行时，汽轮发电机三相电流之差不得超过额定值的 8%，水轮发电机和同步补偿机的三相电流之差不得超过额定值的12%，同时任一相的电流不得大于额定值。

3.4.1.3 防止措施

根据以上分析可知，不对称运行时对同步发电机产生的不良影响的主要原因是负序电流建立的反转磁场，因此要减少不对称运行的不良影响，就必须尽量减小负磁场的作用。因此在同步发电机的转子上安装阻尼绕组，阻尼绕组由于电阻和漏抗小，又安装在极靴表面，将产生较大的感应电流，其形成的磁场能有效地削弱反转磁场。阻尼绕组的漏阻抗越小，其阻尼作用就越强，反转磁场就越被削弱。另外，阻尼绕组使发电机的负序电抗变小，使得不对称运行引起的电压不对称程度减小，从而进一步改善不对称运行带来的不良影响。

3.4.2 同步发电机的失磁运行

同步发电机在运行中由于某种原因使得励磁磁场消失而继续运行的方式，称为发电机的失磁运行。

3.4.2.1 导致同步发电机失磁的原因

同步发电机失磁是指发电机的励磁电流突然消失或部分消失的现象。同步发电机失磁故障是电力系统常见故障之一，特别是对于大型机组，励磁系统的环节较多，造成励磁回路短路或者开路故障的概率较大。同步发电机的失磁故障主要由以下原因引起：

（1）转子绕组故障；
（2）直流励磁机磁场绕组断线；
（3）运行中的发电机灭磁开关误跳闸；
（4）磁场变阻器接触不良，或者整流子严重打火；
（5）自动调节励磁装置故障或误操作等原因造成励磁回路断路；
（6）励磁绕组断线，常见的断线位置是凸极电机励磁绕组两个线圈之间的连接处。

3.4.2.2 失磁运行时的物理过程

同步发电机正常运行时，原动机输入的驱动转矩与电磁转矩相平衡，发电机以同步速稳定运行。当发电机失磁时，励磁磁场逐渐衰减，电磁转矩逐渐减小。而当电磁转矩小于驱动转矩时，将使电机转速升高，发电机与系统失去同步，发电机变成异步运行。此时，从原来向系统输出无功功率变成从系统吸收大量的无功功率，发电机的转速将高于系统的同步转速，即有了转差率 s。

此时由定子电流所产生的旋转磁场将在转子表面、阻尼绕组及励磁线圈中感应出频率与转差率相应的交流电流和电动势，该转子表面感应电流与定子磁场作用产生另一种电磁转矩，称之为异步转矩，是制动性质的转矩。当异步转矩与原动机转矩达到新的平衡时，发电机进入稳定的异步运行状态。由于该稳定状态是在调速器作用下减小原动机输入功率后达到的，因此电机从电网中吸收感性无功功率以建立气隙磁场，同时向电网输送比失磁前较少的有功功率，此时发电机输出的有功功率称为异步功率。在无励磁运行状态下，发电机能输出有功功率的大小与转差率 s 有关，同时还与原动机调速率特性有关。

3.4.2.3 失磁运行的不良影响

1．对发电机的影响

当发电机失磁异步运行后，定子磁场将在转子的阻尼绕组、转子体表面、转子绕组中产生差频电流，引起附加温升。该电流在槽楔与齿壁之间、槽楔与套箍之间以及齿与套箍的接触面上，都可能引起局部高温，产生严重的过热现象，从而危及转子的安全。同时定子电流增大，使定子绕组损耗增大，也将引起发电机的温度升高。

2．对电网的影响

发电机失磁以后，向电网输出的有功功率大为减少，同时从电网中吸收大量无功功率，其数值可接近和超过额定容量，造成电网的电压水平下降。当失磁发电机容量在电网中所占比重较大时，会引起电网电压水平的严重下降，甚至引起电网振荡和电压崩溃，造成大面积的停电事故。这时，失磁电机应靠失磁保护动作或立刻从电网中解列，停机检查。当失磁发电机在电网容量中所占比重较小时，电网可供其所需的无功功率而不致使电网电压降得过低，失磁发电机可不必立即从电网解列。

3.4.2.4 无励磁运行时表计的指示变化与原因

发电机控制盘上有用以监视电机运行的各种表计。发电机失磁后，表计指示的变化反映电机内部电磁关系的变化。

1．转子电流表的指示为零或接近于零

当发电机失去励磁后，转子电流迅速衰减，其衰减程度与失磁原因及励磁回路情况有关。当励磁回路开路时，转子电流表指示为零；当励磁回路短路或经灭磁电阻闭合时，转子回路有交流电流通过，直流电流表有指示，但指示值很小（接近于零）。

2．定子电流表的指示升高并摆动

失磁后的发电机进入异步运行状态时，既向电网输出有功功率，又从电网吸收很大的无功功率，因此定子电流升高，造成电流表指示值的上升。摆动是由于转子回路中有差频脉动电流所引起的，摆动的幅度与励磁回路电阻的大小及转子构造等因素有关。

3．有功功率表的指示降低并摆动

异步运行发电机的有功功率的指示平均值比失磁前略有降低，原因是机组失磁后，转速升高，这时调速系统自动使汽门或导水翼开度关小，以调整转速。所以原动机输入的转矩减小，输出有功功率减小，则有功功率表指示降低。有功功率降低的程度和大小，与汽轮机的调整特性以及该发电机在某一转差下所产生的异步力矩的大小有关。有功功率表摆动的原因与定子电流表的摆动原因一样。

4．发电机的母线电压表降低并摆动

发电机失磁后，需向系统吸收感性的无功电流来建立定子磁场，定子电流增大，线路压降增大，导致母线电压下降。电压表指示摆动的原因是由于电流摆动引起的。如发电机带 50%额定功率时，6.3 kV 母线电压平均值约为失磁前的 78%，最低值达 72%。

5．无功功率表指示为负值，功率因数表示指示进相

失磁后的发电机的无功功率，由输出变为输入而发生了反向，发电机进入定子电流超前于电压的进相运行状态。

3.4.2.5 发生发电机无励磁异步运行时的处理原则

对于发电机发生失磁后的处理方法，各厂结合实际试验数据一般都有具体的规定。原则上应根据以下两方面。

（1）对于不允许无励磁运行的发电机应立即从电网上解列，以避免损坏设备或造成系统事故。

（2）对于允许无励磁运行的发电机应按无励磁运行规定执行，一般进行以下操作：

① 迅速降低有功功率到允许值（本厂失磁规定的功率值与表计摆动的平均值相符合），此时定子电流将在额定电流左右摆动；

② 手动断开灭磁开关，退出自动电压调节装置和发电机强行励磁装置；

③ 注意其他正常运行的发电机定子电流和无功功率值是否超出规定，必要时按电机允许过负荷规定执行；

④ 对励磁系统进行迅速而细致的检查，如果为工作励磁机问题，应迅速启动备用励磁机恢复励磁；

⑤ 注意厂用分支电压水平，必要时可倒至备用电源；

⑥ 在规定无励磁运行的允许时间内，如果仍不能使机组恢复励磁，则应该将发电机自系统解列。

发电机失磁后短时间内采用异步运行方式，继续与电网并列且输出一定有功功率，对于保证机组和电网安全、减少负荷损失均具有重要意义。在实际的机组运行过程中，运行人员应结合失磁时的各种现象作出准确判断和果断处理，确保机组的安全、稳定、经济地运行。

3.4.3　同步发电机的三相突然短路

同步发电机发生突然短路的过渡过程虽然很短，但短路电流的峰值可达额定电流的十倍以上，因而在电机内产生很大的电磁力和电磁转矩，严重时可能损坏定子绕组端部的绝缘并使转轴、机座发生变形。

同步发电机的突然短路是指发电机在原来正常稳定运行的情况下，发电机出线端发生三相突然短路。发电机从原来的稳定运行状态过渡到稳定短路状态，该过渡过程包括次暂态（有阻尼绕组）、暂态和稳态短路三个阶段。

突然短路时，定子电流在数值上发生急剧变化，电枢反应磁通也随之变化，并在转子的励磁绕组和阻尼绕组中感应电动势和感应电流，转子各绕组的感应电流将建立各自的磁场，又反过来影响电枢磁场。这种定子和转子绕组之间的互相影响，致使在短路过程中，定子绕组的电抗小于稳态同步电抗，从而导致定子电流剧增，并且是一个随时间衰减的电流，这就是突然短路暂态过程的特点。

3.4.3.1　突然短路定子绕组的电抗的变化

为简化分析，假设几个方面：不考虑机械过渡过程，只考虑电磁过渡过程，电机的转速保持为同步速不变；电机的磁路不饱和，可以利用叠加原理；不考虑强励的情况，发生短路后，励磁系统的励磁电流始终保持不变；突然短路前发电机为空载运行，突然短路发生在发电机的出线端。此时励磁绕组和阻尼绕组仅交链励磁磁通 Φ_0。图 3-39 为无阻尼绕组同步发电机正常稳态运行时横轴磁通和纵轴磁通示意图。

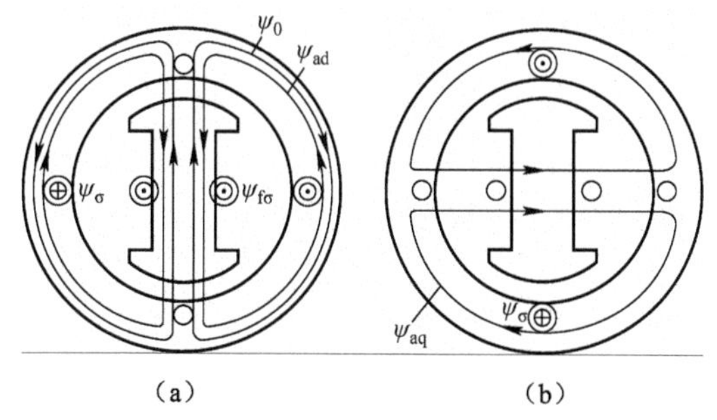

图 3-39　无阻尼绕组同步发电机正常稳态运行时磁通分解示意图

（a）纵轴方向　（b）横轴方向

1．直轴次暂态电抗 x''_d

发生三相突然短路时，电枢电流和电枢磁通会突然变化，突然变化的直轴电枢反应磁

通 ψ_{ad} 要穿过转子绕组，但励磁绕组及阻尼绕组交链的磁通不能突变，故感应电流产生的磁通抵消磁通 ψ_{ad} 的变化，从而维持原来的磁通不变。因此磁通 ψ_{ad} 的路径如图 3-40（a）所示，相当于 ψ_{ad} 被挤出，从阻尼绕组和励磁绕组外侧的漏磁路通过，该磁通为次暂态磁通。忽略铁芯的磁阻，此时磁路的磁阻包括气隙磁阻、励磁绕组漏磁路磁阻和阻尼绕组漏磁路磁阻。

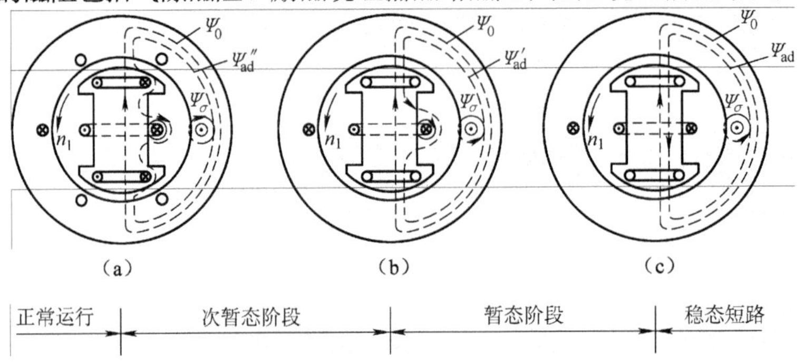

图 3-40　突然短路的过渡过程

（a）次暂态时的直轴磁链情况　（b）暂态时的直轴磁链情况　（c）稳态短路时的直轴磁链情况

因此，相对应的直轴次暂态电抗为

$$x''_d = x''_{ad} + x_\sigma ,$$

而

$$x''_{ad} = \frac{1}{\dfrac{1}{x_{ad}} + \dfrac{1}{x_{f\sigma}} + \dfrac{1}{x_{D\sigma}}}$$

其中 $x_{f\sigma}$、$x_{D\sigma}$ 分别为励磁绕组和阻尼绕组的漏电抗。其等效电路如图 3-41（a）所示，显然直轴次暂态电抗比直轴同步电抗小得多，所以此时的短路电流很大，其值可达额定电流的 10～20 倍。

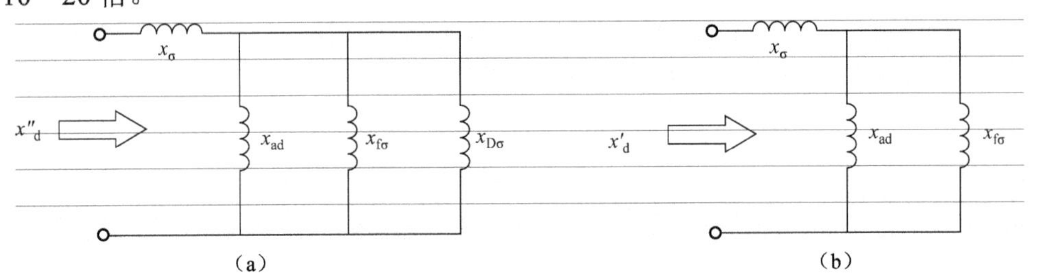

图 3-41　直轴电抗的等效电路

（a）直轴次暂态电抗的等效电路　（b）直轴暂态电抗的等效电路

2．直轴暂态电抗 x'_d

由于同步发电机的各绕组都有电阻存在，因此阻尼绕组和励磁绕组中因短路而引起的感应电流分量都会随时间衰减为零。由于阻尼绕组匝数少、电感小，感应电流衰减很快；而励磁绕组匝数多、电感较大，感应电流衰减较慢。可近似认为阻尼绕组中感应电流衰减为零后，励磁绕组中的感应电流才开始衰减。此时电枢磁通可穿过阻尼绕组，但仍被挤在励磁绕组外侧的漏磁路，成为暂态磁通，发电机进入暂态过程。

如图 3-41（b）所示，此时磁路的磁阻包括气隙磁阻、励磁绕组漏磁路磁阻，因此相对应的直轴暂态电抗为 $x'_{d}=x'_{ad}+x_{\sigma}$，而 $x'_{ad}=\dfrac{1}{\dfrac{1}{x_{ad}}+\dfrac{1}{x_{f\sigma}}}$。其等效电路如图 3-42（b）所示，显然直轴暂态电抗比直轴同步电抗小，比次暂态电抗大，所以此时的短路电流有所减小，但仍然很大。

当励磁绕组中感应电流衰减为零后，只有励磁电流 I_f 存在，电枢反应磁通穿过阻尼绕组和励磁绕组的瞬间，如图 3-40（c）所示，发电机进入稳态短路状态，过渡过程结束。这时发电机的电抗就是稳态运行的直轴同步电抗，突然短路电流也衰减到稳态短路电流值。

3．**交轴次暂态电抗 x''_{q} 与交轴暂态电抗 x'_{q}**

如果发电机通过负载而短路，则短路电流产生的电枢磁场不仅有直轴分量还会有交轴分量。由于交轴方向没有励磁绕组，则交轴方向的磁路和电抗有所不同。交轴次暂态电抗为 $x''_{q}=x''_{aq}+x_{\sigma}$，而 $x''_{aq}=\dfrac{1}{\dfrac{1}{x_{aq}}+\dfrac{1}{x_{D\sigma}}}$。交轴暂态电抗为 $x'_{q}=x'_{aq}+x_{\sigma}=x_{q}$，由于无励磁绕组，等效电路如图 3-42 所示。

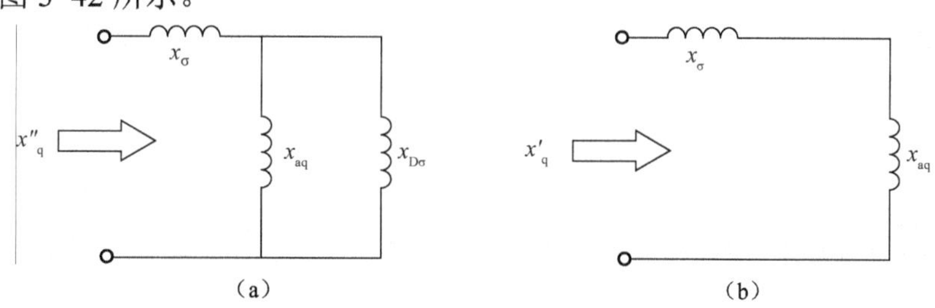

图 3-42　交轴电抗的等效电路

（a）交轴次暂态电抗的等效电路　（b）交轴暂态电抗的等效电路

3.4.3.2　突然短路电流

三相短路最初瞬间，由于各相绕组要保持原来的磁通不变，因而定子绕组与转子绕组均有感应电流产生，又由于各绕组都有电阻，所以这些感应电流均会衰减，并且各绕组电流最后衰减为各自的稳态值。定子绕组中的感应电流包括维持短路初瞬磁通不变的非周期分量和用以抵消转子电流在定子中产生的周期分量，其中非周期分量与短路时刻有关。

定子电流的周期分量的最大值为 $I''_{m}=\dfrac{E_{om}}{x''_{d}}$。当阻尼绕组中感应电流衰减为零后，电枢磁通穿过阻尼绕组，电流幅值变为 $I'_{m}=\dfrac{E_{om}}{x'_{d}}$，该过程的衰减速度取决于阻尼绕组的时间常数。当励磁绕组中感应电流衰减为零后，到达稳态短路，电枢磁通穿过阻尼绕组和励磁绕组，电流幅值变为 $I_{m}=\dfrac{E_{om}}{x_{d}}$，该过程的衰减速度取决于励磁绕组的时间常数。短路电流衰减过程如图 3-43 所示。

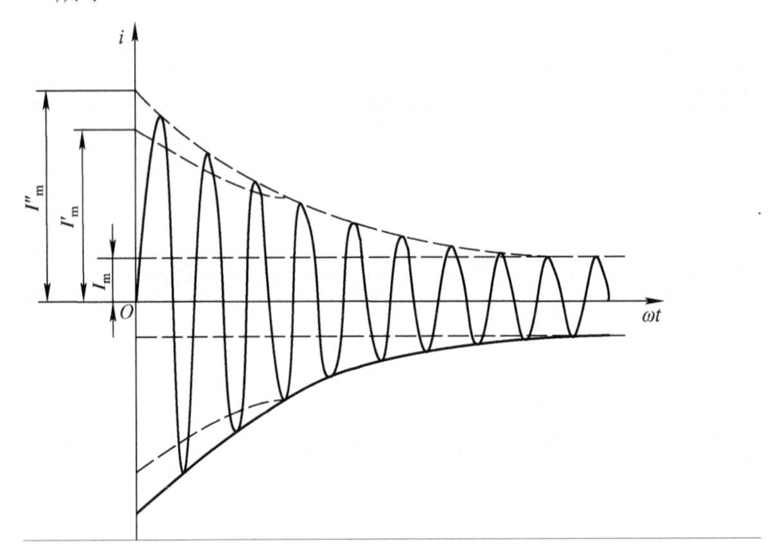

图 3-43　有阻尼绕组的同步发电机突然短路的电流波形

3.4.3.3　突然短路对电机的影响

1．定子绕组端部承受巨大电磁力的冲击

突然短路发生时，冲击电流产生巨大的电磁力，对绕组端部容易造成破坏。发电机突然短路会使定子绕组的端部受到很大的电磁力的作用，这些电磁力包括定子绕组端部和转子励磁绕组端部之间的作用力 F_1、定子绕组端部和定子铁芯之间的吸力 F_2、相邻定子绕组端部之间的作用力 F_3，如图 3-44 所示。以上这些电磁力的作用使得定子绕组端部弯曲，如果端部紧固不良，则在发生突然短路时端部会受到损伤。

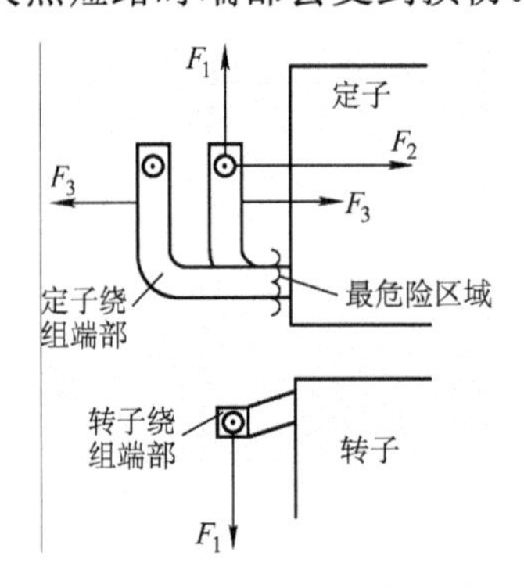

图 3-44　突然短路时定子、转子绕组端部间的作用力

2．转轴受巨大电磁转矩的冲击

突然短路时，气隙磁场变化不大，但定子电流却增加很多，因此将产生巨大的电磁转矩。根据产生的原因，电磁转矩可分为两类：一类是短路后供定子、转子绕组中电阻有功损耗所产生的单向冲击转矩；另一类是定子短路电流所建立的静止磁场与转子主极磁场相互作用引起的交变转矩，其方向每半个周期改变一次，轮换为制动和驱动性质的转矩，会引起电机的振动。

3．绕组发热

突然短路时，各绕组都出现较大电流，而使铜损耗很大，所产生的热量使绕组温升增加。但由于短路电流衰减较快，电机热容量较大，有时过电流保护装置又很快使开关跳闸，因此各绕组的温升实际增加的并不多。

3.4.4　同步发电机常见故障

发电机在运行中会不断受到振动、发热、电晕等各种机械力和电磁力的作用，同时由于设计、制造、运行管理以及系统故障等原因，常常引起发电机温度升高、转子绕组接地、定子绕组绝缘损坏、励磁机碳刷打火、发电机过负载等故障。了解同步发电机运行中的一些常见故障及措施，有利于提高发电机运行中的日常维护水平。

3.4.4.1　发电机非同期并列

同步发电机采用准同步法并联操作时，应满足准同步法并联条件，如果由于操作不当或其他原因，并列时没有满足条件，发电机就会出现非同期并列，可能使发电机损坏，并对系统造成强烈的冲击，因此应注意防止此类故障的发生。

当待并发电机与系统的电压不相同，其间存有电压差时，在并列时就会产生一定的冲击电流。一般当电压相差在±10%以内时，冲击电流不太大，对发电机影响不大。如果并列时电压相差较多，特别是大容量电机并列时，如果其电压远低于系统电压，则在并列时除了产生很大的电流冲击外，还会使系统电压下降，可能使事故扩大。一般在并列时，应使待并发电机的电压稍高于系统电压。

如果待并发电机电压与系统电压的相位相差很大时，冲击电流和同期力矩将很大，可能达到三相短路电流的两倍，它将使定子绕组和转轴承受很大的冲击力，可能造成定子端部绕组严重变形、联轴器螺栓被剪断等严重后果。

为防止非同期并列，有些厂在手动准同期装置中加装电压差检查装置和相角闭锁装置，以保证在并列时电压差、相角差不超过允许值。

3.4.4.2　发电机温度升高

发电机三相负荷不平衡超过允许值时，会使转子温度升高，此时应立即降低负荷，并设法调整系统已减少三相负荷的不对称度，使转子温度降到允许范围之内。

转子温度和进风温度正常，而定子温度异常升高，可能是定子温度表失灵。测量定子温度用的电阻式测温元件的电阻值有时会在运行中逐步增大，甚至开路，这时会出现某一点温度突然上升的现象。

当进风温度和定子、转子温度都升高，表明冷却水系统发生了故障，这时应立即检查空气冷却器是否断水或水压太低。当进风温度正常而出风温度异常升高，表明通风系统失灵，这时必须停机进行检查。有些发电机组通风道内装有导流挡板，如果操作不当就可能使风路受阻，这时应检查挡板的位置并纠正。

3.4.4.3　发电机定子绕组损坏

发电机由于定子绕组绝缘击穿，接头开焊等情况将会引起接地或相间短路故障。当发电机发生相间短路故障或在中性点接地系统运行的发电机发生接地时，由于在故障点通过大量电流，将引起系统突然波动，同时在发电机旁可以听到强烈的响声，视察窗外可以看见电弧的火光，这时发电机的继电保护装置将立即动作，使主开关、灭磁开关和危急遮断器跳闸，发电机停止运行。

对于在中性点不接地的系统中运行的发电机，发生定子绕组接地故障时，发电机的接地保护装置动作报警。运行人员应立即查明接地点，如接地点在发电机内部，则应立即采取措施，迅速将其切断。如接地点在发电机外部，则应迅速查明原因，并将其消除。

对于容量 15 MW 及以下的汽轮机，当接地电容电流小于 5 A 时，在未消除故障前，允许发电机在电网一点接地情况下短时间运行，但不超过 2 小时；对容量或接地电容电流大于上述规定的发电机，当定子回路单相接地时，应立即将发电机从电网中解列，并断开励磁。

发电机在运行中，有时运行人员没有发现系统的突然波动，但发电机因差动保护动作使主断路器跳闸，这时值班人员应检查灭磁开关是否也已跳闸。若由于操作机构失灵没有跳闸时，应立即手动将其跳闸，并把磁场变阻器调回到阻值最大位置，将自动励磁调解装置停用，然后对差动保护范围内的设备进行检查，当发现设备有烧损、闪烙等故障时应立即进行检修。

发现任何不正常情况时，应用 2 500 V 摇表测量一次回路的绝缘电阻，如测得的绝缘电阻值换算到标准温度下的阻值比以往测量的数值下降 1/5 以下，就必须查明原因，并设法消除故障。如测得的绝缘电阻值正常，则发电机可经零起升压后并网运行。

3.4.4.4 发电机转子绕组接地

发电机转子因绝缘损坏、绕组变形、端部严重积灰时，都将会引起发电机转子接地故障。转子绕组接地分为一点接地和两点接地。当转子绕组一点接地时，线匝与地之间尚未形成电气回路，因此故障点没有电流通过，各种表计指示正常，励磁回路仍能保持正常状态，只是继电保护信号装置发出“转子一点接地”信号，其发电机可以继续运行。但转子绕组一点接地后，如果转子绕组或励磁系统中任一处再发生接地，就会造成两点接地。

转子绕组发生两点接地故障后，部分转子绕组被短路，因为绕组直流电阻减小，所以励磁电流将会增大。如果绕组被短路的匝数较多，就会使主磁通大量减少，发电机向电网输送的无功功率显著降低，发电机功率因数增加，甚至变为进相运行，定子电流也可能增大，同时由于部分转子绕组被短路，发电机磁路的对称性被破坏，将引起发电机产生剧烈的振动。

为了防止发电机转子绕组接地，运行中要求每个班值班人员均应通过绝缘监视表计测量一次励磁回路绝缘电阻，若绝缘电阻低于 0.5 MΩ，值班人员必须采取措施。对运行中励磁回路可能清扫到的部分进行吹扫，使绝缘电阻恢复到 0.5 MΩ以上，当转子绝缘电阻下降到 0.01 MΩ时，就应视作已经发生了一点接地故障。

当转子绕组发生一点接地故障后，就应立即设法消除，以防止发展成两点接地。如果是稳定的金属性接地故障，而一时没有条件安排检修时，就应投入转子两点接地保护装置，以防止发生两点接地故障后，烧损转子，使事故扩大。

转子绕组发生匝间短路故障时，情况与转子两点接地相同，但一般这时短路的匝数不多，影响没有两点接地严重。如果转子两点接地保护装置投入时，则它的继电器也将动作，此时应立即切断发电机主断路器，使发电机与系统解列并停机，同时切断灭磁开关，把磁场变阻器放在电阻最大位置，待停机后对转子和励磁系统进行检查。

小　　结

1. 同步发电机对称负载运行时，电枢磁动势的基波对主极磁场基波的影响称为电枢反应。电枢反应性质取决于负载的性质和电机内部的参数。

2. 同步发电机电动势方程式是描述电机各物理量之间相互关系的一种表达形式。相量图是各种磁动势单独作用产生各自的磁通及电动势，利用叠加原理作出的，主要作定性分析。

3. 表征同步发电机稳定运行性能的主要数据和参数有：短路比、直轴和交轴同步电抗、漏电抗。短路比是表征发电机静态稳定度的一个重要参数，而各个电抗参数则用于定量分析电机稳定运行状态的数据。

4. 同步发电机的特性主要有外特性和调整特性。外特性反映负载变化而不调节励磁时端电压的变化情况，调整特性反映的是负载变化时，为保持端电压恒定，励磁电流的调整规律。

5. 同步电机的主要特点是电枢电流的频率与转速之间的严格不变的关系，而直流电机和异步电机的转速是可以变动的。另外，同步电机基本上采用旋转磁极式，而直流电机却是旋转电枢式。

6. 汽轮发电机的结构形式主要是由于转速高和容量大的特点，因此必须采用隐极结构，且转子直径小，各零部件机械强度要求高。

7. 由于水轮机多为立式低转速的，因此水轮发电机一般采用立式凸极结构，且极数多，体积较大。

8. 同步发电机的发展方向为单机容量不断增大，冷却方式、冷却介质和电机所用材料不断改进。

9. 同步发电机投入并联运行的方法有准同步法和自同步法。正常情况下采用准同步法，电力系统故障的情况采用自同步法。

10. 功角特性反映同步发电机的有功功率与电机内各物理量之间的关系。功角 δ 在 $0°\sim\delta_{max}$（极限功率对应的功角）范围内时，同步发电机是静态稳定的。静态稳定性与励磁电流、发电机的同步电抗及所带有功功率情况有关。

11. 并联于无穷大容量的电力系统运行的同步发电机，若要调节其输出的有功功率，就应调节原动机输入的机械功率来改变功角，使之按功角特性关系输出有功功率。在调节有功功率同时，由于功率角 δ 的改变，即使励磁电流不变，无功功率的输出也有改变。

12. 并列于无穷大容量的电力系统运行的同步发电机，调节励磁电流，就能调节输出的无功功率。仅调节励磁电流时，同步发电机输出的有功功率不变，但会影响发电机的静态稳定性。

V 形曲线是反映当保持同步发电机输出有功功率不变时，定子电流随励磁电流变化的关系曲线。

13. 三相同步电机的不对称稳定运行采用对称分量法分析。正序阻抗就是对称运行时的同步电抗。在一定的定子负序磁动势下，由于转子感应电流起着削弱负序磁场的作用，使得定子绕组中的感应电动势减小，因此负序电抗小于正序电抗。零序电流不建立基波气隙磁通，因此零序电抗的性质是漏电抗。

14. 不对称运行对电机的主要影响是转子发热和电机振动。如发电机转子采用较强的阻尼系统可以改善这种情况。

15. 同步发电机失磁时，电机转速高于同步速，发电机处于异步运行状态。同步发电机的失磁运行将引起发电机温度升高，同时系统无功功率的不足致使电压水平降低。对于不允许无励磁运行的发电机应立即从电网上解列。对于允许无励磁运行的发电机，应在规定无励磁运行的允许时间内使机组恢复励磁，否则也应该将发电机自系统解列。

16. 发电机突然短路时，励磁绕组和阻尼绕组感应出对电枢反应磁通起抵制作用的电流，使电枢反应磁通被挤到励磁绕组和阻尼绕组的漏磁路上，其磁路的磁阻比稳态运行时的主磁路磁阻增大很多，因此次暂态电抗 x_d'' 和暂态电抗 x_d' 比稳态电抗 x_d 小得多，使得突然短路电流比稳定短路电流大很多倍。

由于突然短路电流很大，一般可达额定电流 20 倍左右，将产生很大的电磁力和电磁转矩，因此同步发电机的设计、制造和运行都必须考虑，避免造成严重事故。

思考题与习题

1. 试比较三相对称负载时同步发电机的电枢磁动势和励磁磁动势的性质，它们的大小、位置和转速各由哪些因素决定的？

2. 保持转子励磁电流不变，定子电流 $I=I_N$，发电机转速一定，试根据电枢反应概念，比较空载、带电阻负载、带电感负载、带电容负载时发电机端电压的大小。为保持发电机端电压为额定值，应如何调节？

3. 同步电抗对应什么磁通？它的物理意义是什么？

4. 为什么隐极同步发电机只有一个同步电抗 x_t，而凸极同步发电机有交轴同步电抗 x_q 和直轴同步电抗 x_d 之分？

5. 同步发电机短路特性曲线为什么是直线？当 $I_k = I_N$ 时，励磁电流已处于空载特性曲线的饱和段，为什么此时求得的 x_d 却是不饱和值，而在正常负载下却是饱和值？

6. 负载大小的性质对发电机外特性和调整特性有何影响，为什么？电压变化率与哪些因素有关？

7. 有一台 $P_N = 25\,000\ \text{kW}$，$U_N = 10.5\ \text{kV}$，Y 连接，$\cos\varphi = 0.8$（滞后）的汽轮发电机，$x_t^* = 2.13$，电枢电阻略去不计。试求额定负载下励磁电动势 E_0 及 $\dot{E}_0$ 与 $\dot{I}$ 的夹角 ψ。

8. 有一台 $P_N = 725\,000\ \text{kW}$，$U_N = 10.5\ \text{kV}$，Y 连接，$\cos\varphi_N = 0.8$（滞后）的水轮发电机，$R_a^* = 0$，$X_d^* = 1$，$X_q^* = 0.554$，试求在额定负载下励磁电动势 E_0 及 $\dot{E}_0$ 与 $\dot{I}$ 的夹角。

9. 试述三相同步发电机准同步并列的条件。为什么要满足这些条件？怎样检验是否满足？

10. 同步发电机并列时，为什么通常使发电机的频率略高于电网的频率？频率相差很大时是否可以？为什么？

11. 说明同步发电机的功角在时间和空间上各有什么含义。

12. 与无穷大电网并联运行的同步发电机，如何调节有功功率？试用功角特性分析说明。

13. 试比较在与无穷大电网并联运行的同步发电机的静态稳定性能：

（1）正常励磁、过励、欠励；

（2）在轻载状态下运行或在重载状态下运行。

14. 与无限大容量电网并联运行的同步发电机如何调节无功功率？

15. 什么是 V 形曲线？什么时候是正常励磁、过励磁和欠励磁？一般情况下发电机在什么状态下运行？

16. 有一台汽轮发电机数据如下：$S_N = 31\,250\ \text{kVA}$，$U_N = 10.5\ \text{kV}$（Y 接法），$\cos\varphi_N = 0.8$（滞后），定子每相同步电抗 $x_t = 7.0\Omega$，而定子电阻忽略不计，此发电机并联运行于无穷大电网。试求：

（1）当发电机在额定状态下运行时，功率角 δ_N 和电磁功率 P_{em} 为多少？

（2）若维持上述励磁电流不变，但输入有功功率减半时，δ_N、电磁功率 P_{em}、$\cos\varphi_N$ 将变为多少？

（3）发电机原来额定运行时，现仅将其励磁电流加大 10%，δ_N、P_{em}、$\cos\varphi_N$ 及 I 将变为多少？

17. 有一台汽轮发电机并联于无穷大电网运行，额定负载时功角 $\delta_N = 20°$，现因电网发生故障，系统电压下降为原来的 60%，若原动机的输入功率不变，试求：

（1）此时功角 δ 为多少？

（2）为使 δ 不超过 25°，则应增加励磁电流使发电机的 E_0 上升为原来的多少倍？

10. 有一台水轮发电机 P_N=3 200 kW，U_N=6 300 V，$\cos\varphi_N$ =0.8（滞后），n_N=300 r/min，$x_d = 9\,\Omega$，$x_q = 6\,\Omega$，该发电机并联于无穷大电网运行，忽略定子绕组电阻，试求：

（1）此发电机在额定运行时的 δ_N 和励磁电动势 E_0；

（2）此发电机在额定运行时电磁功率的基本分量 P'_{em} 和附加分量 P''_{em}；

（3）发电机的最大电磁功率 $P_{em\max}$ 和过载能力 K_m。

18. 水轮发电机与汽轮发电机结构上与什么不同，各有什么特点？

19. 为什么同步电机的气隙比同容量异步电机的气隙大一些？

20. 同步发电机电枢绕组感应电动势的频率、磁极数及同步转速之间有何关系？试求下列电机的极数或转速：

（1）一台汽轮发电机 f=50 Hz，n=1 500 r/min，磁极数为多少？

（2）一台水轮发电机 f=50 Hz，p= 48，转速为多少？

21. 试比较同步发电机各种励磁方式的特点及其使用范围。

22. 有一台 QFS—300—2 的汽轮发电机，U_N=18 kV，$\cos\varphi$=0.8，f_N=50 Hz，试求：（1）发电机的额定电流；（2）发电机在额定运行时能发多少有功和无功功率？

23. 有一台 TS854—210—40 的水轮发电机，P_N=100 MW，U_N=13.8 kV，$\cos\varphi$=0.9，f_N=50 Hz，求：（1）发电机的额定电流；（2）额定运行时能发多少有功和无功功率？（3）转速是多少？

24. 从磁路和电路两个方面来分析同步发电机三相突然短路电流大的原因。

25. 同步发电机三相突然短路时，定子各相电流的直流分量起始值与短路瞬间转子的空间位置是否有关？与其对应的励磁绕组中的交流分量幅值是否也与该位置有关？为什么？

26. 同步发电机三相突然短路时，定子各相电流的交流分量起始值与短路瞬间转子的空间位置是否有关？与其对应的激磁绕组中的直流分量起始值是否也与该位置有关？为什么？

27. 同步发电机三相突然短路时，定子、转子各分量短路电流为什么会衰减？衰减时哪些分量是主动的？哪些分量是随动的？为什么会有此区别？

28. 为什么变压器的 $x_+=x_-$，而同步电机 $x_+ \neq x_-$？

29. 一台汽轮发电机有下列参数：$x_d^* = 1.62$，$x_d'^* = 0.208$，$x_d''^* = 0.126$，$T_d' = 0.74\ \text{s}$，$T_d'' = 0.208\ \text{s}$，$T_a = 0.132\ \text{s}$。设发电机在空载额定电压下发生三相突然短路，试求：

（1）在最不利情况下定子突然短路电流的表达式；

（2）最大冲击电流值；

（3）在短路后经过 0.5 s 时的短路电流瞬时值；

（4）在短路后经过 3 s 时的短路电流瞬时值。

第 4 章
异步电动机

交流旋转电机除了同步电机之外，还有另一种，就是异步电机。异步电机和同步电机不同的是，异步电机的转速与电网的频率之间不存在严格不变的关系。异步电机主要用作电动机，是生产和生活中使用最广泛的一种电动机。据不完全统计，在电网的总负载中，异步电动机占总动力负载的 85%以上。异步电动机之所以获得极其广泛的应用，主要因为它的结构简单，制造、使用和维护方便，运行可靠，价格便宜，效率较高。例如和同容量直流电动机相比，异步电动机的重量仅为直流电动机的一半，而价格仅为直流电动机的三分之一左右。当然异步电动机也有它的缺点，主要是启动性能和调速性能差，运行时必须从电网中吸收滞后的无功功率来建立磁场，使电网的功率因数降低，对电网运行不利，因而它又不能完全取代其他类型电动机。近几年随着电力电子技术、自动控制技术和计算机应用技术的发展，异步电动机的调速性能得到较大的改善，从而使异步电动机得到更加广泛应用。

4.1 异步电动机的基本知识和结构

4.1.1 三相异步电动机的基本结构

异步电动机主要由固定不动的定子和旋转的转子两大部分组成。电机装配时，转子装在定子腔内，定子与转子间有很小的间隙，称为气隙。图 4-1 所示为鼠笼式异步电动机拆开后的结构。

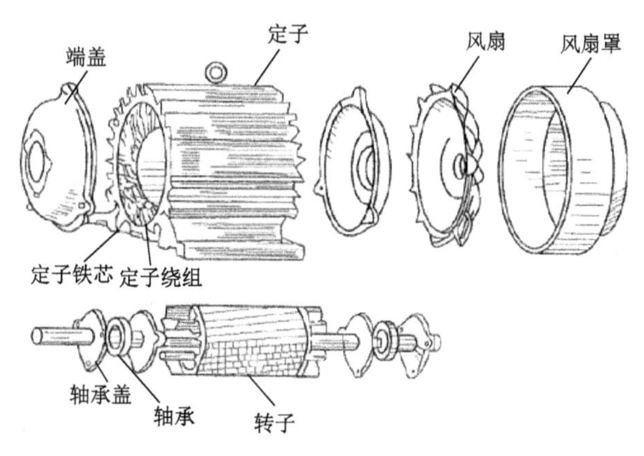

图 4-1　鼠笼式异步电动机的结构

1. 定子部分

异步电动机定子由定子铁芯、定子绕组和机座等部件组成。它的主要作用是产生旋转磁场。

定子铁芯是电机磁路的一部分，为了减小铁芯损耗（涡流损耗和磁滞损耗），定子铁芯一般由厚 0.5 mm 的导磁性能较好、表面具有绝缘层的硅钢片叠压而成。定子铁芯装在机座上，中小型定子铁芯采用整圆冲片，如图 4-2 所示。而大中型电机常采用扇形冲片拼成一个圆。在大容量电机中，为了冷却铁芯，常将定子铁芯分成很多段，每段之间留有径向通风槽，作为冷却空气的通道。

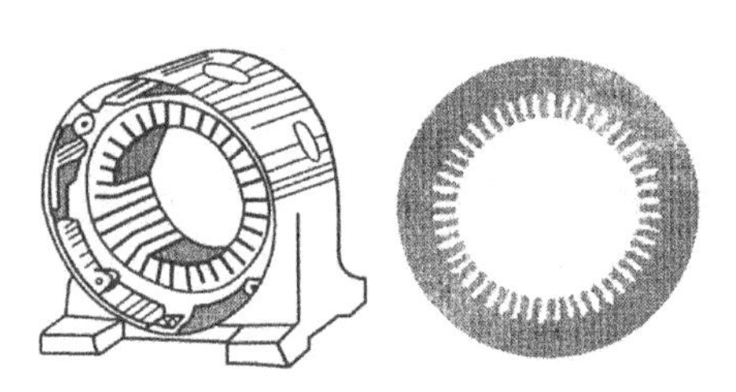

图 4-2　定子机座和铁芯冲片

（a）定子机座　（b）定子铁芯冲片

为了安放定子绕组，在定子铁芯内圆沿轴向均匀地冲有很多形状相同的槽。常用的定子槽有开口槽、半开口槽和半闭口槽三种形式，如图 4-3 所示。开口槽适用于高压大中型异步电动机，其绕组是绝缘带包扎并浸漆处理过的成型线圈；半开口槽适用于低压中型异步电动机，其绕组是成型线圈；半闭口槽适用于低压小型异步电动机，其绕组是由圆导线绕成的。

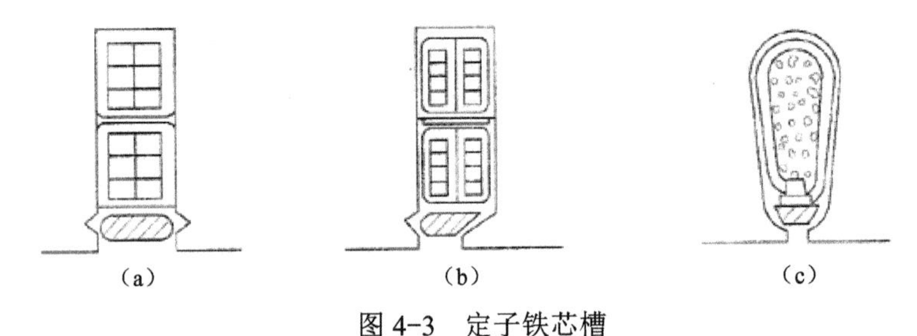

图 4-3　定子铁芯槽

（a）开口槽　（b）半开口槽　（c）半闭口槽

定子绕组是异步电动机定子的电路部分。定子绕组嵌放在定子铁芯的内圆槽内，由许多线圈按一定的规律连接而成。三相异步电动机的定子绕组是一个三相对称绕组，它由三个完全相同的绕组组成，每个绕组为一相，三个绕组在空间互差 120° 电角度。当在定子绕组中通过对称电流时产生旋转磁场，以实现能量转换。

机座是电机的外壳，用以固定和支撑定子铁芯及端盖。机座应具有足够的强度和刚度，同时还应满足通风散热的需要。为了加强散热能力，在机座外表面有很多分布均匀的散热筋，以增加散热面积。小型异步电机的机座一般用铸铁铸成，大型异步电机机座常用钢板焊接而成。按安装结构电机可分为立式和卧式两种。

2．转子部分

转子由转子铁芯、转子绕组和转轴等部件构成。它的主要作用是产生感应电流，形成电磁转矩，从而实现机电能量转换。

转子铁芯的作用与定子铁芯相同，也是电机磁路的一部分。通常用定子冲片内圆冲下来的中间部分作转子叠片，即一般仍用 0.5 mm 厚的硅钢片叠压而成。转子铁芯叠片外圆冲槽，用于安放转子绕组，如图 4-4 所示。整个转子铁芯固定在转轴上，或固定在转子支架上，转子支架再套在转轴上。

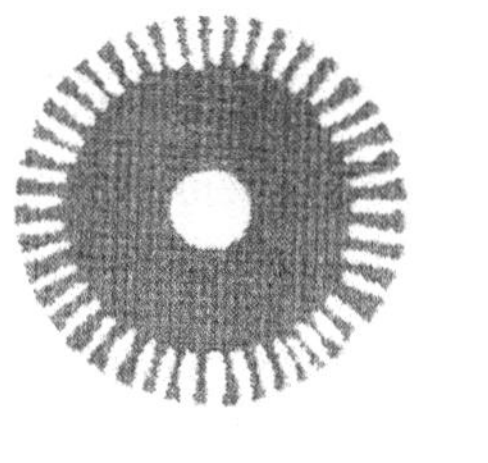

图 4-4　转子铁芯冲片

转子绕组按其结构不同可分为鼠笼式和绕线式两种。

1）鼠笼式转子绕组

在转子铁芯的每一个槽中插入一根裸导条，在导条两端分别用两个短路环把导条连成一个整体，形成一个自身闭合的多相短路绕组。如果去掉转子铁芯，整个绕组如同一个“鼠笼子”，故称鼠笼式转子。具有这种转子的异步电动机称为鼠笼式异步电动机。大型异步电动机的鼠笼转子一般采用铜条转子，如图 4-5 所示。中小型异步电动机的鼠笼转子一般采用铸铝转子，如图 4-6 所示。

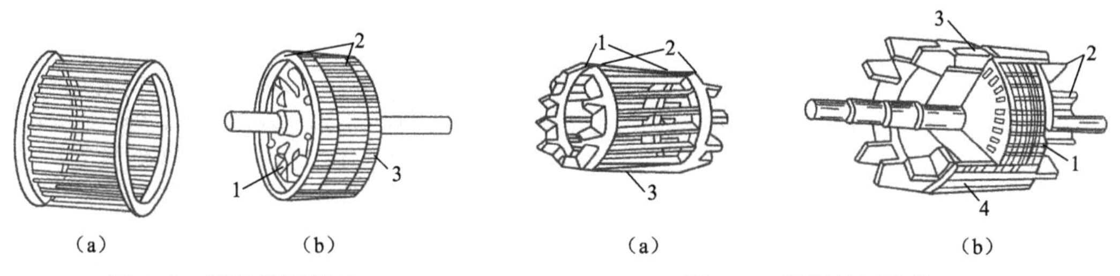

图 4-5　铜条转子结构

（a）铜条转子绕组　（b）铜条转子

1—铁芯；2—导条短路环；3—嵌入导条

图 4-6　铸铝转子结构

（a）铸铝转子绕组　（b）铸铝转子

1—端环；2—风叶；3—铝条；4—转子铁芯

鼠笼式转子结构简单、制造方便，是一种经济、耐用的电机，所以得到广泛应用。

2）绕线式转子绕组

与定子绕组一样，绕线式转子绕组也是由嵌放在转子槽内的绝缘导线构成的对称三相绕组。具有这种转子的异步电动机，称为绕线式异步电动机。转子绕组一般作 Y 形连接。绕组的三根出线端分别接到转轴上彼此绝缘的三个滑环上，称为集电环，通过电刷装置与外部电路相连，如图 4-7 所示。这种转子的特点是可在转子绕组回路串入外接电阻，从而改善电动机的启动、制动与调速性能。

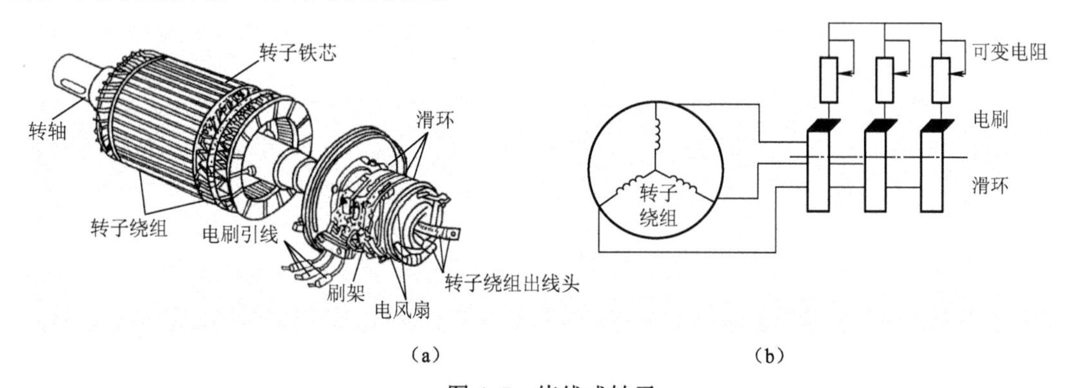

图 4-7　绕线式转子

（a）绕线转子　（b）绕线转子回路接线原理图

与鼠笼式转子相比，绕线式转子结构复杂，价格较高，一般用于启动电流要求小、启动转矩大或需要平滑调速的场合。

异步电动机转轴的作用是支撑转子和传递机械功率。为保证其强度和刚度，转轴一般用低碳钢制成。

异步电动机端盖是电机外壳机座的一部分，一般用铸铁或钢板制成。中小型电机一般采用带轴承的端盖。

3．气隙

异步电动机定子内圆和转子外圆之间有一个很小的间隙，称为气隙。异步电动机气隙比同容量直流电机和同步电机的气隙小得多，一般为0.2～2 mm。气隙的大小对异步电动机的参数和运行性能影响很大。从性能上看，气隙越小，产生同样大小的主磁通所需要的励磁电流也越小，由于励磁电流为无功电流，减少励磁电流可提高功率因数，但是气隙过小，会使装配困难，或使定子与转子之间发生摩擦和碰撞，所以气隙的最小值一般由制造、运行和可靠性等因素来决定。

4.1.2 异步电动机的种类

异步电动机的类型很多，从不同的角度，有不同的分类方法。

（1）按定子绕组相数，可分为单相异步电动机和三相异步电动机。

（2）按转子结构形式，可以分为鼠笼式异步电动机和绕线式异步电动机。

（3）按外壳防护形式，可以分为开启式、防护式和封闭式异步电动机。

（4）按冷却方式，可以分为自冷式、自扇式、他扇式、管道冷式和外装冷却器式异步电动机。

（5）按电机容量大小，可以分为小型、中型和大型异步电动机。

（6）按工作方式，可分为连续工作制、短时工作制和断续周期工作制异步电动机。

此外，根据电机定子绕组上所加电压大小，还可以分为高压异步电动机和低压异步电动机。从其他角度看，还有高启动转矩异步电动机、高转差率异步电动机和高转速异步电动机等。

4.1.3 三相异步电动机的基本原理

三相异步电动机和其他类型电动机一样，也是利用通电导体在磁场中产生电磁力形成电磁转矩的原理制成的。

图4-8是异步电动机工作原理示意图。在异步电动机的定子铁芯里，嵌放着对称的三相绕组U1–U2、V1–V2、W1–W2，以鼠笼式异步电动机为例，转子是一个闭合的多相绕组鼠笼电机。图4-8中定子、转子上的小圆圈表示定子绕组和转子导体。

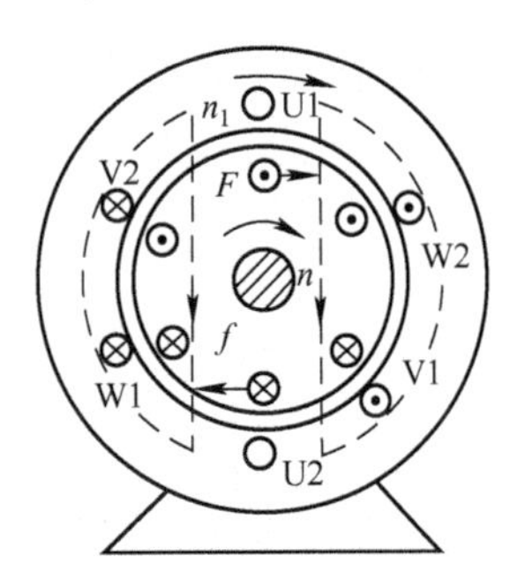

图4-8 异步电动机工作原理

当异步电动机三相对称定子绕组中通入对称的三相交流电流时，就会产生一个以同步转速$n_1 = \frac{60f}{p}$旋转的圆形磁场，磁场的旋转方向取决于三相电流的相序。

现假定定子旋转磁场沿顺时针方向旋转，转子开始是静止的，故转子与旋转磁场之间存在相对运动，转子导体切割定子磁场而产生感应电动势，因转子绕组自身闭合，转子绕组内便产生了感应电流。转子有功分量电流与感应电动势同相位，其方向由右手定则确定。载有有功分量电流的转子绕组在磁场中受到电磁力作用，电磁力 F 的方向由左手定则判定。电磁力 F 对转轴形成一个电磁转矩，其作用方向与旋转磁场方向一致，拖着转子沿着旋转磁场方向旋转，将输入的电能变成转子旋转的机械能。如果电动机轴上带有机械负载，则机械负载便随电动机一起转动起来。

当异步电动机的转子绕组没有形成闭合回路时，即使转子和磁场间有相对运动，在绕组两端有感应电动势产生，但由于转子回路开路，转子绕组中不会有感应电流出现，产生不了电磁力，也形成不了电磁转矩，转子也就无法旋转。

异步电动机的转子旋转方向始终与磁场的旋转方向一致，而旋转磁场的方向又取决于通入定子绕组中电流的相序，因此只要改变定子电流的相序，即任意对调电动机的两根电源线，便可改变电动机的旋转方向。

异步电动机的转子转速 n 总是低于定子旋转磁场的转速 n_1，只有这样，转子绕组和旋转磁场之间才有相对运动，才能产生感应电动势和感应电流，形成电磁转矩，使电动机旋转。如果 $n=n_1$，转子绕组和旋转磁场之间无相对运动，转子绕组中无感应电动势和感应电流产生，则异步电动机无法转动，可见 $n<n_1$ 是异步电动机工作的必要条件。

由于电动机的转速与旋转磁场的转速不同步，所以称为异步电动机。又由于异步电动机的转子电流是依靠电磁感应作用产生的，所以又称为感应式电动机。

4.1.4　转差率

转差率为同步转速 n_1 和转子转速 n 之差对同步转速 n_1 的比值，用字母 s 表示，即

$$s=\frac{n_1-n}{n_1} \tag{4-1}$$

根据转差率 s，可以求电动机的实际转速 n，即

$$n=(1-s)\ n_1 \tag{4-2}$$

转差率 s 是异步电动机的一个重要参数，其大小可反映异步电动机的各种运行情况和转速的高低。异步电动机负载越大，转速就越低，其转差率就越大；反之，负载越小，转速就越高，其转差率就越小。异步电动机带额定负载时，其额定转速很接近同步转速，因此转差率很小，一般为 0.01～0.06。

例 4-1

一台 50 Hz、六极的三相异步电动机，额定转差率 $s_N=0.05$，问该异步电动机的同步转速是多少？当该机运行在 850 r/min 时，转差率是多少？当该机运行在启动时，转差率是多少？

解：同步转速 $n_1=\frac{60f_1}{p}=\frac{60\times 50}{3}=1\,000\ \text{r/min}$

额定转速 $n_N=(1-s_N)\ n_1=(1-0.05)\times 1\,000=950\ \text{r/min}$

当 $n=850$ r/min 时，转差率 $s=\frac{n_1-n}{n_1}=\frac{1\,000-850}{1\,000}=0.15$

当电动机启动时，n=0，转差率 $s=\frac{n_1-n}{n_1}=\frac{1000}{1000}=1$

4.1.5 异步电机的三种运行状态

根据转差率大小和正负，异步电机有电动机、发电机和电磁制动三种运行状态。

1. 电动机运行状态

当定子绕组接至电源，转子会在电磁转矩的驱动下旋转，此时电磁转矩为驱动转矩，其转向与旋转磁场方向相同，电机从电网中取得电功率转变成机械功率，由转轴传给负载。电动机转速 n 与定子旋转磁场转速 n_1 同方向，如图 4-9（b）所示。当电机静止时，n=0，s=1；当异步电动机处于理想空载运行时，转速 s 接近于同步转速 n_1，转差率接近零。故异步电机作电动机运行时，转速变化范围为 $0<n<n_1$，转差率变化范围为 $0<s<1$。

2. 发电机运行状态

异步电机定子绕组仍然接至电源，转轴上不再接负载，而是用原动机拖动转子以高于同步转速并顺着旋转磁场的方向旋转，如图 4-9（c）所示。此时转子导体切割旋转磁场的方向与电动机运行状态时的方向相反，因此转子电动势、转子电流及电磁转矩的方向也与电动机运行状态时相反，电磁转矩变为制动转矩，为克服电磁转矩的制动作用，电机必须不断地从原动机输入机械功率，由于转子电流改变了方向，定子电流方向随之改变，也就说，定子绕组由原来从电网中吸收电功率，变成向电网输出电功率，使电机为发电机运行状态。异步电机做发动机运行时，$n>n_1$，则$-\infty<s<0$。

3. 电磁制动状态

异步电机定子绕组仍然接至电源，用外力拖动电机逆着旋转磁场的方向转动，此时切割方向与电动机运行状态时相同，因此转子电动势、转子电流和电磁转矩的方向与电动机运行状态时相同，但电磁转矩与电机旋转方向相反，起着制动作用，故称为电磁制动运行状态，如图 4-9（a）所示。为克服这个制动转矩，外力必须向转子输入机械功率，同时电机定子又从电网吸收电功率，这两部分功率都在电机内部以损耗的方式转化为热能消耗掉了。异步电机作电磁制动状态运行时，转速变化范围为$-\infty<n<0$，相应的转差率变化范围为 $1<s<\infty$。

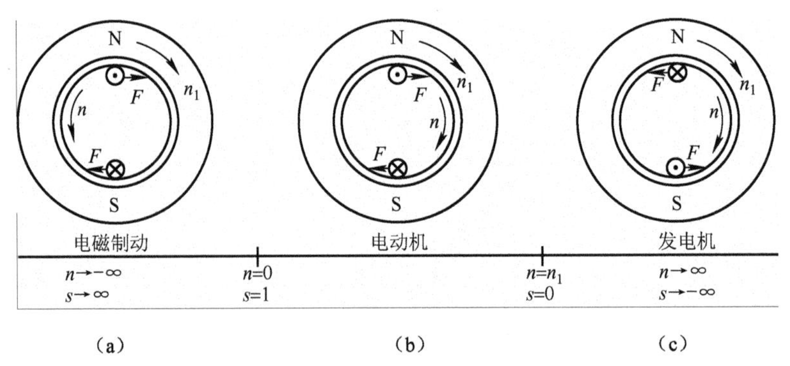

图 4-9 异步电动机的三种运行状态

（a）电磁制动 （b）电动机 （c）发电机

综上所述，可以根据转差率的大小，将异步电机分为三种运行状态：当 $0<s<1$ 时，异步电机处于电动机运行状态；当 $-\infty<s<0$ 时，异步电机处于发电机运行状态；当 $1<s<\infty$ 时，异步电机处于电磁制动状态。

异步电机主要作为电动机运行，异步发电机很少使用，而电磁制动状态往往只是异步电机在完成某一生产过程中出现的短时运行状态，例如交流起重机下放重物。

4.1.6　异步电动机的铭牌

异步电动机的机座上都装有一块铭牌，上面标出电动机的型号和主要技术数据。铭牌上额定值及有关技术数据是正确选择、使用、维护和维修电动机的依据。表 4-1 所示是三相异步电动机的铭牌，现分别说明如下。

表 4-1　三相异步电动机铭牌

三相异步电动机					
型号	Y180L-8	功率	15 kW	频率	50 Hz
电压	380 V	电流	25.1 A	接线	△
转速	736 r/min	效率	86.5%	功率因数	0.76
工作定额	连续	绝缘等级	B	质量	185 kg
防护形式	IP44（封闭式）			产品编号	
××××××电机厂				×年×月	

1．型号

异步电动机的型号主要包括产品代号、设计序号、规格代号和特殊环境代号等。产品代号表示电机的类型，如电机名称、规格、防护形式及转子类型等，一般采用大写印刷体的汉语拼音字母表示。如 Y 表示异步电动机，YR 表示绕线转子异步电动机等。

设计序号是指电动机产品设计的顺序，用阿拉伯数字表示。规格代号是用中心高、铁芯外径、机座号、机座长度、铁芯长度、功率、转速或极数表示。表 4-2 所示为系列产品的规格代号。

表 4-2　三相异步电动机系列产品的规格代号

序　号	系 列 产 品	规 格 代 号
1	中小型异步电动机	中心高（mm）、机座长度（字母代号）、铁芯长度（数字代号）、极数
2	大型异步电动机	功率（kW）、极数/定子铁芯外径（mm）

注：① 机座长度的字母代号采用国际通用符号表示：S 表示短机座、M 表示中机座、L 表示长机座。
② 铁芯长度的字母代号采用数字 1，2，3，…表示。

现以 Y 系列异步电动机为例说明型号中各字母及阿拉伯数字所代表的含义。

1）小型异步电动机

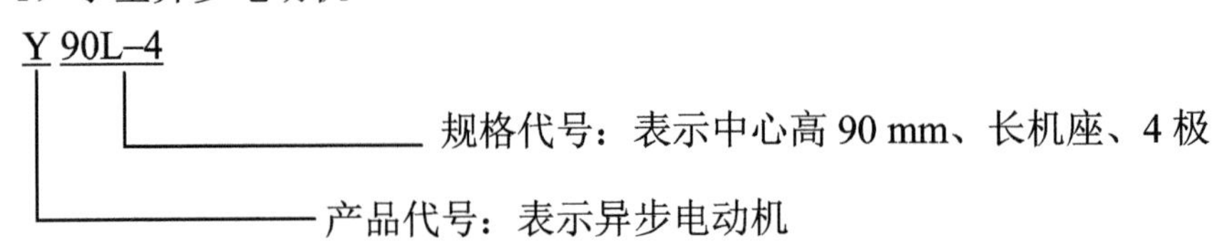

2）中型异步电动机

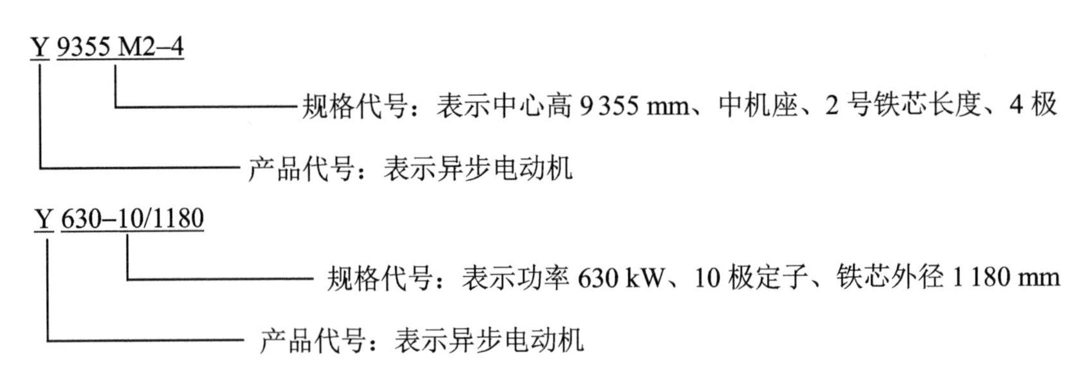

2．额定值

额定值是指制造厂对电机在额定工作条件下长期工作而不至于损坏所规定的一个量值，即电机铭牌上标出的数据。

1）额定电压 U_N

额定电压指电动机在额定状态下运行时，规定加在三相定子绕组上的线电压，单位为 V 或 kV。

2）额定电流 I_N

额定电流指电动机在额定状态下运行时，流入电动机定子绕组的线电流，单位为 A 或 kA。

3）额定功率 P_N

额定功率指电动机在额定状态下运行时，转轴上输出的机械功率，单位为 W 或 kW。

对于三相异步电动机，其额定功率

$$P_N = \sqrt{3}U_N I_N \eta_N \cos\varphi_N \tag{4-3}$$

式中 η_N —— 电动机的额定效率；

$\cos\varphi_N$ —— 电动机的额定功率因数。

4）额定转速 n_N

额定转速指在额定状态下运行时电动机的转速，单位为 r/min。

5）额定频率 f_N

额定频率指电动机在额定状态下运行时，输入电动机交流电流的频率，单位为 Hz。我国交流电的频率为工频 50 Hz。

此外，铭牌上还标有额定负载下的功率因数和效率、绝缘等级等。若是绕线式电机，通常还标出转子绕组开路电压（当定子绕组为额定电压时，转子绕组开路时转子线电压，单位是 V）和转子绕组开路电流（当定子绕组为额定电压时，转子绕组短路时转子线电流，单位是 A)，此两项数据主要作为计算启动电阻的参考依据。

3．接线

接线是指在额定电压下运行时，定子三相绕组的连接方式。定子绕组有 Y 连接和△连接两种连接方式。具体采用的连接方式取决于电源电压。如铭牌上标明“380V/220V，Y/△接法”，则说明当电源线电压为 380 V 时，转子绕组应接成 Y 形；电源线电压为 220 V 时，绕组应接成△形。无论采用哪种接法，相绕组承受的电压是相等。

国产 Y 系列电动机中用 U1、V1、W1 表示首端，用 U2、V2、W2 表示末端，其 Y 和△连接如图 4-10 所示。

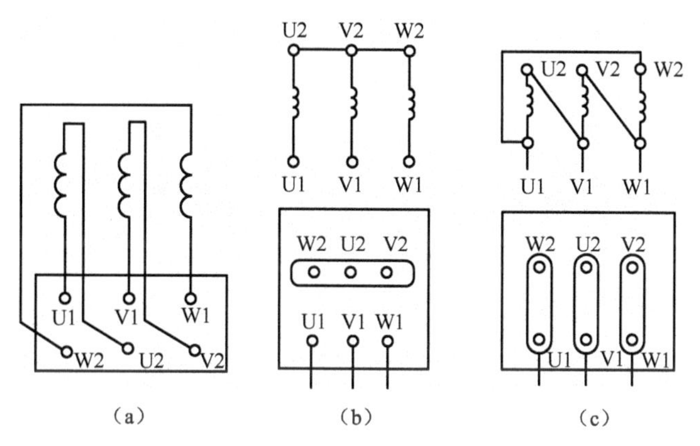

图 4-10　三相异步电动机的接线盒

(a) 接线盒中 6 个出线端排列次序　(b) Y 连接　(c) △连接

例 4-2

一台三相异步电动机，P_N=4.5 kW，Y/△接线，380V/220V，$\cos\varphi_N = 0.8$，$\eta_N = 0.8$，$n_N = 1\,450$ r/min，试求接成 Y 形或△形时的定子额定电流。

解：(1) Y 接时：U_N=380 V

$$I_N = \frac{P_N}{\sqrt{3}U_N \cos\varphi_N \eta_N} = \frac{4.5\times10^3}{\sqrt{3}\times380\times0.8\times0.8} = 10.68\ \text{A}$$

(2) △接时：U_N=220 V

$$I_N = \frac{P_N}{\sqrt{3}U_N \cos\varphi_N \eta_N} = \frac{4.5\times10^3}{\sqrt{3}\times220\times0.8\times0.8} = 18.45\ \text{A}$$

例 4-3

三相异步电动机，$P_N = 75$ kW，$n_N = 975$ r/min，$U_N = 3\,000$ V，$I_N = 18.5$A，$\cos\varphi = 0.87$，$f_N = 50$ Hz。试问：(1) 电动机的极数是多少？(2) 额定转差率 S_N 是多少？(3) 额定效率 η 是多少？

解：(1) 电动机的额定转速 n_N=975 r/min，因为额定转速接近同步转速，所以同步转速 n_1=1 000 r/min

$$n_1=\frac{60f}{p} \qquad p=\frac{60f}{n_1}=\frac{60\times 50}{1\,000}=3$$

电动机的极数 $2p=6$

（2）额定负载下的转差率 $s_N=\frac{n_1-n_N}{n_1}=\frac{1\,000-975}{1\,000}=0.025$

（3）额定负载下的效率

$$\eta_N=\frac{P_N}{\sqrt{3}U_N I_N\cos\varphi_N}=\frac{75\times 10^3}{\sqrt{3}\times 3\,000\times 18.5\times 0.87}=0.90$$

4.2 异步电动机的运行分析

4.2.1 异步电动机的空载运行

1．空载运行时的电磁关系

三相异步电动机定子绕组接在对称的三相电源上，转轴上不带机械负载时的运行称为空载运行。

1）主磁通 $\dot{\Phi}_m$ 与漏磁通 $\dot{\Phi}_{1\sigma}$

根据磁路经过的路径和性质不同，异步电动机的磁通可分为主磁通和漏磁通。如图 4-11 所示，主磁通穿过气隙，同时与定子、转子绕组交链，也称气隙磁通，实现定子、转子之间能量传递。漏磁通由槽漏磁通和端部漏磁通组成，不穿过气隙，不参与能量转换，只起电压降作用。

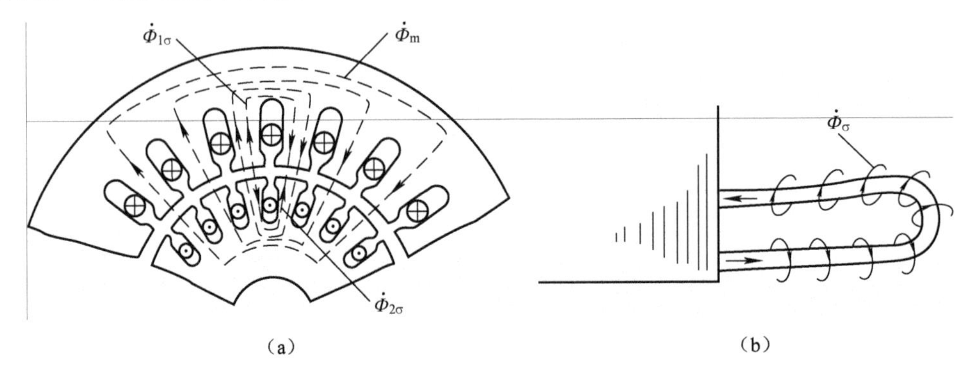

图 4-11　主磁通和漏磁通

（a）主磁通和漏磁通　（b）端部漏磁通

2）空载电流和空载磁动势

异步电动机空载运行时的定子电流称为空载电流 $\dot{I}_0$，其大小为额定电流的 20%～50%。定子空载电流将产生一个旋转的磁动势，称为空载磁动势 $\dot{F}_0$。

异步电动机空载时，转速高，接近同步转速，所以转子感应电动势 $\dot{E}_2\approx 0$，转子电流 $\dot{I}_2\approx 0$，转子磁动势 $\dot{F}_2\approx 0$。此时气隙中只有定子空载磁动势产生磁场，所以空载时定子

磁动势 $\dot{F}_0$ 也称为励磁磁动势。

与分析变压器一样，空载电流由两部分组成，一部分是专门用来产生主磁通的无功电流分量 $\dot{I}_{0r}$，另一部分是专门供给铁耗的有功电流分量 $\dot{I}_{0a}$，即

$$\dot{I}_0 = \dot{I}_{0a} + \dot{I}_{0r}$$

由于 $\dot{I}_{0a} << \dot{I}_{0r}$，即 $\dot{I}_0 \approx \dot{I}_{0r}$，故空载电流基本上是无功性质电流，所以空载时的定子电流 $\dot{I}_0$ 也称为励磁电流。

3）电磁关系

空载运行时的电磁关系如图 4-12 所示。

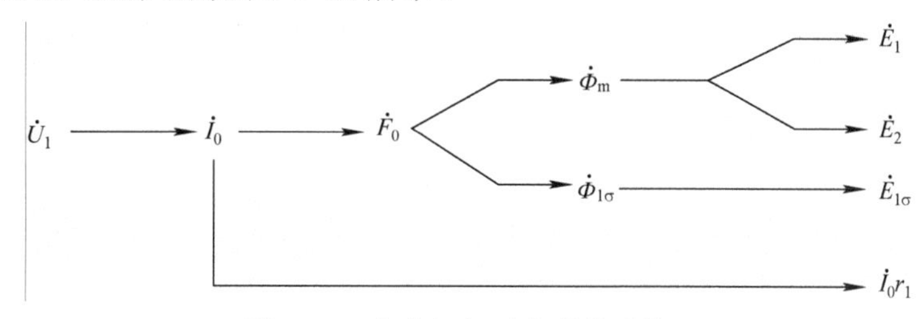

图 4-12 空载运行时电磁关系推理

2．空载运行时的电动势平衡方程式

空载运行时，转子回路电动势 $\dot{E}_2 \approx 0$，转子电流 $\dot{I}_2 \approx 0$，故此处只讨论定子电路。

1）感应电动势

（1）主磁通感应电动势 $\dot{E}_1$。异步电动机三相定子绕组内通入三相交流电后产生的主磁场为旋转磁场，定子绕组因切割旋转磁场而感应电动势 $\dot{E}_1$，其复数表达式为

$$\dot{E}_1 = -\mathrm{j}4.44 k_{w1} N_1 f_1 \dot{\Phi}_m \tag{4-4}$$

式中 $\dot{\Phi}_m$——气隙旋转磁场的每极磁通；

N_1——定子每相绕组串联匝数；

k_{w1}——定子绕组系数，由定子绕组的短矩和分布而引起；

f_1——定子电流频率。

与变压器分析相似，感应电动势 $\dot{E}_1$ 可以用励磁电流 I_0 在励磁阻抗 Z_m 上的电压降来表示，即

$$-\dot{E}_1 = \dot{I}_0(r_m + \mathrm{j}x_m) = \dot{I}_0 Z_m \tag{4-5}$$

$$Z_m = r_m + \mathrm{j}x_m$$

式中 $r_m+\mathrm{j}x_m$——励磁阻抗；

r_m——励磁电阻（反映铁耗的等效电阻）；

x_m——励磁电抗（对应于主磁通 $\dot{\Phi}_m$ 的电抗）。

（2）定子漏感应电动势 $\dot{E}_{1\sigma}$。定子漏磁通只交链定子绕组，在定子绕组中感应电动势 $\dot{E}_{1\sigma}$，与变压器一样，漏电势可以用空载电流在漏抗上的电压降来表示，由于 $\dot{E}_{1\sigma}$ 滞后于 $\dot{I}_0$ 90°，故

$$\dot{E}_{1\sigma} = -\mathrm{j}\dot{I}_0 x_1 \tag{4-6}$$

式中　x_1—— 定子绕组漏抗（对应于定子漏磁通的电抗）。

2）电动势平衡方程式

根据基尔霍夫第二定律，类似于变压器一次侧，可列出异步电动机空载时的定子每相电路的电压平衡方程式

$$\dot{U}_1 = -\dot{E}_1 - \dot{E}_{1\sigma} + \dot{E}_{1r} = -\dot{E}_1 + \mathrm{j}\dot{I}_0 x_1 + \dot{I}_0 r_1 = -\dot{E}_1 + \dot{I}_0 Z_1 \tag{4-7}$$

$$Z_1 = r_1 + \mathrm{j}x_1$$

式中　Z_1—— 定子绕组的漏阻抗；

r_1—— 定子绕组电阻；

x_1—— 定子绕组漏电抗。

由于 r_1 与 x_1 很小，定子绕组漏阻抗压降 $\dot{I}_0 Z_1$ 与外加电压相比很小，一般为额定电压的 2%～5%，为了简化分析，可以忽略。因而近似地认为

$$\dot{U}_1 \approx -\dot{E}_1$$

$$U_1 \approx E_1 = 4.44 k_{w1} N_1 f_1 \Phi_m$$

于是电动机每极主磁通

$$\Phi_m = \frac{U_1}{4.44 f_1 N_1 k_{w1}} \tag{4-8}$$

显然，对于一定的异步电动机，k_{w1}、N_1 均为常数，当频率一定时，主磁通 $\dot{\Phi}_m$ 与电源电压 $\dot{U}_1$ 成正比，如外施电压不变，主磁通 $\dot{\Phi}_m$ 也基本不变，这和变压器的情况相同，它是分析异步电动机运行的基本理论。

3．空载时的等值电路

根据式（4-7）可画出异步电动机空载运行时的等值电路，如图 4-13 所示。

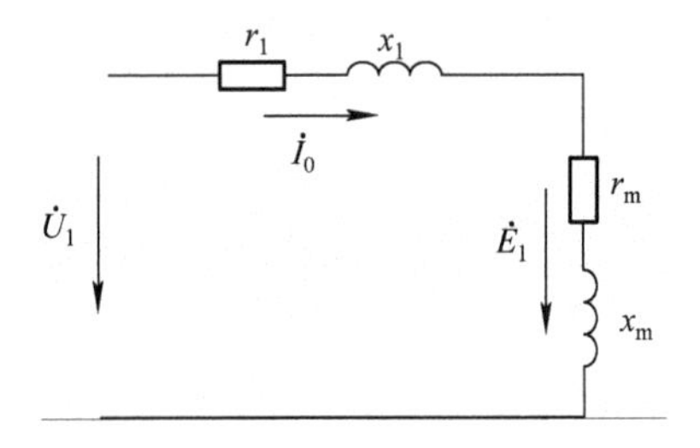

图 4-13　异步电动机空载运行时的等值电路

4.2.2　异步电动机的负载运行

三相异步电动机定子绕组接在对称的三相电源上，转轴上带机械负载时的运行称为负载运行。

1．负载运行时的物理状况

异步电动机带上机械负载时，电动机以低于同步转速 n_1 的速度 n 旋转，其转向仍与气隙旋转磁场的方向相同。这时，定子旋转磁场以相对速度$\Delta n=n_1-n$ 切割转子绕组，转子绕组中将感应电动势 $\dot{E}_2$ 和电流 $\dot{I}_2$。

负载运行时，除了定子电流 $\dot{I}_1$ 产生一个定子磁势 $\dot{F}_1$ 外，由于转子电流 $\dot{I}_2 \neq 0$，转子电流 $\dot{I}_2$ 还将产生一个转子磁势 $\dot{F}_2$，总的气隙磁势则是 $\dot{F}_1$ 与 $\dot{F}_2$ 的合成，由它们来共同建立气隙磁场。关于定子磁动势已在前面分析过，现在对转子磁动势加以分析。

1）转子磁动势

（1）转子磁动势性质。三相对称交流电通入三相对称绕组产生旋转磁势，同理可以论证多相对称交流电通入多相对称绕组产生的也是旋转磁势。绕线式异步电动机转子绕组为对称三相绕组，流过绕组的电流是三相对称电流，其转子磁势是一旋转磁势；鼠笼式异步电动机的转子绕组是多相对称绕组，流过绕组的电流为多相对称电流，其转子磁势也是一个旋转磁势。即无论是绕线式异步电动机还是鼠笼式异步电动机，转子磁势都是一个旋转磁势，这个磁势所产生的磁场也是一个旋转磁场。由于转子磁势产生于定子磁势，故转子绕组极数 p_2 与定子绕组极数 p 相同。

（2）转子磁势的转向。可以证明，转子电流与定子电流相序一致，所以转子磁势 $\dot{F}_2$ 与定子磁势 $\dot{F}_1$ 同方向旋转。

（3）转子旋转磁势的转速。转子转速为 n，气隙旋转磁场以 $\Delta n=n_1-n=sn_1$ 的相对速度切割转子绕组，在转子绕组中感应电动势和感应电流，其频率

$$f_2 = \frac{p\Delta n}{60} = s\frac{pn_1}{60} = sf_1 \tag{4-9}$$

转子绕组的极对数 $p_2=p$，转子磁势相对于转子的转速

$$n_2 = \frac{60f_2}{p_2} = s\frac{60f_1}{p_1} = sn_1 \tag{4-10}$$

转子本身以转速 n 转动，故转子磁势相对于定子的转速

$$n_2 + n = sn_1 + n = n_1 \tag{4-11}$$

式（4-11）表明，转子磁势与定子磁势在气隙中的转速相同。

由此可见，无论异步电动机的转速 n 如何变化，定子磁势 $\dot{F}_1$ 与转子磁势 $\dot{F}_2$ 总是相对静止的。定、转子磁势相对静止也是一切旋转电机能够正常运行的必要条件，因为只有这样，才能产生恒定的平均电磁转矩，从而实现机电能量转换。

2）负载运行时的电磁关系

异步电动机负载运行时，定子磁势 $\dot{F}_1$ 与转子磁势 $\dot{F}_2$ 共同建立气隙主磁通 $\dot{\Phi}_m$。主磁通 $\dot{\Phi}_m$ 分别交链于定、转子绕组，并分别在定、转子绕组中感应电动势 $\dot{E}_1$ 和 $\dot{E}_2$。同时定、转子磁动势 $\dot{F}_1$ 和 $\dot{F}_2$ 分别产生只交链于本侧的漏磁通 $\dot{\Phi}_{1\sigma}$ 和 $\dot{\Phi}_{2\sigma}$，并感应出相应的漏电动势 $\dot{E}_{1\sigma}$ 和 $\dot{E}_{2\sigma}$。其电磁关系如图 4-14 所示。

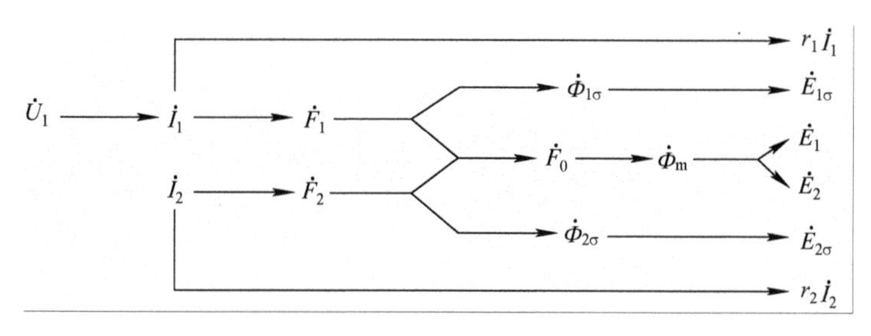

图 4-14　负载运行时电磁关系推理

2. 负载运行时的电动势平衡方程

1）定子绕组电动势平衡方程

异步电动机负载运行时，定子绕组电动势平衡方程与空载时相同，此时定子电流为$\dot{I}_1$，即

$$\dot{U}_1 = -\dot{E}_1 + \dot{I}_1 Z_1 \tag{4-12}$$

2）转子绕组电动势平衡方程

异步电动机负载运行时，气隙主磁场$\dot{\Phi}_m$以同步转速切割定子绕组，也以$\Delta n=n_1-n$的相对速度切割转子绕组，并在转子绕组中感应频率为f_2的电动势$\dot{E}_2$。其复数表达式为

$$\dot{E}_2 = -j4.44 k_{w2} N_2 f_2 \dot{\Phi}_m \tag{4-13}$$

式中　$\dot{\Phi}_m$——主磁场的每极磁通；

N_2——转子每相绕组串联匝数；

k_{w2}——转子绕组系数，由转子绕组的短矩和分布所引起；

f_2——转子电流频率。

此外，转子电流还将产生仅与转子绕组相交链的转子漏磁通$\dot{\Phi}_{2\sigma}$，并在转子绕组上产生漏电势$\dot{E}_{2\sigma}$。与定子侧相似，转子漏电动势可以用转子的漏抗压降来表示，即

$$\dot{E}_{2\sigma} = -j\dot{I}_2 x_2 \tag{4-14}$$

式中　x_2——转子漏抗，是对应于转子漏磁通的电抗。

根据基尔霍夫第二定律，类似于变压器二次侧，可列出异步电动机负载时转子每相电路的电动势平衡方程式

$$\dot{E}_2 + \dot{E}_{2\sigma} - \dot{I}_2 r_2 = 0$$

或

$$\dot{E}_2 = \dot{I}_2 r_2 + j\dot{I}_2 x_2 = \dot{I}_2 Z_2 \tag{4-15}$$

$$Z_2 = r_2 + jx_2$$

式中　Z_2——转子绕组的漏阻抗。

3. 转子各物理量与转差率 s 的关系

转子不转时，气隙旋转磁场以同步转速n_1切割转子绕组；当异步电动机以转速n旋转时，气隙旋转磁场以$\Delta n=n-n_1$的相对速度切割转子绕组；转速n变化时，转子绕组与气隙旋转磁场的切割速度也相应变化，因此转子感应电动势E_2、转子频率f_2、转子电流I_2、转子漏抗x_2、转子功率因数$\cos\varphi_2$的大小都将随转差率s的变化而变化。

1）转子频率f_2

当转子以转速n旋转时，旋转磁场以$\Delta n=n_1-n$的相对速度切割转子绕组，所以感应电动势的频率

$$f_2 = \frac{p\Delta n}{60} = s\frac{pn_1}{60} = sf_1 \tag{4-16}$$

2）转子感应电动势

当转子不动时，$n=0$，$s=1$，$f_2=f_1$，将转子感应电动势大小记为E_{20}，则

$$E_{20} = 4.44 k_{w2} N_2 f_1 \Phi_m \tag{4-17}$$

当电动机转动起来时

$$E_2 = 4.44k_{w2}N_2f_2\Phi_m = 4.44k_{w2}N_2sf_1\Phi_m = sE_{20} \quad (4-18)$$

3）转子漏抗

转子不动时 f_2=f_1，转子漏抗为 x_{20}，即

$$x_{20} = 2\pi f_2 L_2 = 2\pi f_1 L_2 \quad (4-19)$$

当电动机转动起来时

$$x_2 = 2\pi f_2 L_2 = 2\pi sf_1 L_2 = sx_{20} \quad (4-20)$$

4）转子电流

通过转子绕组的电流

$$I_2 = \frac{E_2}{\sqrt{r_2^2 + x_2^2}} = \frac{sE_{20}}{\sqrt{r_2^2 + (sx_{20})^2}} = \frac{E_{20}}{\sqrt{(\frac{r_2}{s})^2 + x_{20}^2}} \quad (4-21)$$

5）转子功率因数

转子的功率因数

$$\cos\varphi_2 = \frac{r_2}{\sqrt{r_2^2 + x_2^2}} = \frac{r_2}{\sqrt{r_2^2 + (sx_{20})^2}} \quad (4-22)$$

以上各式表明，异步电动机转动时，转子各物理量的大小均与转差率 s 有关。转差率 s 是异步电动机的一个重要参数。转子各物理量随转差率变化的情况如图 4-15 所示。转子感应电动势频率 f_2、转子漏抗 x_2、电动势 E_2 与转差率 s 成正比。转子电流 I_2 随转差率增大而增大，转子功率因数随转差率增大而减小。例如：异步电动机启动时，n=0，s=1，此时，转子回路频率 f_2=f_1，转子回路漏抗 x_2、电动势 E_2、转子电流 I_2 最大，功率因数 $\cos\varphi_2$ 最小。

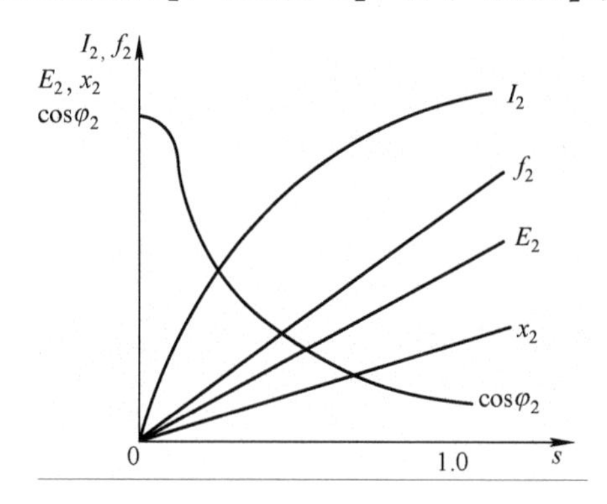

图 4-15　转子各物理量与转差率之间的关系曲线

4．异步电动机负载时的等值电路

异步电动机与变压器一样，定子电路与转子电路之间只有磁的耦合而无电的直接联系。为了便于分析和简化计算，也采用了与变压器相似的等效电路的方法，即设法将电磁耦合的定子、转子电路变为有直接电联系的电路。根据定、转子电动势平衡方程，可画出图 4-16（a）所示的异步电动机旋转时定子、转子电路图。但由于异步电动机定子、转子绕组的有效匝数、绕组系数不相等，因此在推导等效电路时，与变压器相仿，必须要进行相应的绕组折算。此外，由于定子、转子电流频率也不相等，还要进行频率折算。在折算时，必须保证转子对定子绕组的电磁作用和异步电动机的电磁性能不变。

1）频率折算

频率折算就是要寻求一个等效的转子电路来代替实际旋转的转子系统，而该等效的转子电路应与定子电路有相同的频率。当异步电动机转子静止时，转子频率等于定子频率，即 $f_2=f_1$，所以频率折算的实质就是把旋转的转子等效成静止的转子。

在等效过程中，为了要保持电机的电磁效应不变，折算必须遵循的原则有两条：一是折算前后转子磁动势不变，以保持转子电路对定子电路的影响不变；二是被等效的转子电路功率和损耗与原转子旋转时一样。

转子磁动势 $\dot{F}_2=\dfrac{m_2}{2}\times 0.9k_{w2}\dfrac{N_2}{p}\dot{I}_2$，因此要使折算前后 $\dot{F}_2$ 不变，只要保证折算前后转子电流 $\dot{I}_2$ 的大小和相位不变即可实现。

电动机旋转时的转子电流

$$\dot{I}_2=\frac{\dot{E}_2}{r_2+jx_2}=\frac{s\dot{E}_{20}}{r_2+jsx_{20}} \quad （频率为 f_2） \tag{4-23}$$

将上式分子、分母同除以 s，得

$$\dot{I}_2=\frac{\dot{E}_{20}}{\frac{r_2}{s}+jx_{20}}=\frac{\dot{E}_{20}}{r_2+\frac{1-s}{s}r_2+jx_{20}} \quad （频率为 f_1） \tag{4-24}$$

式（4-24）代表转子已变换成静止时的等值情况，转子电势 $\dot{E}_{20}$、漏抗 x_{20} 都是对应于频率为 f_1 的量，与转差率 s 无关。比较式（4-23）和式（4-24）可见，频率折算方法只要在不动的转子电路中，将原转子电阻 r_2 变换为 $\dfrac{r_2}{s}$，即在静止的转子电路中串入一个附加电阻 $\dfrac{1-s}{s}r_2$，此时不动的转子电流和转子磁动势的大小、相位与转动时完全一样。也就是说，这台静止不动的异步电动机可以等效地代替实际旋转的异步电动机。图 4-16（b）所示为频率折算后的定子、转子等值电路，由此可知，变换后的转子电路中多了一个附加电阻 $\dfrac{1-s}{s}r_2$。下面将进一步说明这个附加电阻的物理意义。附加电阻 $\dfrac{1-s}{s}r_2$ 在转子电路中将消耗功率，而实际旋转的电动机不存在这项电阻损耗，但要产生轴上的机械功率。由于静止的转子电路与旋转的转子电路等效，有功功率应相等，因此消耗在附加电阻 $\dfrac{1-s}{s}r_2$ 上的电功率 $m_2I_2^2\dfrac{1-s}{s}r_2$ 就代替了实际旋转电机轴上总机械功率的等值电阻。

2）绕组折算

转子绕组折算就是用一个和定子绕组具有相同相数 m_1、匝数 N_1 及绕组系数 k_{w1} 的等效转子绕组来代替原来的相数为 m_2、匝数为 N_2 及绕组系数 k_{w2} 的实际转子绕组。其折算原则和方法与变压器基本相同：转子侧各电磁量折算到定子侧时，转子电动势、电压乘以电动势变比 k_e；转子电流除以电流变比 k_i；转子电阻、电抗及阻抗乘以阻抗变比 k_ek_i。分析从略。由此，可推导出经频率和绕组折算后的定、转子等值电路如图 4-16（c）所示。最后得异步电动机 T 形等值电路，如图 4-16（d）所示。

需要注意的是，折算仅是一种等值计算方法，不论是频率折算还是绕组折算，代替实际转子的等值转子均是虚拟的。等值电路的获得为异步电动机运行分析及计算带来了方便。

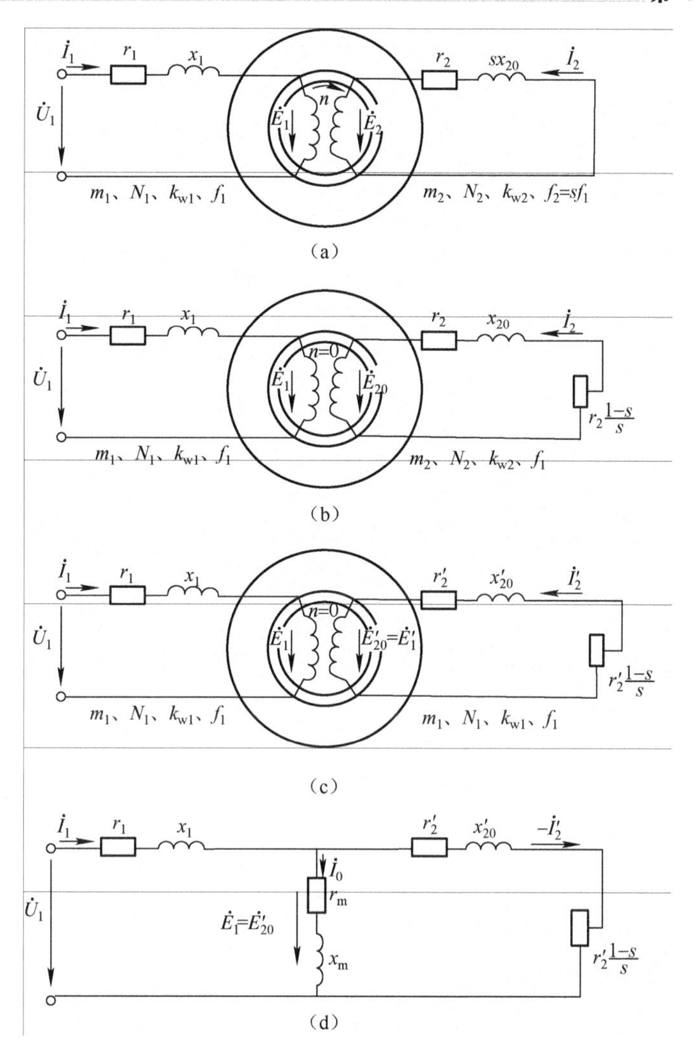

图 4-16　异步电动机 T 形等值电路的形成

（a）定子、转子电路实际情况　（b）频率折算后的电路状况

（c）绕组折算后的电路状况　（d）T 形等值电路

4.2.3　异步电动机的功率和转矩平衡方程式

电磁转矩是异步电动机实现机电能量转换的关键，本节从分析功率平衡关系入手，应用等值电路，推导出电磁转矩的表达式。

1．功率平衡方程式

异步电动机运行时，把输入到定子绕组中的电功率转化为转子轴上输出的机械功率。电机在实现机电能量的转换过程中，必然会产生各种损耗。根据能量守恒定律，输出功率应等于输入功率减去总损耗。

1）输入电功率 P_1

异步电动机由电网向定子输入的电功率

$$P_1 = m_1 U_1 I_1 \cos\varphi_1 \tag{4-25}$$

式中 U_1、I_1——定子绕组的相电压、相电流；

$\cos\varphi_1$——异步电动机的功率因数。

2）功率损耗

（1）定子铜损耗 p_{Cu1}。定子电流 I_1 通过定子绕组时，电流 I_1 在定子绕组电阻上的功率损耗为定子铜耗，即

$$p_{Cu1} = m_1 I_1^2 r_1 \tag{4-26}$$

（2）铁芯损耗 p_{Fe}。由于异步电动机正常运行时，额定转差率很小，转子频率很低，一般为 1～3 Hz，转子铁耗很小，可略去不计，定子铁耗实际上就是整个电动机的铁芯损耗，根据 T 形等效电路可知，电动机铁耗

$$p_{Fe} = m_1 I_0^2 r_m \tag{4-27}$$

（3）转子铜耗 p_{Cu2}。根据 T 形等效电路可知，转子铜耗

$$p_{Cu2} = m_1 I_2'^2 r_2' \tag{4-28}$$

（4）机械损耗 p_Ω 及附加损耗 p_{ad}。机械损耗是由于通风、轴承摩擦等产生的损耗；附加损耗是由于电动机定子、转子铁芯存在齿槽以及高次谐波磁势的影响，而在定子、转子铁芯中产生的损耗。

3）电磁功率 P_M

输入电功率扣除定子铜耗和铁损耗后，便为由气隙旋转磁场通过电磁感应传递到转子的电磁功率 P_M，其值

$$P_M = P_1 - p_{Cu1} - p_{Fe} \tag{4-29}$$

由 T 形等效电路看能量传递关系，输入功率 P_1 减去 r_1 和 r_m 上的损耗 p_{Cu1} 和 p_{Fe} 后，应等于在电阻 $\dfrac{r_2'}{s}$ 上所消耗的功率，即

$$P_M = m_1 E_2' I_2' \cos\varphi_2 = m_1 I_2'^2 \frac{r_2'}{s} \tag{4-30}$$

4）总机械功率 P_Ω

电磁功率减去转子绕组的铜耗后，即是电动机转子上的总机械功率，即

$$P_\Omega = P_M - p_{Cu2} = m_1 I_2'^2 \frac{r_2'}{s} - m_1 I_2'^2 r_2' = m_1 I_2'^2 \frac{1-s}{s} r'_2 \tag{4-31}$$

该式说明了 T 形等值电路中引入电阻 $\dfrac{1-s}{s} r_2'$ 的物理意义。

由式（4-28）、式（4-30）、式（4-31）可得

$$p_{Cu2} = sP_M \tag{4-32}$$

$$P_\Omega = (1-s)\ P_M \tag{4-33}$$

以上两式说明，转差率 s 越大，电磁功率消耗在转子铜耗中的比重就越大，电动机效率就越低，故异步电动机正常运行时，转差率较小，通常为 0.01～0.06。

5）输出机械功率 P_2

总机械功率减去机械损耗 p_Ω 和附加损耗 p_{ad} 后，才是转子输出的机械功率 P_2，即

$$P_2 = P_\Omega - (p_\Omega + p_{ad}) = P_\Omega - p_0 \tag{4-34}$$

式中　p_0——空载时的转动损耗。

将功率变换过程用功率流程图表示出来，如图 4-17 所示。

功率平衡方程式为

$$P_2 = P_1 - (p_{Cu1} + p_{Fe} + p_{Cu2} + p_\Omega + p_{ad}) = P_1 - \Sigma p \tag{4-35}$$

式中　Σp——电动机总损耗。

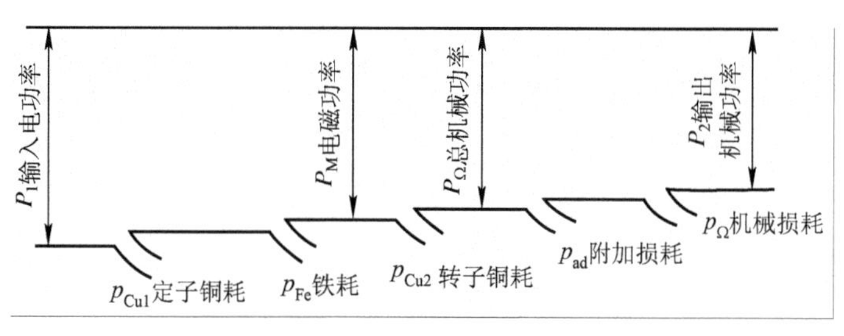

图 4-17　异步电动机的功率流程图

2．**转矩平衡方程式**

功率等于转矩与角速度的乘积，即 $P=T\Omega$，在式（4-34）两边同除以机械角速度 Ω，$\Omega = \frac{2\pi n}{60}$ rad/s 可得转矩平衡方程式为

$$T_2 = T - T_0$$

或

$$T = T_2 + T_0 \tag{4-36}$$

$$T = \frac{P_\Omega}{\Omega}$$

$$T_2 = \frac{P_2}{\Omega}$$

$$T_0 = \frac{p_0}{\Omega}$$

式中　T——电磁转矩；

T_2——负载转矩；

T_0——空载转矩。

式（4-36）表明，当电动机稳定运行时，驱动性质的电磁转矩与制动性质的负载转矩及空载转矩相平衡。

3．**电磁转矩 T**

1）电磁转矩物理表达式

$$T = \frac{P_\Omega}{\Omega} = \frac{(1-s)\ P_M}{\frac{2\pi n}{60}} = \frac{(1-s)\ P_M}{\frac{2\pi\ (1-s)\ n_1}{60}} = \frac{P_M}{\Omega_1} \tag{4-37}$$

$$\Omega_1 = \frac{2\pi n_1}{60} = \frac{2\pi f_1}{p}$$

式中　Ω_1——同步角速度。

由式（4-37）和式（4-30）可得

$$T=\frac{P_{\mathrm{M}}}{\Omega_1}=\frac{m_1E_2'I_2'\cos\varphi_2}{\dfrac{2\pi n_1}{60}}=\frac{m_1\times 4.44f_1N_1k_{\mathrm{w1}}\Phi_{\mathrm{m}}I_2'\cos\varphi_2}{\dfrac{2\pi f_1}{p}}$$

$$=\frac{m_1\times 4.44pN_1k_{\mathrm{w1}}}{2\pi}\Phi_{\mathrm{m}}I_2'\cos\varphi_2=C_T\Phi_{\mathrm{m}}I_2'\cos\varphi_2 \qquad (4-38)$$

$$C_T=\frac{m_1\times 4.44pN_1k_{\mathrm{w1}}}{2\pi}$$

式中　C_T——转矩常数，与电机结构有关。

式（4-38）表明，电磁转矩是转子电流的有功分量与气隙主磁场相互作用产生的。若电源电压不变，每极磁通为一定值，电磁转矩大小与转子电流的有功分量成正比。

2）电磁转矩参数表达式

式（4-38）比较直观地表示出电磁转矩形成的物理概念，常用于定性分析。为便于计算，需推导出电磁转矩的另一表达式——参数表达式。

根据异步电动机简化等值电路，可得转子电流

$$I_2'=\frac{U_1}{\sqrt{(r_1+\dfrac{r_2'}{s})^2+(x_1+x_{20}')^2}} \qquad (4-39)$$

将式（4-39）代入式（4-37）可得电磁转矩的参数表达式

$$T=\frac{P_{\mathrm{M}}}{\Omega_1}=\frac{m_1I_2'^2\dfrac{r_2'}{s}}{\dfrac{2\pi f_1}{p}}=\frac{m_1pU_1^2\dfrac{r_2'}{s}}{2\pi f_1\left[(r_1+\dfrac{r_2'}{s})^2+(x_1+x_{20}')^2\right]} \qquad (4-40)$$

式中，U_1为加在定子绕组上的相电压，单位为V；电阻、漏电抗的单位为Ω，则转矩的单位为N·m。参数表达式表明了转矩与电压、频率、电机参数及转差率的关系。

4.2.4　异步电动机的工作特性

异步电动机的工作特性是指在额定电压和额定频率下，电动机的转速n、输出转矩T_2、定子电流I_1、功率因数$\cos\varphi$及效率η等物理量随输出功率P_2变化的关系曲线，如图4-18所示。

1．转速特性

电动机转速n与输出功率P_2之间的关系曲线$n=f(P_2)$，称为转速特性曲线，如图4-18所示。

空载时，输出功率$P_2=0$，转子转速接近于同步转速，$s\approx0$；当负载增加时，随负载转矩增加，转速n下降。额定运行时，转差率较小，一般为0.01～0.06，相应的转速n随负载变化不大，与同步转速n_1接近，故曲线$n=f(P_2)$是一条微微向下倾斜的曲线。

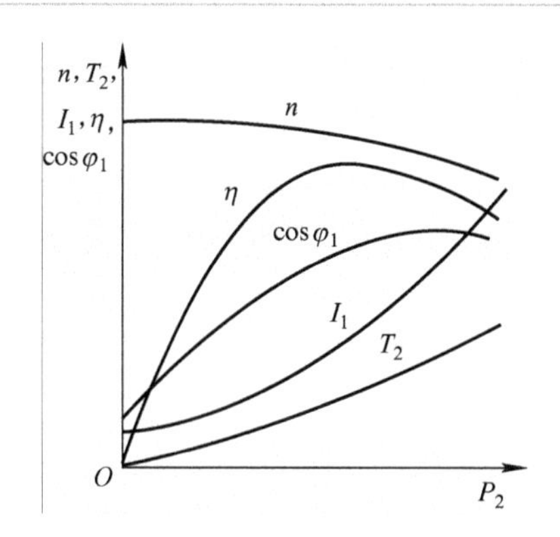

图 4-18　异步电动机工作特性

2．转矩特性

输出转矩 T_2 与输出功率 P_2 之间的关系曲线 $T_2=f(P_2)$ 称为转矩特性曲线。

异步电动机输出转矩

$$T_2=\frac{P_2}{\Omega}=\frac{P_2}{2\pi n/60}$$

空载时，$P_2=0$，$T_2=0$；随着输出功率 P_2 的增加，转速 n 略有下降。由于电动机从空载到额定负载这一正常范围内运行时，转速 n 变化很小，故转矩特性曲线 $T_2=f(P_2)$ 近似为一稍微上翘直线。

3．定子电流特性

异步电动机定子电流 I_1 与输出功率 P_2 之间的关系曲线 $I_2=f(P_2)$ 称为定子电流特性曲线。

空载时，转子电流 $I_2\approx 0$，空载电流 I_0 较小，约为额定电流的 1/2。当负载增加时，转子转速下降，转子电流增大，转子磁势增加。与变压器磁势平衡关系相似，定子电流 I_1 及定子磁势也相应增加，以补偿转子电流的去磁作用，因此定子电流 I_1 随输出功率 P_2 增加而增加，定子电流特性曲线是上升的。

4．功率因数特性

异步电动机功率因数 $\cos\varphi$ 与输出功率 P_2 之间的关系曲线 $\cos\varphi=f(P_2)$ 称为功率因数特性曲线。功率因数特性是异步电动机的一个重要性能指标。

空载时，定子电流基本为无功励磁电流，故功率因数很低，约为 0.2。负载运行时，随着负载增加，转子电流增加，定子电流有功分量增加，功率因数逐渐上升。在额定负载附近，功率因数达到最高值，一般为 0.8～0.9。负载超过额定值后，由于转速下降，转差率 s 增大较多，转子频率、转子漏抗增加，转子功率因数下降，转子电流无功分量增大，与之相平衡的定子电流无功分量增大，致使电动机功率因数下降。

5．效率特性

电动机效率 η 与输出功率 P_2 之间的关系曲线 $\eta=f(P_2)$ 称为效率特性。效率特性也是异步电动机的一个重要性能指标。效率等于输出功率 P_2 与输入功率 P_1 之比，即

$$\eta=\frac{P_2}{P_1}=\frac{P_2}{P_1+\sum p}$$

$$\Sigma p = p_{Cu1} + p_{Cu2} + p_{Fe} + p_{\Omega} + p_{ad}$$

式中　Σp——异步电动机总损耗。

异步电动机从空载到额定运行，电源电压一定时，主磁通变化很小，故铁损耗 p_{Fe} 和机械损耗 p_{Ω} 基本不变，称为不变损耗；而铜损耗 p_{Cu1}、p_{Cu2} 和附加损耗随负载变化，称为可变损耗。

空载时，P_2=0，η=0。随负载 P_2 的增加，效率随之提高，当负载增加到可变损耗与不变损耗相等时，效率达最大值，此后负载增加，由于定子、转子电流增加，可变损耗增加很快，效率反而降低。通常异步电动机最高效率发生在（0.75～1.1）P_N 范围内。

$\cos\varphi$=f（P_2）和 η=f（P_2）是异步电动机两个重要特性。由以上分析可知，异步电动机的功率因数和效率都是在额定负载附近达到最大值。因此选用电动机时，应使电动机容量与负载容量相匹配。电动机容量选择得过大，电机长期处于轻载运行，投资、运行费用高，不经济。若电动机容量选择过小，将使电动机过载而造成发热，影响其寿命，甚至损坏。

4.2.5　异步电动机的参数测定

对于已制成的异步电机，可通过作空载试验和短路（堵转）试验来测定其参数，以便使用等值电路对电机运行进行计算。

1. 空载试验

空载试验的目的是测定励磁参数 r_m、x_m 以及铁损耗 p_{Fe} 和机械损耗 p_{Ω}。试验时，电动机转轴上不带任何机械负载，定子三相绕组接额定频率的三相电源。用调压器改变外加电压，使定子电压从（1.1～1.3）U_N 开始，逐渐降低电压，直到电机转速明显下降，电流开始回升为止，测量数点，记录电动机的端电压 U_1、空载电流 I_0、空载损耗 P_0 和转速 n，并绘成空载特性曲线 I_0=f（U_1）和 P_0=f（U_1），曲线如图 4-19（b）。

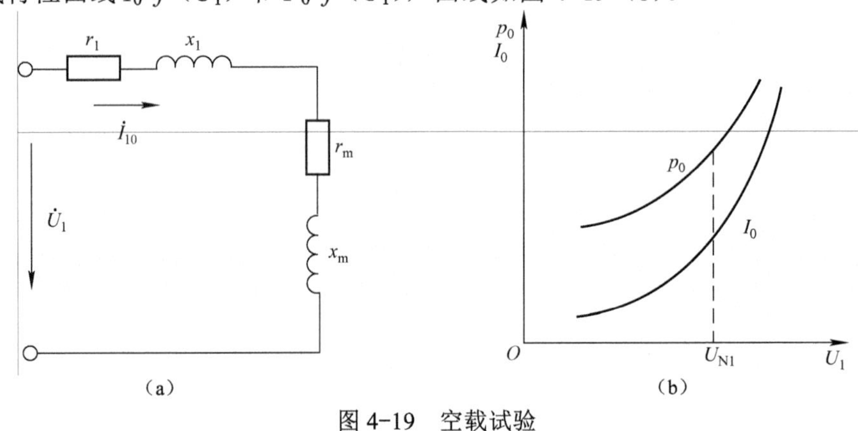

图 4-19　空载试验

（a）空载等效电路　（b）空载试验曲线

1）铁耗和机械损耗的确定

异步电机空载时，转子铜耗和附加损耗较小，忽略不计，此时电机输入的功率全部消耗在定子铜耗、铁耗和机械损耗上，即

$$p_0 = m_1 I_0^2 r_1 + p_{Fe} + p_{\Omega}$$

所以，铁耗与机械损耗之和为

$$p_{\mathrm{Fe}}+p_{\Omega}=p_0-m_1I_0^2r_1$$

铁损耗 p_{Fe} 与磁通密度平方成正比，即正比于 U_1^2，而机械损耗与电压无关，转速变化不大时，可认为 p_{Ω} 为一常数，因此在图 4-20 的 $p_{\mathrm{Fe}}+p_{\Omega}=f(U_1^2)$ 曲线中可将铁损耗 p_{Fe} 和机械损耗 p_{Ω} 分开。只要将曲线延长使其与纵轴相交，交点的纵坐标就是机械损耗，过这一点作与横坐标平行的直线，该线上面的部分就是铁损耗。

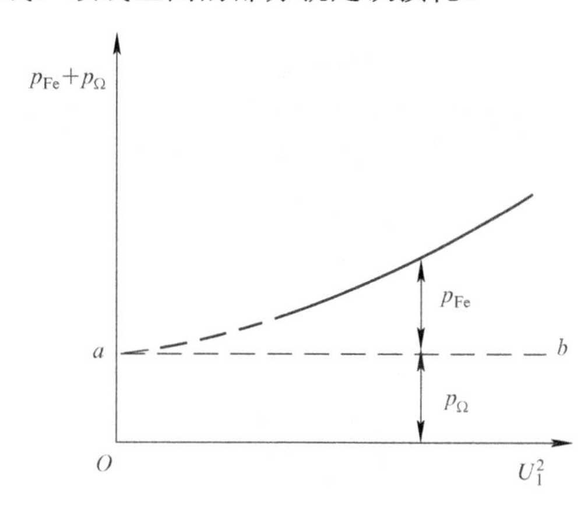

图 4-20　铁耗和机械损耗分离图

2）励磁参数的确定

由空载等值电路，根据空载试验测得的数据，可以计算空载参数

$$Z_0=\frac{U_1}{I_0}$$

$$r_0=\frac{p_0-p_{\Omega}}{3I_0^2}$$

$$x_0=\sqrt{Z_0^2-r_0^2}$$

和励磁参数

$$x_{\mathrm{m}}=x_0-x_1\text{（}x_1\text{可由短路试验求取）}$$

$$r_{\mathrm{m}}=r_0-r_1$$

2．短路（堵转）试验

短路（堵转）试验的目的是确定异步电机的短路参数 r_{k} 和 x_{k}，以及转子电阻 r_2'，定、转子漏抗 x_1 和 x_2'。试验时，堵住转子使其停转，$s=1$，电动机等值电路中附加电阻 $\frac{1-s}{s}r_2'$ 为零，定子短路电流很大，故与变压器相似，在作异步电动机短路试验时也要降低电源电压。调节施加到定子绕组上的电压 U_1，约从 $0.4U_{\mathrm{N}}$ 逐渐降低，再次记录定子相电压 U_1，定子短路电流 I_{k} 和短路功率 P_{k}。根据实验数据，即可绘出短路特性曲线 $I_{\mathrm{k}}=f(U_1)$ 和 $P_{\mathrm{k}}=f(U_1)$，如图 4-21（b）所示（注意：为避免绕组过热损坏，实验应尽快进行）。

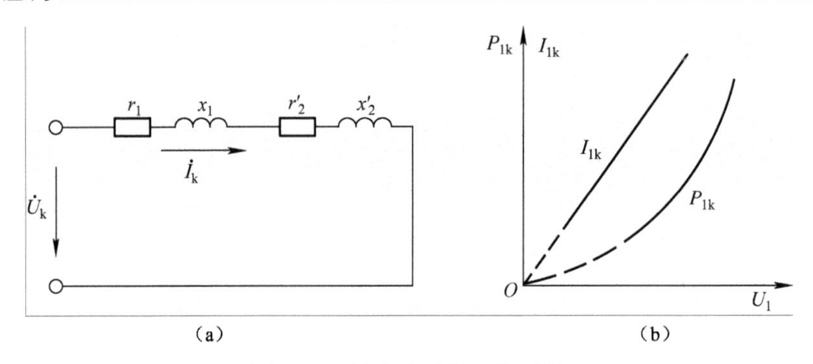

图 4-21　异步电动机短路试验

(a) 短路等效电路　(b) 短路试验曲线

由于短路试验时电机不转，机械损耗为零，而降压后铁损耗和附加损耗很小，可以略去，$I_0 \approx 0$，可以认为励磁支路开路，所以等值电路如图 4-21（a）所示，这时功率表读出的短路功率 p_k，都消耗在定子、转子的电阻上，即

$$p_k = m_1 I_k^2 (r_1 + r_2') = m_1 I_k^2 r_k$$

根据短路试验测得的数据，可以计算短路参数

$$Z_k = \frac{U_k}{I_k}$$

$$r_k = \frac{p_k}{3I_k^2}$$

$$x_k = \sqrt{Z_k^2 - r_k^2}$$

$$r_2' = r_k - r_1$$

对大、中型异步电动机，可以认为

$$x_1 = x_2' = \frac{1}{2} x_k$$

4.3　异步电动机的电力拖动

4.3.1　三相异步电动机的机械特性

1．转矩特性

三相异步电动机拖动生产机械运行时，电磁转矩和转速是最重要的输出量，上节电磁转矩的参数表达式（4-40）表明了电磁转矩与电压、频率、电机参数和转差率之间的关系。电磁转矩与转差率的关系，称为转矩特性 $T=f(s)$，如图 4-22 所示。

转矩特性曲线上有几个特殊点，即图中 A、B、C 及 D 点，这几点确定了，转矩特性的形状也就基本确定了，下面就这几点作具体分析。

1）理想空载运行点 D

该点 $n = n_1 = 60f/p$，$s=0$，电磁转矩 $T=0$，此时电动机不进行机电能量转换。

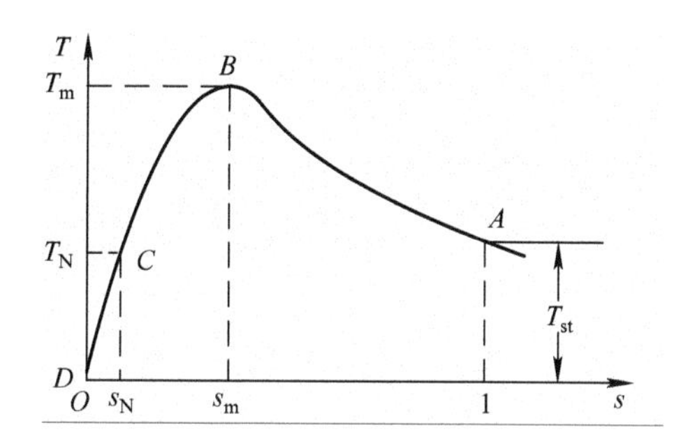

图 4-22　异步电动机的转矩特性曲线

2）额定运行点 C

异步电动机带额定负载运行，s_N=0.01～0.06，其对应的电磁转矩为额定转矩 T_N。若忽略空载转矩，T_N 即为额定输出转矩。

$$T_N = \frac{P_N \times 10^3}{\Omega} = \frac{P_N \times 10^3}{2\pi n_N / 60} = 9\,550 \times \frac{P_N}{n_N} \quad (\text{N}\cdot\text{m}) \tag{4-41}$$

其中，P_N 单位为 kW，n_N 的单位是 r/min。

3）最大电磁转矩点 B

（1）最大电磁转矩 T_m 与临界转差率 s_m。用数学方法将式（4-40）对 s 求导，令 $\frac{dT}{ds}=0$，即可求得产生最大电磁转距 T_m 的转差 s_m，称为临界转差率，且

$$s_m = \frac{r_2'}{\sqrt{r_1^2 + (x_1 + x_{20}')^2}} \tag{4-42}$$

$$T_m = \frac{m_1 p U_1^2}{4\pi f_1 [r_1 + \sqrt{r_1^2 + (x_1 + x_{20}')^2}]} \tag{4-43}$$

通常 $r_1 \ll (x_1 + x_{20}')$，可不计 r_1，有

$$s_m \approx \frac{r_2'}{x_1 + x_{20}'} \tag{4-44}$$

$$T_m \approx \frac{m_1 p U_1^2}{4\pi f_1 (x_1 + x_{20}')} \tag{4-45}$$

由式（4-44）和式（4-45）可得如下结论。

① 最大电磁转矩与电源电压的平方成正比，与转子回路电阻无关。

② 临界转差率 s_m 与外加电压无关，而与转子电路电阻成正比。因此，改变转子电阻大小，最大电磁转矩虽然不变，但可以改变产生最大电磁转矩时的转差率，可以在某一特定转速时，使电动机产生的转矩为最大，这一性质对于绕线式异步电动机具有特别重要的意义。

（2）过载系数 k_m。为了保证电动机不会因短时过载而停转，一般电动机都具有一定的过载能力。最大电磁转矩愈大，电动机短时过载能力愈强，因此把最大电磁转矩与额定转矩之比称为电动机的过载能力，用 k_m 表示，即

$$k_{m}=\frac{T_{m}}{T_{N}} \tag{4-46}$$

k_m 是表征电动机运行性能的指标，它可以衡量电动机的短时过载能力和运行的稳定性。一般电动机的过载能力 k_m=1.6～2.2，起重、冶金、机械专用电动机 k_m=2.2～2.8。

4）启动点 A

（1）启动转矩。电动机启动时 n=0，s=1，将 s=1 代入电磁转矩的参数表达式，可求得启动转矩

$$T_{st}=\frac{m_1 p U_1^2 r_2'}{2\pi f_1[(r_1+r_2')^2+(x_1+x_{20}')^2]} \tag{4-47}$$

由式（4-47）可知，启动转矩具有以下特点：

① 启动转矩与电源电压的平方成正比；

② 启动转矩与转子回路电阻有关，转子回路串入适当电阻可以增大启动转矩。绕线式异步电动机可以通过转子回路串入电阻的方法来增大启动转矩，改善启动性能。

启动时绕线式异步电动机在转子回路中所串电阻 R_{st} 适当，可以使启动时电磁转矩达到最大值。启动时获得最大电磁转矩的条件是 s_m=1，即

$$r_2'+R_{st}'=\sqrt{r_1^2+(x_1+x_{20}')^2}\approx x_1+x_{20}' \tag{4-48}$$

（2）启动转矩倍数 k_{st}。启动转矩与额定转矩之比，称为启动转矩倍数，即

$$k_{st}=\frac{T_{st}}{T_{N}} \tag{4-49}$$

启动转矩倍数也是反映电动机性能的另一个重要参数，它反映了电动机启动能力的大小，电动机启动的条件是启动转矩不小于 1.1 倍的负载转矩，即 $T_{st} \geqslant 1.1T_L$。

2．机械特性

由于转速 n=（1−s）n_1，故可将 T=f（s）曲线转化为异步电动机转速 n 与电磁转矩 T 之间的关系，称之为机械特性。

1）固有机械特性

异步电动机按规定方式接线，工作在额定电压、额定频率下，定、转子电路均不外接电阻情况下的机械特性，称为固有机械特性。当电机处于电动机运行状态时，其固有机械特性如图 4-23 所示。

2）人为机械特性

三相异步电动机的人为机械特性是指人为改变电源参数或电动机参数的机械特性。这里只介绍两种常见的人为机械特性。

（1）降低定子电压的人为机械特性。由前面分析可知，当定子电压 U_1 降低时，电磁转矩与 U_1^2 成正比减小，s_m 和 n_1 与 U_1 无关，所以可得 U_1 下降后的一组人为机械特性，如图 4-24。降低电压后的人为机械特性，线性段斜率变大，特性变软，启动转矩倍数和过载能力显著下降。电压下降，电磁转矩减小将导致电动机转速下降，转子电流、定子电流增大，导致电动机过载。当电压下降过多而使最大电磁转矩小于负载转矩时电动机甚至会停转。

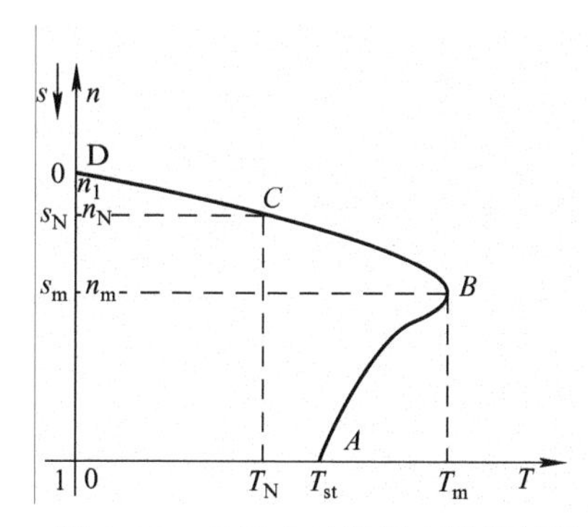

图 4-23　异步电动机固有机械特性

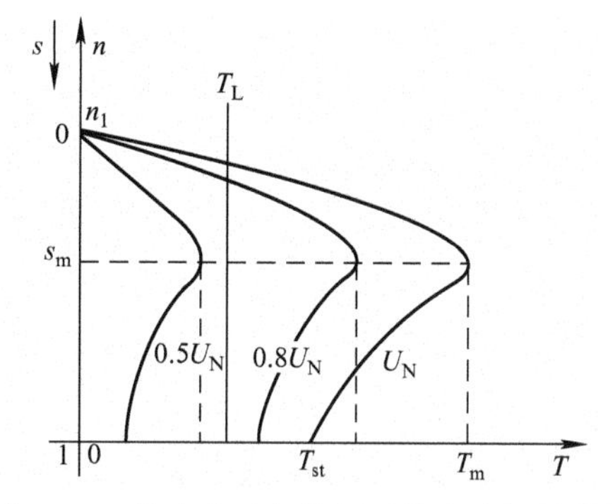

图 4-24　异步电动机降压时的人为机械特性

（2）转子回路串三相对称电阻时的人为机械特性。由前面分析可知，增大转子回路电阻时，n_1，T_m 不变，但出现最大电磁转矩的临界转差 s_m 增大，其人为机械特性如图 4-25（b）所示。转子回路串接电阻后的人为机械特性，线性段斜率变大，特性变软。适当增加转子回路电阻，可以增大电动机启动转矩。如图 4-25 所示，当所串电阻为 R_{S3} 时，s_m=1，启动转矩已达到了最大值，若再增加转子回路电阻，启动转矩反而会减小。

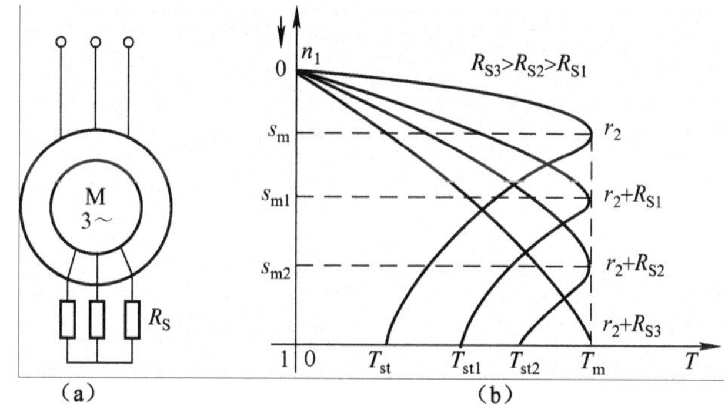

图 4-25　绕线式异步电动机转子回路串接对称电阻

（a）电路图　（b）机械特性

3．转矩的实用公式和机械特性的估算

采用电磁转矩的参数表达式计算电磁转矩，必须要通过试验求出电机参数，在实际应用中，为了便于工程计算，常根据电磁转矩实用表达式

$$\frac{T}{T_m}=\frac{2}{\dfrac{s}{s_m}+\dfrac{s_m}{s}} \tag{4-50}$$

利用产品目录中给出的数据，来估算 $T=f$（s）曲线。其大体步骤如下。

（1）根据额定功率 P_N 及额定转速 n_N 求出 T_N。

（2）由过载能力倍数 k_m 求得最大电磁转矩 T_m。

$$T_m=k_mT_N$$

（3）根据过载能力倍数 k_m，借助于式（4-50）求取临界转差 s_m。

由

$$\frac{T_N}{T_m}=\frac{2}{\dfrac{s_N}{s_m}+\dfrac{s_m}{s_N}}=\frac{1}{k_m}$$

求得
$$s_m = s_N(k_m + \sqrt{k_m^2 - 1})$$

（4）把上述求得的 T_m、S_m 代入式（4-50）就可获机械特性方程 $T = \dfrac{2T_m}{\dfrac{s}{s_m} + \dfrac{s_m}{s}}$。只要给定一系列 s 值，便可求出相应的电磁转矩，并作出 $T=f（s）$ 曲线。

例 4-4

一台 Y80L-2 三相鼠笼型异步电动机，已知 P_N=2.2 kW，U_N=380 V，I_N=4.74 A，n_N=2 840 r/min，过载能力 k_m=2，试绘制其机械特性曲线。

解： 电动机的额定转矩

$$T_N = 9\,550\frac{P_N}{n_N} = 9\,550 \times \frac{2.2}{2\,840}\ \text{N·m} = 7.4\ \text{N·m}$$

最大转矩

$$T_m = k_m T_N = 2 \times 7.4\ \text{N·m} = 14.8\ \text{N·m}$$

额定转差率

$$s_N = \frac{n_1 - n_N}{n_1} = \frac{3\,000 - 2\,840}{3\,000} = 0.053$$

临界转差率

$$s_m = s_N(k_m + \sqrt{k_m^2 - 1}) = 0.053 \times (2 + \sqrt{2^2 - 1}) = 0.198$$

实用机械特性方程式

$$T = \frac{2 \times 14.8}{\dfrac{s}{0.198} + \dfrac{0.198}{s}}$$

把不同的 s 值代入上式，求出对应的 T 值，列表 4-3 如下。

表 4-3　对应 T 值

s	1.0	0.9	0.8	0.7	0.6	0.5	0.4	0.3	0.2	0.15	0.1	0.053
T/（N·m）	5.64	6.21	6.90	7.75	8.81	10.13	11.77	13.61	14.80	14.25	11.91	7.40

根据表中数据，便可绘出电动机的机械特性曲线。该曲线非线性段与实际有一定误差。

4.3.2　三相异步电动机的启动概述

三相异步电动机从接通电源开始，转速从零增加到额定转速或对应负载下的稳定转速的过程称为启动过程。

1．启动性能的指标

启动性能的指标有以下几种：

（1）启动转矩倍数 $\frac{T_{st}}{T_N}$；

（2）启动电流倍数 $\frac{I_{st}}{I_N}$；

（3）启动时间；

（4）启动设备。

异步电动机启动时，为了使电动机能够转动并很快达到额定转速，要求电动机具有足够大启动转矩，启动电流较小，并希望启动设备尽量简单、可靠、操作方便，启动时间短。

2．启动电流和启动转矩

1）启动电流

电动机启动瞬间的电流叫启动电流。刚启动时，n=0，s=0，气隙旋转磁场与转子相对速度最大，因此，转子绕组中的感应电动势也最大，由转子电流公式 $I_2=\frac{E_{20}}{\sqrt{(r_2/s)^2+x_{20}^2}}$ 可知，启动时 s=1，异步电动机转子电流达到最大值，一般转子启动电流 I_{st2} 是额定电流 I_{2N} 的 5～8 倍。根据磁动势平衡关系，定子电流随转子电流而相应变化，故启动时定子电流 I_{st1} 也很大，可达额定电流的 4～7 倍。这么大的启动电流将带来以下不良后果。

（1）使线路产生很大电压降，导致电网电压波动，从而影响到接在电网上其他用电设备正常工作。特别是容量较大的电动机启动时，此问题更突出。

（2）电压降低，电动机转速下降，严重时使电动机停转，甚至可能烧坏电动机。另一方面，电动机绕组电流增加，铜损耗过大，使电动机发热、绝缘老化。特别是对需要频繁启动的电动机影响较大。

（3）电动机绕组端部受电磁力冲击，甚至发生形变。

2）启动转矩

异步电动机启动时，启动电流很大，但启动转矩却不大。因为启动时，s=1，f_2=f_1，转子漏抗 x_{20} 很大，x_{20}>>r_2，转子功率因数角 $\varphi_2=\arctan\frac{x_{20}}{r_2}$ 接近 90°，功率因数 $\cos\varphi_2$ 很低；同时，启动电流大，定子绕组漏阻抗压降大，由定子电动势平衡方程 $\dot{U}_1=-\dot{E}_1+\dot{I}_1Z_1$ 可知，定子绕组感应电动势 E_1 减小，使电机主磁通有所减小。由于这两方面因素，根据电磁转矩公式 $T=C_T\Phi_m I_2'\cos\varphi_2$ 可知，尽管 I_2 很大，异步电动机的启动转矩并不大。

通过以上分析可知，异步电动机启动的主要问题是启动电流大，而启动转矩却不大。为了限制启动电流，并得到适当的启动转矩。根据电网的容量、负载的性质、电动机启动的频繁程度，对不同容量、不同类型的电动机应采用不同的启动方法。由式（4-39）可推出启动电流

$$I_{st1}\approx I_{st2}'=\frac{U_1}{\sqrt{(r_1'+r_2)^2+(x_1+x_{20}')^2}} \tag{4-51}$$

由式（4-51）可知，减小启动电流有如下两种方法。

（1）降低异步电动机电源电压 U_1。

（2）增加异步电动机定、转子阻抗。对鼠笼式和绕线式异步电动机，可采用不同的方法来改善启动性能。

4.3.3 鼠笼式异步电动机的启动

鼠笼式异步电动机的启动方法有两种，即直接启动（全压启动）和降压启动。

1．**直接启动**

直接启动是将额定电压通过开关直接加在电动机定子绕组上，使电动机启动。采用的启动装置为三相闸刀开关、铁壳开关或接触器，如图 4-26 所示。这种启动方法的缺点是启动电流大，启动转矩却不大，启动性能较差；优点是启动设备简单、操作方便，启动迅速。

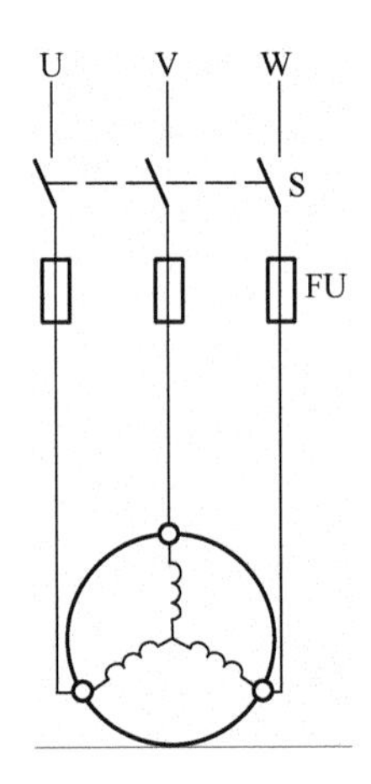

图 4-26 鼠笼式异步电动机直接启动

异步电动机能否采用直接启动应由电网的容量，启动频繁程度，电网允许干扰的程度以及电动机的容量、形式等因素决定。当电网容量足够大，而电动机容量较小时，一般采用直接启动，而不会引起电源电压有较大的波动。允许直接启动的电动机容量通常有如下规定。

（1）电动机由专用变压器供电，且电动机频繁启动时电动机容量不应超过变压器容量的 20%；电动机不经常启动时，其容量不超过 30%。

（2）若无专用变压器，照明与动力共用一台变压器时，允许直接启动的电动机的最大容量应以启动时造成的电压降落不超过额定电压的 10%～15%的原则确定。

（3）容量在 7.5 kW 以下的三相异步电动机一般均可采用直接启动。通常也可用下面经验公式来确定电动机是否可以采用直接启动。

$$\frac{I_{st}}{I_N} < \frac{3}{4} + \frac{\text{变压器容量（kV·A）}}{4 \times \text{电动机功率（kW）}} \tag{4-52}$$

若满足式（4-52）要求，则电动机能够采用直接启动。

2．**降压启动**

降压启动是利用启动设备将加在电动机定子绕组上的电源电压降低，启动结束后恢复其额定电压运行的启动方式。当电源容量不够大，电动机直接启动的线路电压降超过 15%时，应采用降压启动。降压启动以降低启动电流为目的，但由于电动机的转矩与电压的平方成正比，因此降压启动时，虽然启动电流减小，启动转矩也大大减小，故此法一般只适用于电动机空载或轻载启动。降压启动的方法有以下三种。

1）定子回路串电抗（电阻）降压启动

如图 4-27 所示，启动时，接触器触点 S1 闭合，在异步电动机定子回路串入适当的电抗器或变阻器，启动电流在电抗器 X（或电阻器 R）上产生电压降，对电源电压起分压作用，使定子绕组上所加电压低于电源电压，待电动机转速升高后，接触器触点 S2 闭合，切除电抗器 X（或电阻器 R），电动机在全电压下正常运行。

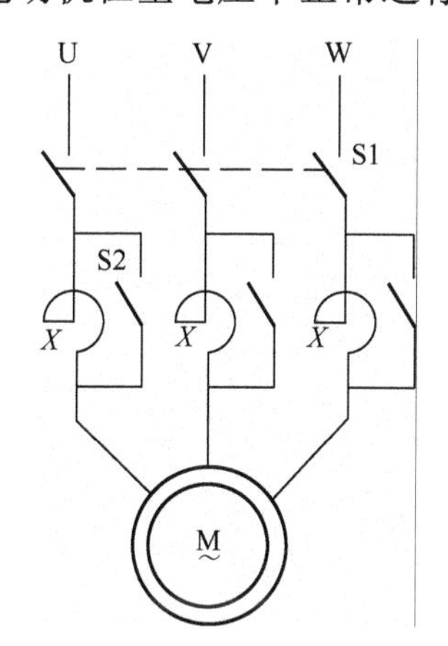

图 4-27　用电抗器降压启动原理接线图

定子回路串电抗（或电阻）降压启动时，由式（4-51）可知，启动电流与启动电压成比例减小，若加在电动机上的电压减小到原来的 $1/k$，则启动电流也减小到原来的 $1/k$，而启动转达矩因与电源电压平方成正比，因而减小到原来的 $1/k^2$。

定子回路串电阻器降压启动，设备简单、操作方便、价格便宜，但要在电阻上消耗大量电能，故不能用于经常启动的场合，一般用于容量较小的低压电动机。电抗器降压启动避免了上述缺点，但其设备费用较高，故通常用于容量较大的高压电动机。

2）星形－三角形（Y－△）换接降压启动

这种启动方法只适用于正常运行时定子绕组作三角形接法运行的电动机。启动时将绕组改接成星形，待电机转速上升到接近额定转速时再改成三角形。其原理接线如图 4-28（a）所示。

Y－△换接降压启动是利用Y－△启动器来实现的。启动时，合上开关 S1；再把 S2 置于 Y 形侧，定子绕组作 Y 形接法，每相绕组承受的相电压为线电压的$1/\sqrt{3}$，从而实现启动电流较小。待电动机的转速升高到接近额定转速，再把开关 S2 置于△侧，定子绕组改接成△形，绕组相电压即为线电压，电动机在额定电压下正常运行。

下面将电动机Y形启动及△形全压启动时的启动电流、启动转矩作一比较，如图 4-28（b）（c）所示。

设电源电压为 U_1，电动机每相阻抗为 Z，启动时，三相绕组接成Y形，绕组电压为 $U_1/\sqrt{3}$，故电网供给电动机的启动电流

$$I_{\mathrm{stY}}=\frac{U_1}{\sqrt{3}Z}$$

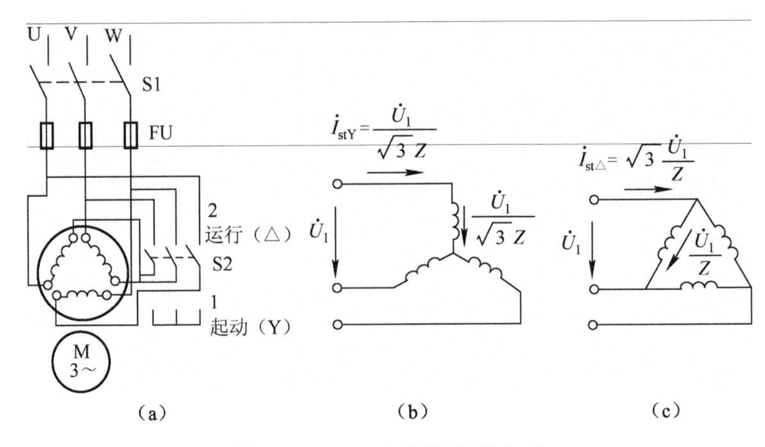

图 4-28　Y－△换接降压启动

（a）原理接线图　（b）Y 启动　（c）△启动

若电动机作△形直接启动，则绕组相电压为电源线电压，定子绕组每相启动电流为 U_1/Z。故电网供给电动机的启动电流

$$I_{st\triangle}=\sqrt{3}\frac{U_1}{Z}$$

Y 形与△形连接启动时，启动电流的比值为

$$\frac{I_{stY}}{I_{st\triangle}}=\frac{\frac{U_1}{\sqrt{3}Z}}{\sqrt{3}\frac{U_1}{Z}}=\frac{1}{3} \tag{4-53}$$

由于启动转矩与相电压的平方成正比，故 Y 形与△形连接启动的启动转矩的比值

$$\frac{T_{stY}}{T_{st\triangle}}=\frac{(\frac{U_1}{\sqrt{3}})^2}{U_1^2}=\frac{1}{3} \tag{4-54}$$

综上所述，采用 Y－△降压启动，其启动电流及启动转矩都减小到直接启动时的 1/3。Y－△换接启动的最大的优点是操作方便，启动设备简单，成本低，但它仅适用于正常运行时定子绕组作△形连接的异步电动机。我国生产的 J02 型及 Y 系列 4～100 kW 三相鼠笼式异步电动机定子绕组通常采用△形连接，使 Y－△降压启动方法得以广泛应用。此法的缺点是启动转矩只有△形直接启动时的 1/3，启动转矩降低很多，而且是不可调的，因此只能用于轻载或空载启动的设备上。

3）自耦变压器降压启动

这种启动方法是利用自耦变压器来降低加在电动机定子绕组上的端电压，其原理接线如图 4-29 所示。启动时，先合上开关 S1，再将开关 S2 置于“启动”位置，这时电源电压经过自耦变压器降压后加在电动机上启动，限制了启动电流，待转速升高到接近额定转速时，再将开关 S2 置于“运行”位置，自耦变压器被切除，电动机在额定电压下正常运行。

下面对自耦变压器降压启动后启动电流和启动转矩与全压启动时的情况作一比较。

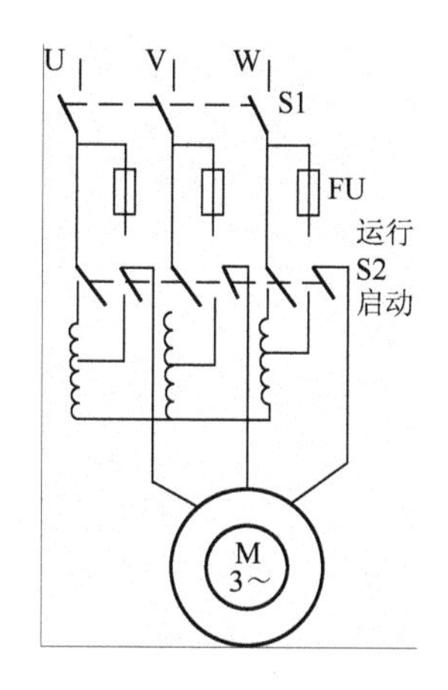

图 4-29　自耦变压器降压启动的原理接线图

设电网电压为 U_1，自耦变压器的变比为 k_a，变压器抽头比 $k=1/k_a$，经自耦变压器降压时，加在电动机上的启动电压（自耦变压器二次侧电压）为 U_1/k_a，由于电动机的启动电流与定子绕组上的电压成正比，故通过电动机定子绕组的电流（自耦变压器二次侧电流）I'_{sta} 也为额定电压下直接启动时启动电流 I_{st} 的 $1/k_a$ 倍；又由于自耦变压器一次侧电流为其二次侧电流的 $1/k_a$，故电网供给电动机的启动电流 I_{sta} 为流过电动机定子绕组电流的 $1/k_a$，为直接启动电流的 $1/{k_a}^2$ 倍，即

$$I_{sta}=\frac{1}{k_a}I'_{sta}=\frac{1}{k_a}\left(\frac{1}{k_a}I_{st}\right)=\frac{1}{{k_a}^2}I_{st}=k^2I_{st} \tag{4-55}$$

式中　I_{sta}——降压后电网供给电动机的启动电流；

I'_{sta}——降压后电动机定子绕组的启动电流；

I_{st}——在额定电压下直接启动的电流。

采用自耦变压器降压启动时，加在电动机上的电压为额定电压的 $1/k_a$ 倍，由于启动转矩与电源电压的平方成正比，所以启动转矩也减小到直接启动时的 $\frac{1}{{k_a}^2}$ 倍，即

$$T_{sta}=\frac{1}{{k_a}^2}T_{st}=k^2T_{st} \tag{4-56}$$

式中　T_{sta}——自耦变压器降压启动转矩；

T_{st}——在额定电压下直接启动的转矩。

由此可见，利用自耦变压器降压启动，电网供给的启动电流及电动机的启动转矩都减小到直接启动时的 $\frac{1}{{k_a}^2}$ 倍。

自耦变压器二次侧通常有几个抽头，例如 40%、60%、80%三个抽头分别表示二次侧电压为一次侧电压的百分比。自耦变压器降压启动的优点是不受电动机绕组连接方式的影响，且可按允许的启动电流和负载所需的启动转矩来选择合适的自耦变压器抽头。其缺点是设备体积大，投资高。自耦变压器降压启动一般用于Y－△降压启动不能满足要求，且不频繁启动的大容量电动机。

三相鼠笼式异步电动机各种降压启动方法的性能及优缺点如表 4-4 所示。

表 4-4　三相鼠笼式异步电动机各种降压启动方法的性能比较

启动方法	电抗（电阻）降压启动	自耦变压器启动	Y－△启动
启动电压	$\frac{1}{k}U_N$	$\frac{1}{k}U_N$	$\frac{1}{\sqrt{3}}U_N$
启动电流	$\frac{1}{k}I_{st}$	$\frac{1}{k^2}I_{st}$	$\frac{1}{3}I_{st}$
启动转矩	$\frac{1}{k^2}T_{st}$	$\frac{1}{k^2}T_{st}$	$\frac{1}{3}T_{st}$
各种启动方法的优缺点	电动机定子回路串电抗降压启动，启动过程中把电抗短接。电阻降压启动次数不能频繁，较少采用。用电抗器代替电阻启动，无上述缺点，但设备费用高	电动机定子回路接入自耦变压器启动，启动后切除之。启动电流与电压平方成比例减小。应用较多。但设备价格贵，不宜频繁启动	用于定子绕组△接法的电动机，设备简单，可以频繁启动。应用较多

4.3.4　绕线式异步电动机的启动

鼠笼式异步电动机直接启动时，启动电流大，启动转矩却不大；利用降压方法虽然限制了启动电流，但启动转矩也随启动电压成平方倍地减小，故只适用于空载及轻载启动的机械负载。对于重载启动的机械负载，如起重机、卷扬机、龙门吊车等，广泛采用启动性能较好的绕线式异步电动机。

绕线式异步电动机与鼠笼式异步电动机的最大区别是转子绕组为三相对称绕组。转子回路串入可调电阻或频敏变阻器之后，可以减小启动电流，同时增大启动转矩，因而启动性能比鼠笼式异步电动机好。绕线式异步电动机启动方式分为转子回路串电阻及转子回路串频敏变阻器两种。

1．转子回路串电阻启动

1）启动原理

根据转子电流公式 $I_2=\dfrac{sE_{20}}{\sqrt{r_2^2+(sx_{20})^2}}$，启动时的转子电流

$$I_{st2}=\frac{E_{20}}{\sqrt{r_2^2+x_{20}^2}} \tag{4-57}$$

启动时的转子回路功率因数

$$\cos\varphi_{st2}=\frac{r_2}{\sqrt{r_2^2+x_{20}^2}}=\frac{1}{\sqrt{1+(\frac{x_{20}}{r_2})^2}} \tag{4-58}$$

启动转矩

$$T_{st}=C_T\Phi_m I_{st2}\cos\varphi_{st2} \tag{4-59}$$

式（4-57）和式（4-58）表明，转子回路串入电阻后，可以减小启动电流，提高功率因数；在转子回路串入适当的电阻，可以使 $\cos\varphi_{st2}$ 增加的效果大于 I_{st2} 的减小，从而使启动转矩增加。

增加转子回路电阻，最大电磁转矩不变，但可以改变获得最大电磁转矩的转差率，使启动时获得最大的电磁转矩，但启动时转子回路所串电阻并不是越大越好，否则启动转矩

反而会减小，这在前面已作过阐述。

2）启动过程

在整个启动过程中为了获得较大的加速转矩，缩短启动时间，并使启动过程比较平滑，应在转子回路中串入多级对称电阻。启动时，随着转速的升高，逐渐切除启动电阻。绕线式异步电动机转子串接对称电阻分级启动的接线图如图 4-30（a）所示。

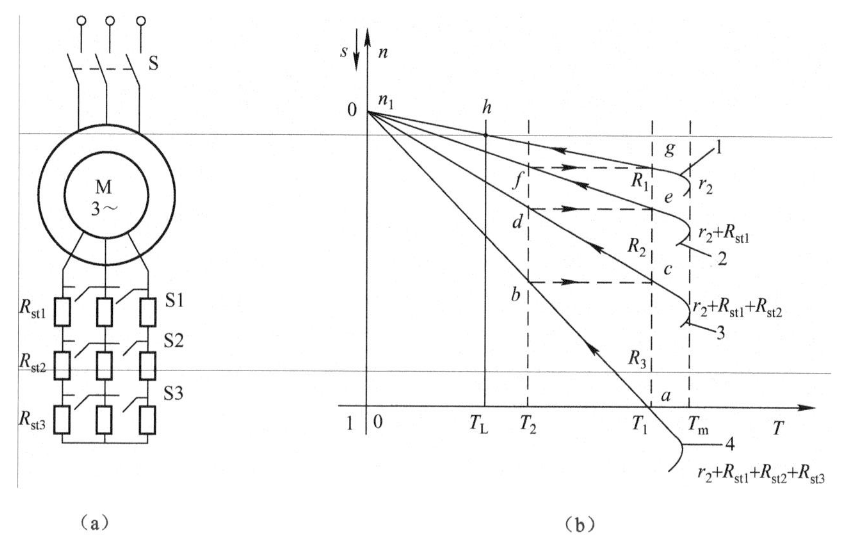

（a）　　　　　　　　　　　　　（b）

图 4-30　三相绕线式异步电动机转子串电阻分级启动

（a）接线图　（b）机械特性

图 4-30（b）所示为绕线式异步电动机三级启动时的一组机械特性曲线。启动开始时，接触器触点 S 闭合，S1、S2、S3 断开，启动电阻全部串入转子回路中，转子每相电阻为 $R_3=r_2+R_{st1}+R_{st2}+R_{st3}$，对应的机械特性如图中曲线 4 所示。启动瞬间，电磁转矩为最大加速转矩 T_1 大于负载转矩 T_L，电动机从 a 点沿曲线 4 开始加速，电磁转矩逐渐减小，当减小到 T_2，如图中 b 点时，触点 S3 闭合，切除 R_{st3}。此时转子每相电阻变为 $R_2=r_2+R_{st1}+R_{st2}$，对应的机械特性变为曲线 3。切换瞬间，转速 n 不能突变，电动机的运行点由 b 点跃到 c 点，电磁转矩又跃升为 T_1。此后电动机转子加速，随转速升高，电磁转矩沿曲线 3 逐渐下降到 T_2，如图中 d 点时，触点 S2 闭合，切除 R_{st2}。此后转子每相电阻变为 $R_1=r_2+R_{st1}$，电动机运行点由 d 点变到 e 点，电动机转速上升，工作点沿曲线 2 变化，最后在 f 点时触点 S1 闭合，切除 R_{st1}，电动机转子绕组直接短接，电动机机械特性曲线变为曲线 1，电磁转矩回升到 g 点之后，电动机沿固有特性加速到负载点 h 点稳定运行，启动过程结束。

在启动过程中，一般取最大加速转矩 $T_1=$（0.7～0.85）T_m，切换转矩 $T_2=$（1.1～1.2）T_N。

如果绕线式异步电动机不接启动电阻，而采用全压启动，电动机机械特性曲线即为曲线 1 所示，启动转矩很小，有可能导致电动机启动困难，甚至无法启动。

绕线式异步电动机转子回路串电阻可以抑制启动电流并获得较大的启动转矩，选择适当电阻可使启动转矩达到最大值，故可以允许电动机在重载下启动。其缺点是在分级切除电阻的启动中，电磁转矩和转速突然增加，会产生较大的机械冲击。该启动方法的启动设备较复杂、笨重，运行维护工作量较大。

2. 转子回路串频敏变阻器启动

1）频敏变阻器的结构

频敏变阻器的外部结构与三相电抗器相似，由三个铁芯柱和三个绕组组成，三个绕组接成星形，通过滑环和电刷与转子电路相接，如图 4-31 所示。

频敏变阻器铁芯用几片或十几片厚钢板制成，铁芯间有可以调节的气隙，当绕组通过交流电后，在铁芯中产生的涡流损耗和磁滞损耗都较大。

2）工作原理

频敏变阻器是根据涡流原理工作的，即铁芯涡流损耗与频率的平方成正比。当转子电流频率变化时，铁芯中的涡流损耗变化，频敏变阻器的等值电路如图 4-31（c），其参数 r_m 和 x_m 随之变化。

当绕线式异步电动机刚启动时，电动机转速很低，转子电流频率 f_2 很高，接近于 f_1，铁芯中涡流损耗及其对应的等效电阻 r_m 最大，相当于转子回路串入了一个较大的启动电阻，起到了限制启动电流和增加启动转矩的作用。启动后，随转子转速上升，转差率减小，转子电流频率 $f_2=sf_1$ 随之而减小，于是频敏变阻器的涡流损耗减小，反映铁芯损耗的等值电阻 r_m 也随之减小，起到转子回路自动切除电阻的作用。启动结束后，转子绕组短接，把频敏变阻器从电路中切除。

频敏变阻器实际上是利用转速上升，转子频率 f_2 的平滑变化来达到使转子回路电阻自动平滑减小目的。故它是一种无触点的变阻器，能实现无级平滑启动，如果参数选择适当可获得恒转矩的启动特性，使启动过程平稳、快速，且没有机械冲击。这时电动机的机械特性如图 4-31（d）曲线 2 所示，曲线 1 是电动机的固有机械特性。且频敏变阻器结构较简单，成本低，使用寿命长，维护方便。其缺点是体积较大，设备较重。由于其电抗的存在，功率因数较低，启动转矩并不很大。因此，当绕线式异步电动机在轻载启动时，采用频敏变阻器启动，重载时一般采用串变阻器启动。

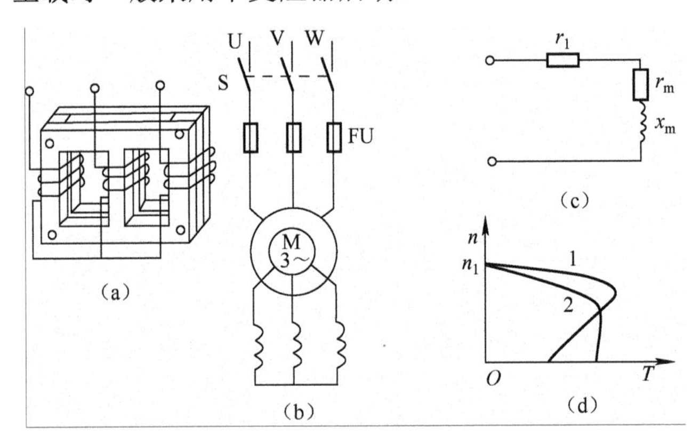

图 4-31 三相绕线式异步电动机转子串频敏变阻器启动

4.3.5 异步电动机的调速

为了适应生产的需要，满足生产机械的要求，在生产过程中需要人为地改变电动机的转速，称为调速。直流电动机调速性能虽好，但存在价格高、维护困难等一系列缺点，异步电动机具有结构简单、运行可靠、维护方便等优点，随着电力电子技术和计算机技术以及电机理论和自动控制理论的发展，交流调速装置的容量不断扩大，性能不断提高。目前高性能的异步电动机调速系统已显示出逐步取代直流调速的趋势。选择异步电动机调速方法的基本原则是：调速范围广、调速平滑性好、调速设备简单、调速中的损耗小。

根据异步电动机的转速关系式

$$n = n_1(1-s) = \frac{60f_1}{p}(1-s) \tag{4-60}$$

可知，通过改变定子绕组的磁极对数 p、改变电源频率 f_1 或改变转差率 s，均可以实现异步电动机的调速。

1．变极调速

1）变极原理

当电源频率 f_1 不变时，改变电动机的极数，电动机的同步转速随之成反比变化。若电动机极数增加一倍，同步转速下降一半，电动机的转速也几乎下降一半，即改变磁极对数可以实现电动机的有极调速。

要改变电动机的极数，可以在定子铁芯槽内嵌放两套不同极数的定子绕组，但从制造的角度看，很不经济，故通常采用的方法是单绕组变极调速，即在定子铁芯内只装一套绕组，通过改变定子绕组的接法来改变极数和电动机的转速，这种电动机称为多速电动机。变极调整只适用于鼠笼式异步电动机。因为鼠笼式异步电动机转子的磁极对数能自动地随着定子磁极对数相应地变化。而绕线式异步电动机的转子绕组在转子嵌线时就已确定了磁极对数，在改变定子磁极对数时，转子绕组必须相应地改变接法，才能得到与定子绕组相同的磁极对数，不容易实现。故绕线式异步电动机一般都不采用变极调速。

定子绕组的变极原理如下。图 4-32 只画出了定子三相绕组中的 U 相绕组，每相绕组都由两个线圈组串联组成，为了便于分析，每个线圈组用一个等效集中线圈来表示。若把 U 相两组线圈 u1u2 和 u3u4 顺向串联，即它们的首端和尾端接在一起，则根据图中电流方向可判断气隙中形成四极磁场，即 $2p=4$。若将绕组中的一组线圈 u3u4 反接，如图 4-33 使其中的电流方向与另一组线圈 u1u2 中的电流方向相反，即 u1u2 与 u3u4 反向串联，或反向并联，则气隙中形成两极磁场，即 $2p=2$。

由此可见，改变每相定子绕组的接线方式，使其中一半绕组中的电流反向，可使极对数发生改变，这种仅在每相内部改变绕组连接来实现变极的方法称为反向变极法。一般变极时均采用这种方法。

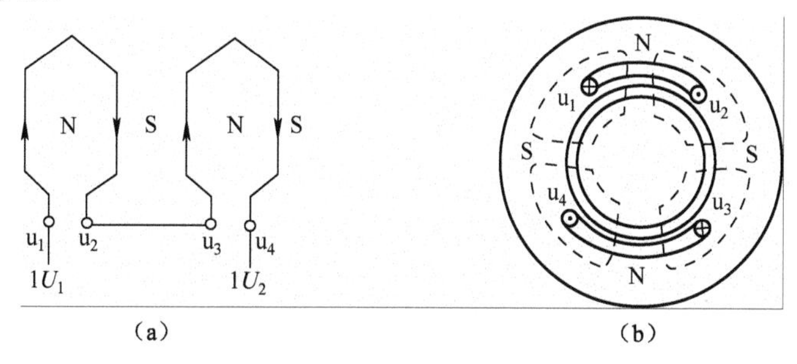

图 4-32　四极三相异步电动机定子U相绕组

（a）两线圈正向串联　（b）绕组布置及磁场

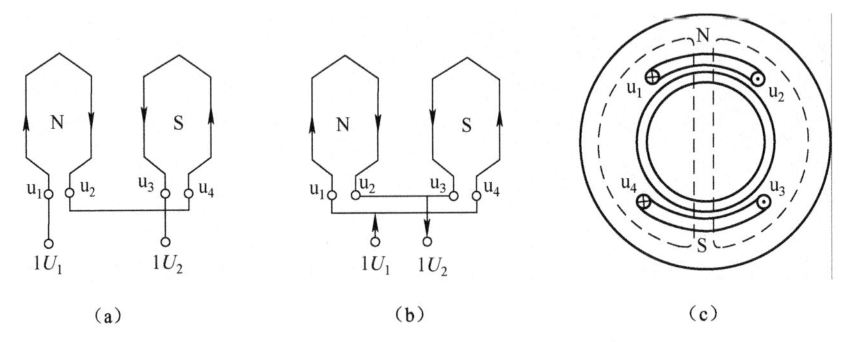

图 4-33　二极三相异步电动机的 U 相绕组

（a）线圈反向串联　（b）线圈反向并联　（c）绕组布置及磁场

2）常用的变极接线方式

多极电动机定子绕组的接线方式很多，在变极时，三相绕组中都有一半要反接，其中最常用的有两种，一种是绕组从△形改接成双 Y 形，写作△/YY（或△/2Y），另一种是从单 Y 形改接成双 Y 形，写作 Y/YY（或 Y/2Y）。这两种接法都能使电动机极数减小一半，使电动机转速接近成倍改变。但不同的接线方式，电动机允许输出功率不同，因此要根据生产机械的要求进行选择。

（1）△/YY 接法变极调速。该连接方法如图 4-34 所示。△连接方法时，端子 U1、V1、W1 接电源，W2、V2、U2 空着，每相的两个半相绕组正向串联，电流方向一致，极对数为 p，同步转速为 n_1，如 4-34（a）所示。双 Y 连接方法时，可将 U1、V1、W1 短接，W2、V2、U2 接电源，此时半相绕组反向并联，其中一个半相绕组电流反向，极对数为 $p/2$，同步转速为 $2n_1$，如图 4-34（b）所示。

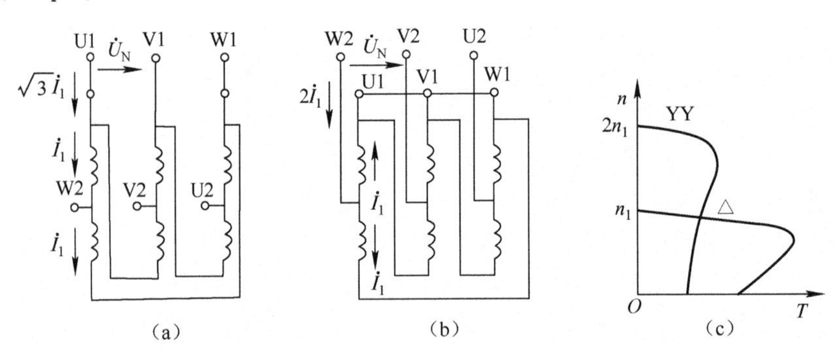

图 4-34　△/YY 变极电动机的绕组连接及机械特性

（a）△连接　（b）YY 连接　（c）机械特性

设电网电压为 U_N，通过每个线圈中的电流 I_1 不变，并假设变极前后电动机效率 η 和功率因数 $\cos\varphi$ 不变，则变极前后的输出功率和输出转矩的关系如下。

△形接法时电动机的输出功率

$$P_{2(\triangle)} = 3U_N I_1 \eta \cos\varphi$$

双 Y 形接法时电动机的输出功率

$$P_{2(2Y)}=3\frac{U_N}{\sqrt{3}}(2I_1)\eta\cos\varphi=2\sqrt{3}U_N I_1\eta\cos\varphi$$

$$\frac{P_{2(2Y)}}{P_{2(\triangle)}}=\frac{2\sqrt{3}}{3}=1.15 \tag{4-61}$$

上式说明定子绕组由△形变成双 Y 形接法，极对数减少一半，电动机转速增加一倍。但输出功率只增加了 15%，可认为属于恒功率调速。由 $T_2=\frac{P_2}{\Omega}$ 可知，高转速时产生的输出转矩比低转速时几乎减小一半。此种调速方法适用于带恒功率负载，如各种金属切削机床。机床在低转速时进行粗加工，进刀量大，需要转矩大；高转速时进行精加工，进刀量小，需要转矩小。

（2）Y/YY 接法变极调速。该接线方法如图 4-35 所示。电动机定子绕组有六个出线端。低速运行时端子 U1、V1、W1 接电源；W2、U2、V2 空着。此时，定子绕组为单 Y 连接方法，每相的两个半相绕组正向串联，电流方向一致，极对数为 p，同步转速为 n_1，如图 4-35（a）所示。双 Y 连接方法时，U1、V1、W1 短接，W2、V2、U2 接电源，成为反相序。此时，两个半相绕组成反向并联，每相中都有一个半相绕组改变电流方向，因此，极对数变为 $p/2$，同步转速变为 $2n_1$，如图 4-35（b）所示。

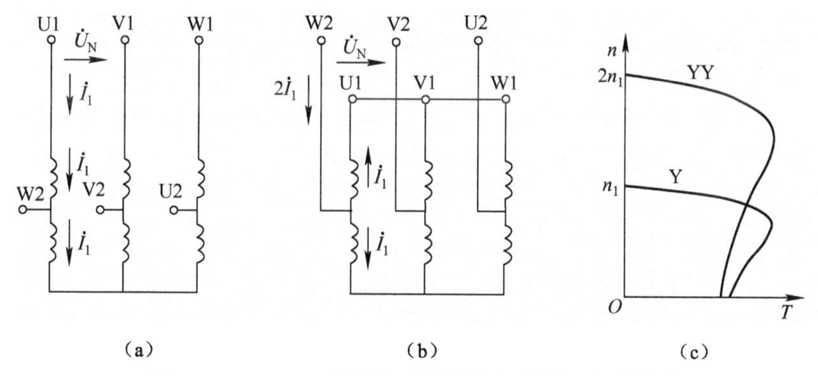

图 4-35　Y/YY 变极电动机的绕组连接及机械特性

（a）Y 连接　（b）YY 连接　（c）机械特性

设电网电压 U_N 和通过每个线圈中的电流 I_1 不变，并假设变极前后的效率和功率因数保持不变，则变极前后输出功率和输出转矩的关系如下。

Y 接法时电动机的输出功率

$$P_{2(Y)}=3\times\frac{U_N}{\sqrt{3}}I_1\eta\cos\varphi=\sqrt{3}U_N I_1\eta\cos\varphi$$

2Y 接法时电动机的输出功率

$$P_{2(2Y)}=3\times\frac{U_N}{\sqrt{3}}\times 2I_1\eta\cos\varphi=2\sqrt{3}U_N I_1\eta\cos\varphi$$

$$\frac{P_{2(2Y)}}{P_{2(Y)}}=2 \tag{4-62}$$

上式表明由单 Y 形改接成双 Y 形时，极对数减半，电动机转速倍增，输出功率也增加一倍。

由$T_2 = P_2 / \Omega$可知，输出转矩基本不变。故 Y/2Y 变极调速方法属于恒转矩调速，适宜于带动起重机、运输机等恒转矩的负载。

反向变极法除了能得到如 2/4、4/8 极等倍极比双速电动机外，还可以得到 4/6、6/8、6/4/2、8/4/2、8/6/4 等非倍极比多速电动机。一般用倍极比变极调速，变极后绕组相序将发生改变。这是由于电角度=$p\times$机械角度，极对数不同，空间电角度大小也不同。当p=1 时，U、V、W 三相绕组在空间分布的电角度依次为 0°、120°、240°；而当p=2 时，U、V、W 三相绕组在空间分布的电角度变为 0°、120°×2=240°、240°×2=480°（即 120°）。可见，变极前后三相绕组的相序发生了变化。若要保持电动机转向不变，应把接到电动机的三根电源线任意对调两根。

变极调速的优点是设备简单、运行可靠、机械特性硬、损耗小，为了满足不同生产机械的需要，定子绕组采用不同的接线方式，可获得恒转矩调速或恒功率调速；缺点是电动机绕组引出头较多，调速的平滑性差，只能分级调节转速，且调速级数少。必要时需与齿轮箱配合，才能得到多极调速。另外，多速电动机的体积比同容量的普通鼠笼型电动机大，运行特性也稍差一些，电动机的价格也较贵，故多速电动机多用于一些不需要无级调速的生产机械，如金属切削机床、通风机、升降机等。

2．变频调速

变频调速是改变电源频率f_1，从而使电动机的同步转速$n_1 = \dfrac{60 f_1}{p}$变化达到调速的目的。由转速公式$n = n_1(1-s)$，考虑到正常情况下转差率s很小，故异步电动机转速n与电流频率f_1近似成正比，改变电动机供电频率即可实现调速。

在变频的同时，通常希望气隙主磁通Φ_m维持不变。因为Φ_m若增加，电动机磁路过饱和，引起励磁电流增加、铁芯损耗加大、电机温升过高、功率因数降低；若Φ_m减小，电动机容量将得不到充分利用。由电动势公式$U_1 \approx E_1 = 4.44 f_1 N_1 k_{w1} \Phi_m$可知，若要保持磁通$\Phi_m$为定值，则电源电压$U_1$必须随频率的变化作正比变化，即保持$U_1 / f_1$为常数。

另一方面，调速前后还希望电机过载能力k_m不变，可以推导出保证k_m不变的条件是：

$$\frac{U_1'}{U_1} = \frac{f_1'}{f_1}\sqrt{\frac{T_N'}{T_N}} \tag{4-63}$$

对于恒转矩负载，若保持U_1 / f_1=定值，可保持磁通Φ_m不变，同时也能保证电动机的过载能力k_m不变。对于恒功率负载，若保持U_1 / f_1=定值，气隙磁通Φ_m可维持不变，但过载能力将发生变化。若满足$U_1 / \sqrt{f_1}$=定值，则电动机过载能力不变，但气隙磁通Φ_m将发生变化。故变频调速特别适用于恒转矩负载。

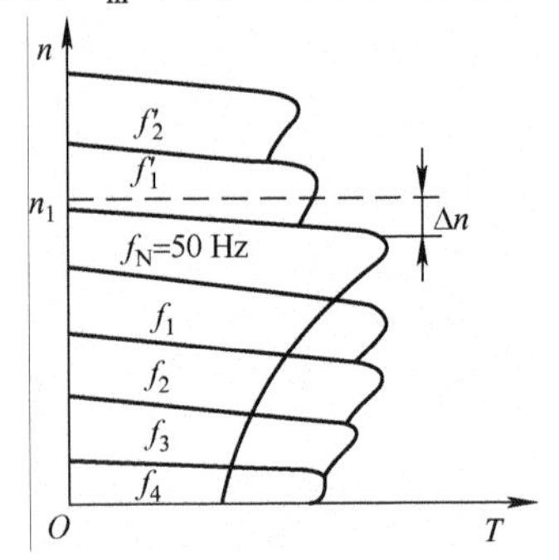

图 4-36　三相异步电动机变频调速时的机械特性

图 4-36 为在U_1/f_1=定值的条件下，三相异步电动机变频调速时的机械特性曲线。变频调速的主要优点是调速范围大、调速平滑、机械特性较硬、效率高。高性能的异步电动机变频调速系统的调速性能可与直流调速系统相媲美。但它需要一套专用变频电源，调速系统较复杂、设备投资较高。近年来晶闸管技术的发展，为变频电源提供了新的途径。晶闸管变频调速器的应用，大大促进了变频调

速的发展。变频调速是近代交流调速发展的主要方向之一。三相异步电动机的变频调速在很多领域内已获得广泛应用，如轧钢机、纺织机、球磨机、鼓风机及化工企业中的某些设备等。

3．改变转差率调速

异步电动机的改变转差率调速包括定子调压调速、绕线式异步电动机的转子串接电阻调速及串级调速。

1）调压调速

改变加在异步电动机定子绕组上的电压，可获得一组人为机械特性曲线。其最大转矩随电压的平方而下降，产生最大转矩的临界转差率不变。对于恒转矩负荷 T_L，若采用调压调速，如图 4-37（a）所示，调速范围小，实用价值不大。但若用于通风机负载，其负载转矩 T_L 随转速的变化关系如图 4-37（b）虚线所示，从 a、a'、a''三个工作点所对应的转速看，调速范围较宽，因此改变电压调速适合于通风性质的负载。对于恒转矩负载，若要获得较宽的调速范围，可采用转子电阻较大、机械特性较软的高转差率鼠笼式异步电动机，如图 4-37（c）所示。负载转矩为恒转矩 T_L 时，不同的电源电压 U_1、U'_1、U''_1 可获得不同的工作点 a、a'、a''。调速范围较宽，但在电压低时，特性曲线太软，负载波动将引起转速的较大变化，其静差率和运行稳定性往往不能满足生产工艺的要求。

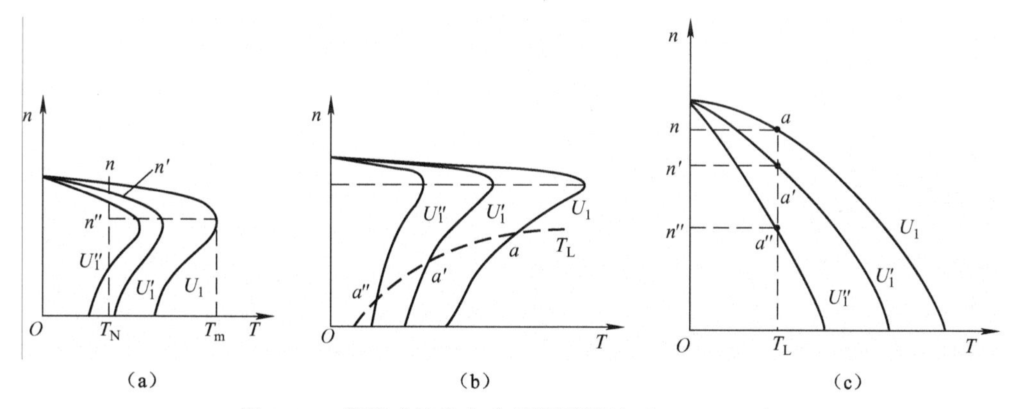

图 4-37　鼠笼式异步电动机调压调速（$U_1>U'_1>U''_1$）

（a）恒转矩负载调压调速　（b）通风机负载调压调速　（c）高转差率电动机的调压调速

目前，随着晶闸管技术的发展，晶闸管交流调压调速已得到广泛应用。其优点是可以获得较大的调速范围，调速平滑性较好。其缺点是，当电动机运行在低转速时，转差率较大，转子铜耗较大，使电动机效率降低，发热严重，故这种调速一般不宜在低转速下长时间运转。为了克服降压调速在低转速下运行时稳定性差的缺点，现代的调压调速系统通常采用速度反馈闭环控制。

2）改变转子回路电阻调速

改变转子回路的电阻调速，只适用于绕线式异步电动机。图 4-38 所示为改变转子回路电阻所获得的一组人为机械特性。增加转子回路电阻，最大电磁转矩不变，但产生最大转矩的转速要发生变化。当负载转矩 T_L 一定时，不同转子电阻对应不同的稳定转速，而且随转子电阻的增加 $R_{S2}>R_{S1}$，电动机转速下降 $n_C<n_B<n_A$。转子回路串变阻器调速与转子回路串变阻器启动的原理相似，但启动变阻器是按短时设计的，而调速变阻器允许在某一转速

下长期工作。

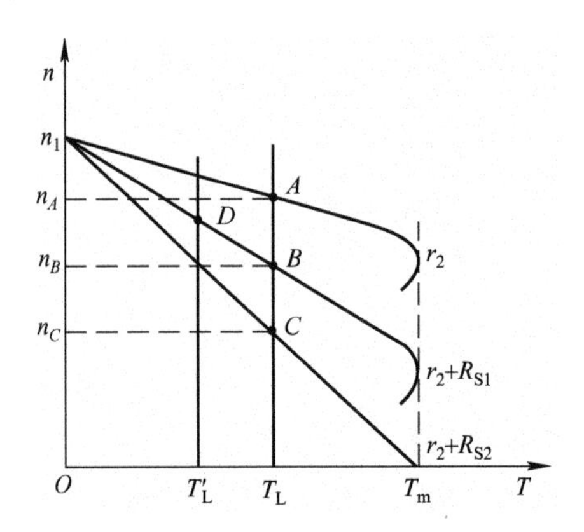

图 4-38　绕线式异步电动机的转子串电阻调速

从调速性质来看，转子回路串电阻属于恒转矩调速，调速过程中负载转矩不变，故电动机产生的电磁转矩应不变。由电磁转矩公式可知，转子回路电阻与转差率成正比，$\frac{r_2'}{s}$=定值，即 $\frac{r_2}{s}$ = 定值。

$$\frac{r_2}{s}=\frac{r_2+R_S}{s'} \tag{4-64}$$

$$R_S=(\frac{s'}{s}-1)\ r_2 \tag{4-65}$$

式中 R_S 及 s'分别为转子回路串接电阻和串入电阻 R_S 后的转差率。

这种调速方法的优点是设备简单、操作方便，可在一定范围内平滑调速，调速过程中最大转矩不变，电动机过载能力不变。缺点是转子回路串接电阻越大，机械特性越软，转速随负载的变化很大，运行稳定性下降，故最低转速不能太小，调速范围不大；且调速电阻上要消耗一定的能量，随外接电阻增大，转速下降，转差率增大，转子铜耗增大，电动机效率下降。在空载和轻载时调速范围很窄。此法主要用于运输、起重机械中的绕线式异步电动机上。

3）绕线转子电动机的串级调速

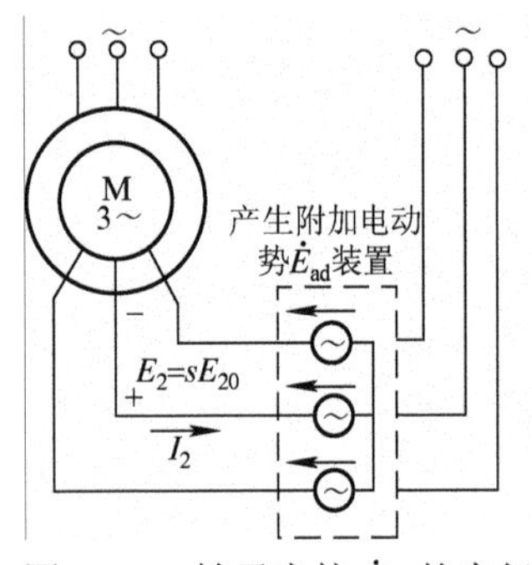

图 4-39　转子串接 $\dot{E}_{ad}$ 的串级调速原理

转子串接电阻调速时，转速调的越低，转差率越大，转子铜损耗 $p_{Cu2}=sP_M$ 越大，输出功率越小，效率就越低，故转子串接电阻调速很不经济。

如果在转子回路中不串接电阻，而是串接一个与转子电动势 $\dot{E}_2$ 同频率的附加电动势 $\dot{E}_{ad}$（图 4-39），通过改变 $\dot{E}_{ad}$ 幅值大小和相位，同样也可实现调速。这种在绕线式异步电动机转子回路串接附加电动势的调速方法称为串级调速。串级调速完全克服了转子串电阻调速的缺点，它具有高效率、无级平滑调速、较硬的低速机械特性等优点。

串级调速的基本原理分析如下。

未串接 $\dot{E}_{ad}$ 时，转子电流

$$I_2=\frac{sE_{20}}{\sqrt{r_2^2+(sx_{20})^2}} \tag{4-66}$$

当转子串接的 $\dot{E}_{ad}$ 与 $\dot{E}_2 = s\dot{E}_{20}$ 反相位时，转子电流

$$I_2 = \frac{sE_{20} - E_{ad}}{\sqrt{r_2^2 + (sx_{20})^2}} = \frac{E_{20} - \dfrac{E_{ad}}{s}}{\sqrt{(\dfrac{r_2}{s})^2 + x_{20}^2}} \tag{4-67}$$

因为反相位的 $\dot{E}_{ad}$ 串入后，转子电流 I_2 减小，电动机产生的电磁转矩 $T = C_T\Phi_m I'_2 \cos\varphi_2$ 也随 I_2 而减小，于是电动机开始减速，转差率 s 增大，由式（4-67）可知，随着 s 增大，转子电流 I_2 开始回升，T 也相应回升，直到转速降至某个值，I_2 回升到使得 T 复原到与负载转矩平衡时，减速过程结束，电动机便在此低速下稳定运行，这就是向低于同步转速方向调速的原理。

串入反相位 $\dot{E}_{ad}$ 的幅值越大，电动机的稳定转速就越低。而当转子串入的 $\dot{E}_{ad}$ 与 $\dot{E}_{20}$ 同相位时，电动机的转速将向高调节。

串级调速的调速性能比较好，但获得附加电动势 $\dot{E}_{ad}$ 的装置比较复杂，成本较高，且在低速时电动机的过载能力较低，因此串级调速最适用于调速范围不太大的场合，例如通风机和提升机等。

4．电磁调速异步电动机

电磁调速异步电动机亦称滑差电动机。它实际上就是一台带有电磁滑差离合器的鼠笼式异步电动机，其原理如图 4-40 所示。

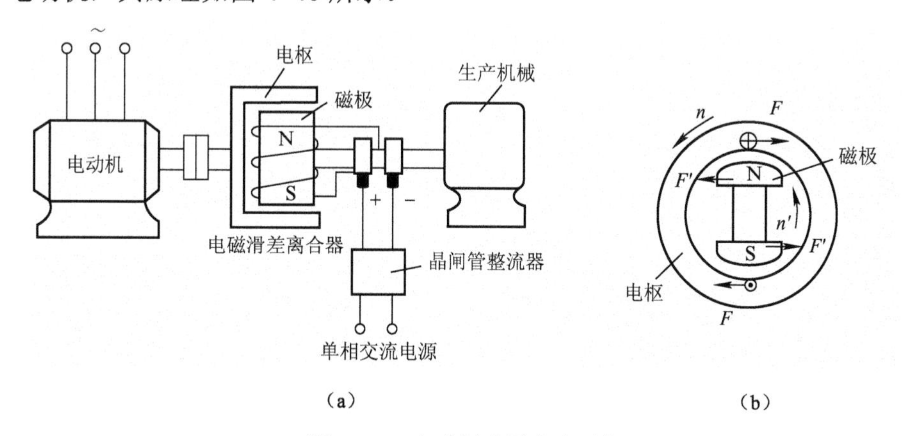

图 4-40　电磁调速异步电动机

（a）连接原理图　（b）电磁滑差离合器工作原理

1）电磁滑差离合器的结构

电磁滑差离合器由电枢和磁极两部分组成，两者之间无机械联系，各自能独立旋转。电枢是由铸钢制成的空心圆柱体，直接固定在异步电动机轴端上，由电动机拖动旋转，是离合器的主动部分。磁极的励磁绕组由外部直流电源经滑环通入直流励磁电流进行励磁。磁极通过联轴器与异步电机拖动的生产机械直接相连，称为从动部分。

2）电磁滑差离合器的工作原理

磁极的励磁绕组通入直流电后形成磁场。异步电动机带动离合器电枢以转速 n 旋转，电枢便切割磁场产生涡流，方向如图 4-40（b）所示。电枢中的涡流与磁场相互作用产生电磁力

和电磁转矩，电枢受到力 F 的作用方向可用左手定则判定。对电枢而言，f 产生的是个制动转矩，需要依靠异步电动机的输出机械转矩来克服此制动转矩，从而维持电枢的转动。

根据作用力与反作用力大小相等、方向相反的原则，可知离合器磁极所受到电磁力 f' 的方向，与 f 方向相反。在 f' 产生的电磁转矩的作用下，磁极转子带动生产机械沿电枢旋转方向以 n' 的速度旋转，$n'<n$。由此可见电磁滑差离合器的工作原理和异步电动机工作原理相同。电磁转矩的大小由磁极磁场的强弱和电枢与磁极之间的转差决定。当励磁电流为零，磁通为零时，无电磁转矩；当电枢与磁极间无相对运动时，涡流为零，电磁转矩也为零，故电磁离合器必须有滑差才能工作，所以电磁调速异步电动机又称为滑差电动机。

当负载转矩一定时，调节励磁电流的大小，磁场强弱和电磁转矩随之改变，从而达到调节转速的目的。

电磁离合器结构有多种形式。目前我国生产较多的是电枢为圆筒形铁芯，磁极为爪形，电磁调速异步电动机的主要优点是调速范围广，可达 10:1，调速平滑，可实现无级调速，且结构简单，操作维护方便，适用于恒转矩负载。其缺点是由于离合器是利用电枢中的涡流与磁场相互作用而工作的，故涡流损耗大，效率较低。另一方面由于其机械特性较软，特别是在低转速下，其转速随负载变化很大，不能满足恒转速生产机械的需要。为此电磁调速异步电动机一般都配有根据负载变化而自动调节励磁电流的控制装置。

4.3.6 异步电动机的制动

异步电动机运行在制动状态时，电磁转矩与转子转速反方向，电动机从轴上吸收机械能并转换成电能，该电能或消耗在电机内部，或反馈回电网。在电力拖动中，常要求拖动生产机械的异步电动机处于制动运行。异步电动机制动的目的是使电力拖动系统快速停车或者使拖动系统尽快减速，对于位能性负载，制动运行可获得稳定的下降速度以保证设备及人身安全。如起重机下放重物、电气机车下坡时，异步电动机都处于制动状态。

三相异步电动机的制动分为机械制动和电气制动两大类。机械制动是利用机械装置使电动机在切断电源后迅速停止，如电磁抱闸机构。电气制动是使异步电动机产生一个与其转向相反的电磁转矩，作为制动转矩，从而使电动机减速或停转。下面介绍电气制动的主要方法：反接制动、能耗制动及再生制动。

1．反接制动

异步电动机运行时，若转子的转向与气隙旋转磁场的转向相反，这种运行状态叫反接制动。反接制动又分为正转反接和正接反转两种。

1）正转反接

将正在运行的异步电动机定子绕组两相反接，定子电流相序改变，气隙旋转磁场的方向也随之改变。由于机械惯性电机转子仍按原方向转动，转子导体以 n_1+n 的相对速度切割旋转磁场，切割磁场的方向与异步电动机定子电流为原相序运行状态时相反，故转子电动势、转子电流和电磁转矩的方向随之改变，电机处于 $s\approx2$ 的电磁制动运行状态，对转子产生制动作用，转子转速迅速下降，当转速 n 接近于 0 时，制动结束。若要停车，则应立即切断电源，否则电动机将反转。反接制动开始时，反接时的制动电流比启动电流还要大，但由于转子电流频率较大，转子漏抗大，功率因数很低，所以制动转矩较小。故对于绕线式异步电动机，反接时一般在转子回路中串入制动电阻以限制反接时的制动电流和增大制动转矩，提高制动效果。改变制动电阻的数值可以调节制动转矩的大小以适应生产机械的不同要求。鼠笼式电动机为了限制反接时的电流冲击，可在定子绕组电路中串联限流电阻 R，如图 4-41 所示。

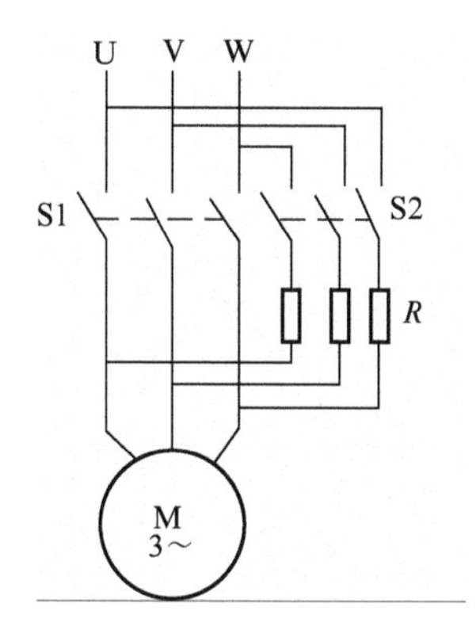

图 4-41　三相异步电动机正转反接原理接线图

2）正接反转

正接反转制动适用于绕线式异步电动机拖动位能性负载的情况，它能够使重物获得稳定的下放速度。如图 4-42（a）所示，电动机的定子绕组按电动机运行时的接法接线，即所示正接，而利用转子回路串入较大电阻 r_t 来使转子反转，其原理与在转子回路中串电阻调速相同。异步电动机提升重物时，异步电动机在固有机械特性曲线 a 点上以 n_a 稳定运行时，如图 4-42（b）所示，当异步电动机下放重物时，在转子回路串入较大电阻，人为机械特性曲线斜率随串入电阻的增加而增加，如图 4-42（b）中的特性曲线 2 所示。由于机械惯性，转速瞬时来不及变化，电动机的工作点由固有机械特性曲线 1 上的 a 点转移到人为机械特性曲线 2 的 b 点。而此时电动机电磁转矩 T_b 小于负载转矩 T_L，电机转速逐渐减小，工作点沿曲线 2 由 b 点向 c 点移动，在减速过程中电机仍运行在电动机状态。当转速 n 下降到 c 点为零时，电动机电磁转矩 T_c 仍小于 T_L，重物将倒拉电动机的转子反向加速，电机进入正接反转制动状态，在重物作用下，电动机反向加速，电磁转矩逐步增大，直到 d 点 T_d=T_L 为止，电动机便以较低的转速 n_d 下放重物，而不致于把重物损坏。在 d 点，电磁转矩 T_d 起制动作用，负载转矩成为拖动转矩，拉着电动机反转，故这种制动又称为倒拉反转的反接制动。调节转子回路电阻可以控制重物下放的速度。利用同一转矩下转子电阻与转差率成正比的关系，即

$$\frac{s_d}{s_a}=\frac{r_2+r_t}{r_2}$$

可求得在需要的下放速度 n_d 时，转子附加电阻 r_t 的数值

$$r_t=(\frac{s_d}{s_a}-1)\ r_2$$

式中　s_a——反转制动开始时的转差率；

s_d——以稳定速度下放重物时的转差率。

反接制动优点是制动能力强，停车迅速，所需设备简单，缺点是制动过程冲击大，电能消耗多，不易准确停车，一般只用于小型异步电动机中。

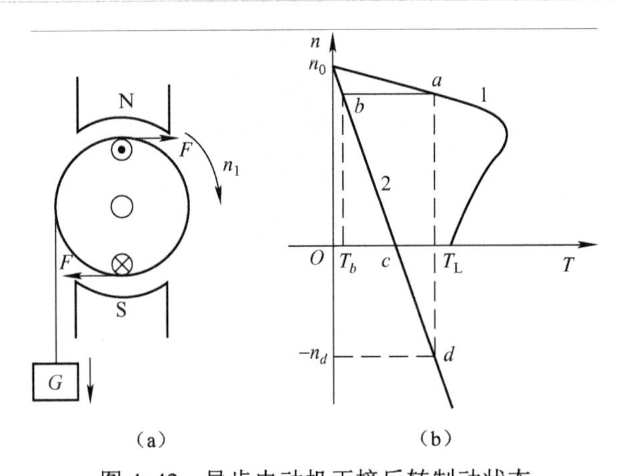

图 4-42　异步电动机正接反转制动状态

(a) 正接反转制动原理　(b) 正接反转制动机械特性曲线

2．**回馈制动**

在电动机工作过程中，由于外来因素的影响，使电动机转速 n 超过旋转磁场的同步转速 n_1，电动机进入发电机状态，此时电磁转矩的方向与转子转向相反，变为制动转矩，电机将机械能转变成电能向电网反馈，故又称为再生制动。

1）下放重物时的回馈制动

当异步电动机拖动位能负载高速下放重物时，首先将电动机定子两相反接，定子旋转磁场方向改变了，电磁转矩方向也随之改变，电动机反向启动，重物下放。刚开始，电动机转速小于同步转速，即 $n<n_1$，它处于电动机运行状态，电磁转矩与电动机旋转方向相同。接着，在电磁转矩和重物重力产生的负载转矩双重作用下，使转子转速超过旋转磁场转速，即 $n>n_1$，电机进入发电机制动状态运行，这时，电磁转矩方向与电动机运行状态时相反，成为制动转矩，电动机开始减速，直到制动转矩与重力转矩相平衡时，重物将以恒定转速平稳下降。

2）变极（或变频）调速时的发电机制动

当电动机由少极数变换到多极数瞬间，旋转磁场转速突然成倍地减小，而转子由于惯性，转速 n 尚未降下来，于是转子转速大于同步转速，电动机进入发电机制动状态。

发电机制动的优点是经济性能好，可将负载的机械能转换成电能反馈回电网。其缺点是应用范围窄，仅当电动机转速 $n>n_1$ 时才能实现制动。

3．**能耗制动**

能耗制动原理线路如图 4-43（a）所示，拉开开关 S1，将异步电动机从交流电源断开，然后迅速合上开关 S2，直流电源通过电阻 R 接入定子两相绕组中，此时，定子绕组产生一个静止磁场，而转子因惯性仍继续旋转，则转子导体切割此静止磁场而产生感应电动势和电流，转子电流与静止磁场相互作用并产生电磁转矩。如图 4-43（b）所示，电磁转矩的方向由左手定则判定，与转子转动的方向相反，为一制动转矩，使转速下降。当转速下降为零时，转子感应电动势和感应电流均为零，制动过程结束。这种制动方法是利用转子惯性，转子切割磁场而产生制动转矩，把转子的动能变为电能，消耗在转子电阻上，故称为能耗制动。

能耗制动的优点是制动力强，制动较平稳，无大冲击，对电网影响小；缺点是需要一套专门的直流电源，低速时制动转矩小，电动机功率较大时，制动的直流设备投资大。

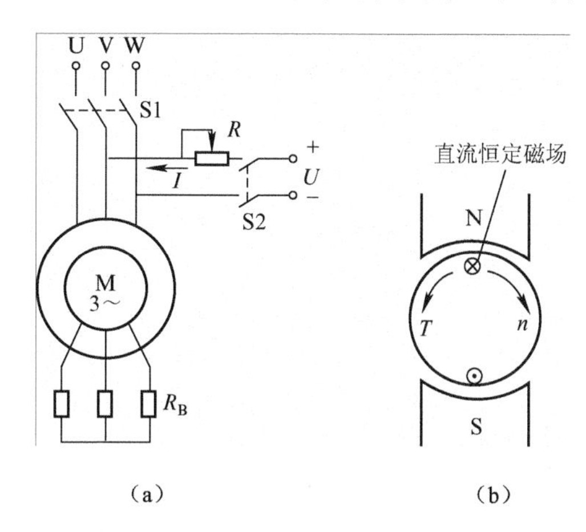

（a） （b）

图4-43 三相异步电动机的能耗制动

（a）接线图 （b）制动原理图

4.3.7 单相异步电动机

1. 单相异步电动机的基本结构和工作原理

用单相电源供电，只有一相定子绕组的异步电动机，叫单相异步电动机。它具有结构简单、成本低廉、运行可靠、维修方便等优点，且所用电源是单相交流电源，故广泛用于办公场所、家用电器、医疗器械及轻工业设备中，如电风扇、洗衣机、电冰箱、吸尘器等。在工业、农业生产中单相异步电动机常用于拖动一些小型的生产机械，如小型车床、钻床、鼓风机、水泵等。但由于单相异步电动机与相同容量的三相异步电动机相比较，体积较大，运行性能较差，效率较低，所以受其工作性能所限，单相异步电动机的容量较小，一般都不到1 kW，通常只制成几瓦到几百瓦之间的小型和微型系列产品。

1）单相异步电动机的结构

单相异步电动机的类型很多，其结构各有特点，但就其共性而言，电动机结构都由定子和转子两部分组成。定子部分由机座、定子铁芯、定子绕组、端盖等组成。除罩极式单相异步电动机的定子具有凸出的磁极外，其余各类单相异步电动机定子与普通三相异步电动机相似。转子部分主要由转子铁芯、转子绕组组成。

（1）机座。随电动机冷却方式、防护形式、安装方式和用途的不同，单相异步电动机采用不同的机座结构，就其材料可分为铸铁，铸铝和钢板结构等几种。

（2）铁芯。定子铁芯和转子铁芯与三相异步电动机一样，为了减少交变磁通产生的铁耗，用相互绝缘的电工钢片冲制后叠成，其作用是构成电机磁路，定子铁芯有隐极和凸极两种，转子铁芯与三相异步电动机转子铁芯相同。

（3）绕组。单相异步电动机定子上有两套绕组，一套是工作绕组，用来建立工作磁场；一套是启动绕组，用来帮助电动机启动，且工作绕组和启动绕组的轴线在空间上错开一定的角度。转子绕组通常采用鼠笼型绕组。

（4）端盖及轴承。相应于不同材料的机座，端盖也有铸铁件、铸铝件及钢板冲压件三种。单相异步电动机的轴承，有滚珠轴承和含油轴承两种。滚珠轴承价格高，噪声大，但寿命长；含油轴承价格低，噪声小，但寿命短。

2．单相异步电动机的转矩特性及工作原理

1）单相异步电动机的转矩特性

当单相异步电动机的工作绕组接通单相正弦交流电源后，便产生一个脉动磁场，双旋转磁场理论认为脉动磁场是由两个幅度相同，转速相等，旋转方向相反的旋转磁场合成。这里我们把与转子旋转方向相同的称为正向旋转磁场，用 $\dot{\Phi}^{+}$ 表示；与转子旋转方向相反的称为反向旋转磁场，用 $\dot{\Phi}^{-}$ 表示。与普通三相异步电动机一样，正向与反向旋转磁场切割转子导体，并分别在转子导体中感应电动势和电流，产生相应的电磁转矩，由正向旋转磁场产生的正向转矩 T^{+} 企图使转子沿正向旋转磁场方向旋转，而负向旋转磁场所产生的负向转矩 T^{-} 企图使转子沿反向旋转磁场方向旋转。如图 4-44 所示，T^{+} 与 T^{-} 方向相反，单相异步电动机的电磁转矩为两者合成产生的有效转矩。

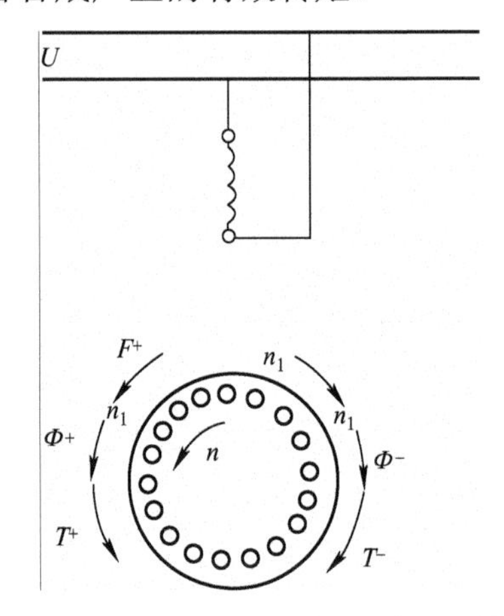

图 4-44　单相异步电动机的磁场和转矩

无论是正向转矩 T^{+}还是反向转矩 T^{-}，它们的大小与转差率的关系和三相异步电动机相同。若电动机的转速为 n，则对正向旋转磁场而言，转差率

$$s^{+}=\frac{n_1-n}{n_1} \tag{4-68}$$

而对反向旋转磁场而言，转差率

$$s^{-}=\frac{n_1-(-n)}{n_1}=\frac{2n_1-(n_1-n)}{n_1}=2-s^{+} \tag{4-69}$$

即当 $s^{+}=0$ 时，相当于 $s^{-}=2$；当 $s^{-}=0$ 时，相当于 $s^{+}=2$。

由此绘出单相异步电动机的转矩特性曲线，如图 4-45 所示，从曲线上可以看出单相异步电动机的几个主要特点。

（1）单相异步电动机无启动转矩，不能自行启动。电动机静止时，由于正、反转两个旋转磁场的幅值大小相等、转向相反，故它们在转子绕组中感应的电动势、电流及产生的电磁转矩也大小相等、方向相反。即 $n=0$，$s^{+}=s^{-}=1$，$T^{+}=T^{-}$，这时合成转矩 $T=T^{+}+T^{-}=0$。若不采取其他措施，电动机不能启动。

（2）合成转矩曲线对称于 $s^+=s^-=1$ 点，因此，单相异步电动机没有固定的转向，它运行时的转向取决于启动时的转动方向。例如，因外力使电动机正向转动起来，$s^+<1$，由图 4-45 中可见合成转矩为正，若此时合成转矩大于负载转矩，则即使去掉外力，转子将顺初始推动方向在旋转磁场的作用下继续转动下去。即电动机的旋转方向决定于启动瞬间外力矩作用于转子的方向。

（3）由于反向转矩的制动作用，使电动机合成转矩减小，最大转矩随之减少，且电动机输出功率也减小，同时反向磁场在转子绕组中感应电流，增加了转子铜耗。所以单相异步电动机的效率、过载能力等各种性能指标都较三相异步电动机低。

2）工作原理

为了使单相异步电动机能够产生启动转矩，自行启动，与三相异步电动机相同，要设法在电机气隙中建立一个旋转磁场。图 4-46 中画出了在空间互差 90° 电角度的两相绕组中，通入在时间相位上互差 90° 的两相正弦交流电产生旋转磁场的情况。有了旋转磁场就能产生启动转矩，电动机即可自行启动。

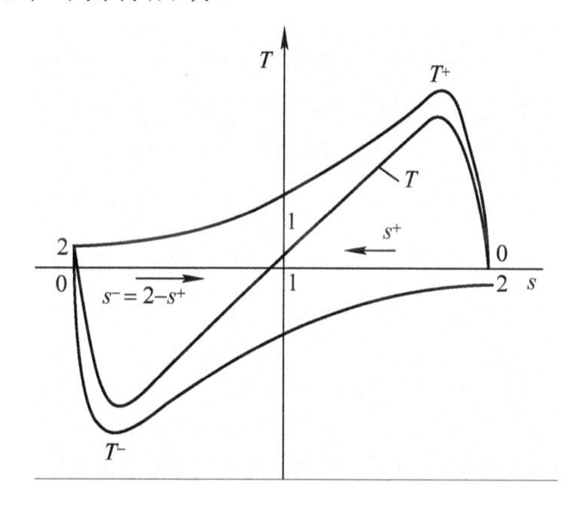

图 4-45　单相异步电动机的 T–s 曲线

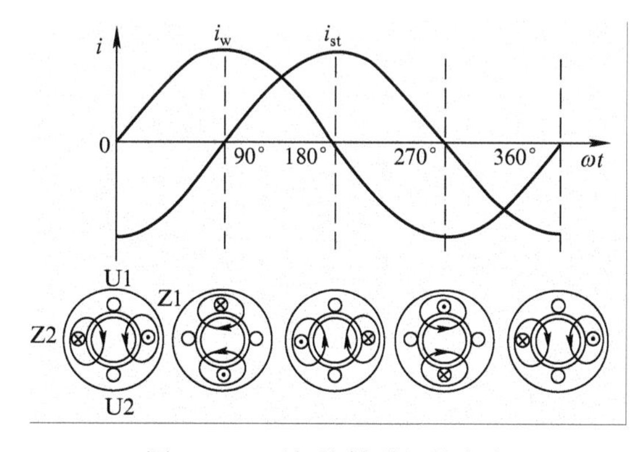

图 4-46　两相旋转磁场的产生

2．单相异步电动机的启动方法

由前面分析可知，单相异步电动机产生启动转矩的关键是在启动时设法建立一个旋转磁场。根据获得旋转磁场的方式不同，单相异步电动机可分为分相式和罩极式两种。

1）分相电动机

实际上只要在空间不同相的绕组中通以时间不同相的电流，其合成磁场就为一个旋转磁场。分相电动机就是根据这个原理设计的。

（1）电阻分相启动电动机。单相电阻分相启动异步电动机原理接线图如图 4-47（a）所示，工作侧绕组和启动侧绕组在空间互差 90° 电角度，它们由同一单相电源供电，S 为一离心开关，启动绕组用较细的、电阻率较高的导线制成，以增大电阻。启动绕组电阻大于感抗，而工作绕组感抗比电阻大得多，由于两个绕组的阻抗角不同，流过两个绕组电流的相位也不同，从而在空间产生旋转磁场，其椭圆度较大。若在启动绕组中串入适当的启动电阻 R，让两绕组中的电流相位差近似 90° 电角度，则可获得一近似的圆形旋转磁场，使转子产生较大启动转矩。启动后，当电动机转速达到额定值的 80%左右时，离心开关自动断开，把启动绕组从电源上切除。这种用电阻使工作绕组和启动绕组电流产生相位差的方法，称为电阻分相启动法。电阻分相启动适用于具有中等启动转矩和过载能力的小型车床、鼓风机、医疗机械中。

（2）电容分相启动电动机。在结构上，它与电阻分相电动机相似，如图 4-47（b）所示。只是在启动绕组中串入一个电容，若电容选择恰当，有可能使启动绕组中的电流领先工作绕组电流接近 90°，从而建立起一个椭圆度较小的旋转磁场，获得较大的启动转矩。电动机启动后，将启动绕组从电源切除。这种用电容器使工作绕组和启动绕组电流产生相位差的方法，称为电容分相启动法。电容启动异步电动机适用于具有较高启动转矩的小型空气压缩机、电冰箱、磨粉机、水泵及满载启动的机械。其启动绕组和电容器按短时设计，电容器一般可选用交流电解电容。

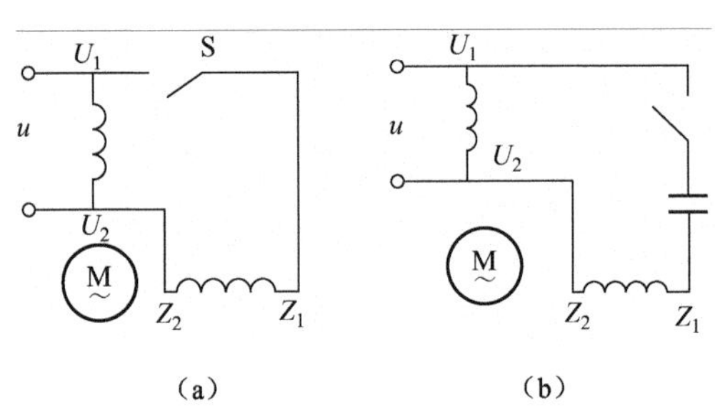

（a）　　　　　　（b）

图 4-47　分相式电动机的接线图

（a）电阻分相启动　（b）电容分相启动

（3）电容运转电动机。这种电动机在结构上与电容分相启动电动机一样，只是启动绕组和电容器都设计成能长期工作的，又简称电容电动机，它实质上是一台两相异步电动机。适当选择电容器及工作绕组和启动绕组匝数，可使气隙磁场接近圆形旋转磁场，运行性能有较大改善。这种电动机的功率因数、效率及过载能力较高，体积小、重量轻。但电容运转电动机的电容量比电容分相启动电动机的电容量小，启动转矩小，其启动性能不如电容分相电动机，故适用于电风扇、通风机、录音机等各种空载和轻载启动的机械。

2）罩极式电动机

单相罩极式异步电动机的结构分为凸极式和隐极式两种。由于凸极式结构简单些，所以罩极式电动机的定子铁芯一般都做成凸极式的。在每个极上装有集中绕组，称为主绕组（工作绕组），极面上开有小槽，以便嵌入短路铜环，一般短路环罩住 1/4～1/3 的极面，这部分磁极叫作被罩部分，其余部分叫未罩部分，如图 4-48（a）、（b）所示。当工作绕组通入单相交流电流后，将产生脉振磁通，其中一部分磁通 $\dot{\Phi}_1$ 不穿过短路铜环，另一部分磁通 $\dot{\Phi}_2$ 则穿过短路铜环。由于 $\dot{\Phi}_1$ 与 $\dot{\Phi}_2$ 都是由工作绕组中的电流产生的，故 $\dot{\Phi}_1$ 与 $\dot{\Phi}_2$ 同相位并且 $\dot{\Phi}_1 > \dot{\Phi}_2$。由于 $\dot{\Phi}_2$ 脉振的结果，在短路环中感应电动势 $\dot{E}_2$，它滞后 $\dot{\Phi}_2$ 90°。由于短路铜环闭合，在短路铜环中就有滞后于 $\dot{E}_2$ 为 φ 角的电流 $\dot{I}_2$ 产生，它又产生与 $\dot{I}_2$ 同相的磁通 $\dot{\Phi}'_2$，它也穿链于短路环，因此罩极部分穿链的总磁通为 $\dot{\Phi}_3 = \dot{\Phi}_2 + \dot{\Phi}'_2$，如图 4-48（c）所示，由此可见，未罩极部分磁通 $\dot{\Phi}_1$ 与被罩极部分磁通 $\dot{\Phi}_3$ 不仅在空间，而且在时间上均有相位差，因此它们的合成磁场将是一个由超前相转向滞后相的旋转磁场（即由未罩极部分转向罩极部分），由此产生电磁转矩，其方向也为由未罩极转向罩极部分。

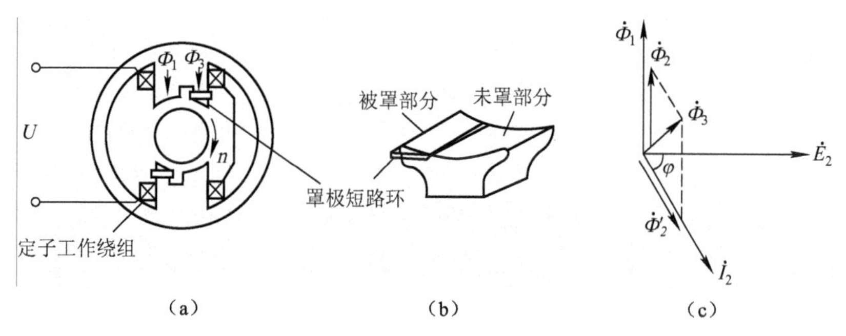

图 4-48　单相罩极式异步电动机

（a）结构示意图　（b）定子磁极　（c）相量图

罩极式电动机依靠其结构上的特殊性产生了旋转磁场，由于该磁场椭圆度大，波形差，故其启动性能、运行性能、效率和功率因数都较低，因此不适宜做成大功率电动机。罩极式电动机的主要优点是结构简单、成本低、运行时噪声小、经久耐用、容易维修，但启动转矩小，多用在录音机、电钟、电动模型、小型电扇等需要小功率电动机的器械中，容量一般在 40 W 以下。

小　　结

1. 异步电机因其转子转速和旋转磁场转速不同而得名。异步电动机是依据电磁感应原理工作的，故又称感应电机。异步电机主要作电动机，拖动多种机械负载，应用非常广泛。

2. 异步电动机的基本结构为定子和转子两部分。转子结构可分为鼠笼式和绕线式两大类，它们定子结构相同。

3. 异步电动机的基本工作原理。

（1）电生磁：三相对称绕组中通入三相对称电流形成旋转磁场。

（2）磁生电：旋转磁场切割转子导体，产生感应电动势，由于转子导体组是闭合的，所以产生感应电流。

（3）电磁力形成电磁转矩：转子感应电流和磁场相互作用形成电磁力产生电磁转矩，带动转轴上的机械负载转动，从而将电能转变为机械能。

4. 异步电动机的转向取决于定子电流的相序，所以改变定子电流的相序就可以改变电动机的转向。

5. 转差率 $s=\frac{n_1-n}{n_1}$，它是异步电动机的一个重要参数，它的存在是异步电动机工作的必要条件。当 $0<s<1$ 时，为电动机运行状态；当 $-\infty<s<0$ 时，为发电机运行状态；当 $1<s<\infty$ 时，为电磁制动状态。

6. 异步电动机额定功率 P_N 为额定运行状态下，转子轴上输出的机械功率，即

$$P_N=\sqrt{3}U_N I_N \eta_N \cos\varphi_n$$

异步电动机根据转子结构不同分为鼠笼式和绕线式两大类。鼠笼式异步电动机结构简单、价格便宜，但其启动性能和调速性能不及绕线式异步电动机。

7. 从电磁感应本质看，异步电动机与变压器极为相似。所以可以采用研究变压器的方法来分析异步电动机，但两者之间存在本质区别。①结构不同。变压器绕组可看作集中和整距绕组，而异步电动机绕组大都采用短路、分布绕组，故计算电动机电动势、磁动势应考虑绕组系数。②磁场的性质不同。变压器是脉振磁场，而异步电动机是旋转磁场。③频率不同。变压器原、副边频率相同，而异步电动机定子、转子电量的频率不同，转子频率 $f_2=sf_1$。④作用不同。变压器的作用是升高或降低电压，实现电能传递，而异步电动机的作用是进行机电能量转换。⑤异步电动机主磁路有气隙，故与变压器相比异步电动机的励磁阻抗 Z_m 较小，励磁电流较大。

8. 异步电动机与变压器的 T 形等值电路形式相同。等值电路中 $\frac{1-s}{s}r_2'$ 是模拟总机械功率的等值电阻。

由异步电动机功率平衡关系及 T 形等值电路可获得转子铜损耗 p_{Cu2}、电磁功率 P_M 及转差率间的关系，即 $p_{Cu2}=sP_M$，为了减小转子铜损耗，提高电动机效率，异步电动机正常运行时转差率很小。

9. 电磁转矩是异步电动机实现能量转换的关键，是电动机很重要的一个物理量。物理表达式表明电磁转矩是转子电流有功分量与气隙主磁场作用产生的，其参数表达式反映了电磁转矩与电压、频率、电机参数和转差率之间的关系。

10. 根据工作特性可判断异步电动机运行性能的好坏。工作特性是指转速 n、输出转矩 T_2、定子电流 I_1、功率因数及效率与输出功率 P_2 的关系曲线。其中 $\cos\varphi=f(P_2)$ 及 $\eta=f(P_2)$ 说明异步电动机的效率和功率因数都是在额定负载附近到达最大值，一定要使电动机容量与负载容量相匹配。

11. 三相异步电动机的机械特性是指电动机转速 n 与电磁转矩 T 之间的关系曲线 $n=f(T)$。分析时关键要抓住最大转矩，临界转差率及启动转矩这三个量随参数的变化规律。

12. 人为改变电源电压、转子回路电阻可以改变机械特性曲线，以适应不同机械负载对电动机转矩及转速的需要。绕线式异步电动机就是利用转子回路串电阻的方法来改善启动和调速性能。

13. 标志异步电动机启动性能的主要指标是启动电流倍数 I_{st}/I_N 和启动转矩倍 T_{st}/T_N。对启动性能的主要要求是启动电流小，启动转矩足够大。

14. 鼠笼式异步电动机启动方法有直接启动和降压启动。若电网容量较大，输电线压降在（10%～15%）U_N 的允许范围内，应尽量采用直接启动，以获得较大的启动转矩。当电

网容量较小或电动机容量较大时，应采用降压启动。降压启动时，启动电流减小，启动转矩也同时减小了，故只适用于空载和轻载启动。降压启动常用的方法有：定子回路串电抗器启动、△－Y 换接启动和自耦变压器降压启动。△－Y 换接启动只适用于三角形连接的电动机。

15. 绕线式异步电动机的启动方法有：转子回路串电阻启动或转子回路串频敏变阻器启动。转子回路串频敏电阻器启动转矩大、启动电流小，启动性能较好，适用于中、大型异步电动机的重载启动。频敏变阻器是根据涡流原理工作的，可以实现无级平滑启动。

16. 异步电动机调速方法较多，如变极调速、变频调速、改变电源电压调速、转子回路串入电阻调速、利用滑差离合器调速等。一般鼠笼式异步电动机采用变极调速，绕线式异步电动机采用转子回路串电阻调速。变极调速是通过改变定子绕组连接方法，使每相一半绕组电流方向改变，来实现调速的。变频调速性能好，在近代交流调速方法中最有发展前途。

17. 改变异步电动机电源相序，即任意对调定子绕组的两根电源线，可改变定子旋转磁场的方向，从而使异步电动机反转。

18. 制动方法有机械制动和电磁制动两种。电磁制动的方法有：反接制动、发电机制动、能耗制动。

反接制动有正转反接和正接反转两种。正转反接制动主要用于中型车床和铣床的主轴制动。正接反转制动常用于起重机缓慢下放重物。反接制动比较简单、效果好，但能量损耗较大，不经济。

回馈制动主要用于鼠笼式异步电动机变极调速中和拖动位能负载的电动机中（如电车下坡、起重机下放重物）。此制动方式简单、经济、可靠性较高。

能耗制动较平稳，但需要直流电源供给励磁电流。能耗制动被广泛用于矿井提升机及起重运输等生产机械上。如船用起货机和锚机，门机起升机构，可利用能耗制动实现快速停车和低速下降。

思考题与习题

1. 简述异步电动机的结构。如果气隙过大，会带来怎样不利的后果？

2. 异步电动机的转子有哪两种类型？它们有什么区别？

3. 三相异步电动机为什么会旋转，如何改变它的转向？

4. 与同容量的变压器相比，三相异步电动机与变压器哪一个的空载电流更大？为什么？

5. 什么是转差率？如何根据转差率来判断异步电动机的运行状态？

6. 异步电动机的额定电压、额定电流、额定功率是如何定义的？

7. 一台三相异步电动机，铭牌上标出额定转速是 1 440 r/min，它的旋转磁场的转速是多少？它有几个磁极？转差率为多大？

8. 一台异步电动机铭牌上标注“380V/220V， Y/△接法”，如果电源电压是 380 V，定子绕组应采用哪种接法？如果定子绕组接成△，这时电源电压的大小应选择为多少？

9. 一台异步电动机 $2p=8$，$s_N=0.047$，问额定运行时，若将电源相序改变，改变瞬间的转差率大小。

10. 异步电动机 P_N=75 kW，n_N=975 r/min，U_N=300 V，I_N=18.5 A，$\cos\varphi_N=0.87$，$f_N=50$ Hz。试问：（1）电动机的极数是多少？（2）额定负载下的转差率 s_N 是多少？（3）额定负载下的效率 η_N 是多少？

11. 简述三相鼠笼式异步电动机主要结构部件及各部件的作用。

12. 三相绕线式异步电动机与鼠笼式异步电动机结构上主要有什么区别？

13. 异步电动机定子、转子之间的气隙是大好还是小好？为什么？

14. 简述异步电动机工作原理。异步电动机的转向主要取决于什么？说明如何实现异步电动机的反转。

15. 异步电动机转子转速能不能等于定子旋转磁场的转速？为什么？

16. 一台绕线式三相异步电动机，如将定子三相绕组短路，转子三相绕组通入三相交流电流，这时电动机能转动吗？转向如何？

17. 什么叫异步电动机的转差率？异步电动机有哪三种运行状态？并说明三种运行状态下，转速及转差率的范围。

18. 一台六极异步电动机由频率为50 Hz的电源供电，其额定转差率 $s_N = 0.05$，求该电动机的额定转速。

19. 一台三相异步电动机，P_N=4 kW，U_N=380 V，$\cos\varphi_N$=0.88，η_N=0.87，求异步电动机的额定电流。

20. 一台 $P_N = 4.5$ kW、Y/△连接、380/220 V，$\eta_N = 0.8$、n_N=1 450 r/min 的三相异步电动机，试求：（1）接成Y连接及△连接时的额定电流；（2）同步转速 n_1 及定子磁极对数 p；（3）带额定负载时的转差率 s_N。

21. 试说明异步电动机转轴上机械负载增加时，电动机的转速 n、转子电流 I_2 和定子电流 I_1 如何变化。

22. 异步电动机转子回路哪些物理量与转差率有关？试分析转差率 s 对这些物理量的影响。

23. 当异步电动机的容量与变压器的容量相等时，哪个空载电流大？为什么？

24. 当电源电压不变时，三相异步电动机产生的主磁通为什么基本不变？

25. 三相异步电动机在额定电压下运行，若转子突然被卡住，会产生什么后果？为什么？

26. 异步电动机等效电路中的附加电阻 $\frac{1-s}{s}r_2'$ 的物理意义是什么？能否用电抗或电容代替这个附加电阻？为什么？

27. 何谓三相异步电动机的固有机械特性和人为机械特性？

28. 三相异步电动机带额定负载运行，若负载转矩不变，当电源电压降低时，电动机的最大电磁转矩 T_m、启动转矩 T_{st}、主磁通 Φ_m、转子电流 I_2、定子电流 I_1 和转速 n 将如何变化？为什么？

29. 三相异步电动机的定子电压、转子电阻及定转子漏电抗对最大转矩、临界转差率及启动转矩有何影响？

30. 三相异步电动机直接启动时，为什么启动电流大而启动转矩却不大？启动电流大对电网及电动机有什么影响？

31. 对三相异步电动机的启动性能有哪些基本要求？

32. 鼠笼式异步电动机的启动方式分哪两大类？说明其适合场合。

33. 异步电动机有哪些降压启动方式？各有什么优缺点？

34. 三相鼠笼式异步电动机定子串接电阻或电抗降压启动时，当定子电压降到额定电压的 $\frac{1}{k}$ 倍时，启动电流和启动转矩降到额定电压时的多少倍？

35. 三相鼠笼式异步电动机采用自耦变压器降压启动时，启动电流和启动转矩与自耦变压器的变比有什么关系？

36. 什么是三相异步电动机的 Y－△降压启动？它与直接启动相比，启动转矩和启动电流有何变化？

37. 有一台异步电动机的额定电压为 380 V/220 V，Y/△连接，当电源电压为 380 V 时，能否采用 Y－△换接降压启动？为什么？

38. 绕线式异步电动机的启动方法有哪些？各有什么优缺点？

39. 绕线式异步电动机在转子回路串电阻后，为什么能减小启动电流、增大启动转矩？串入的电阻是否越大越好？

40. 简述频敏变阻器的结构特点及工作原理。

41. 为什么深槽式和双鼠笼式异步电动机能改善启动性能？

42. 异步电动机常用的调速方法有哪些？

43. 三相异步电动机怎样实现变极调速？变极调速时为什么要改变定子电源的相序？

44. 三相异步电动机变极调速常采用 Y/YY 接法和△/YY 接法，对于切削机床一类的恒功率负载，应采用哪种接法的变极线路来实现调速比较合理？

45. 有一台过载能力 $k_{\mathrm{m}}=1.8$ 的异步电动机，带额定负载运行时，由于电网突然故障，电源电压下降到 $70\%U_{\mathrm{N}}$，问此时电动机能否继续运行？为什么？

46. 什么叫三相异步电动机制动？电气制动有哪几种方法？

47. 三相绕线式异步电动机反接制动时，为什么要在转子回路中串入比较大的电阻？

48. 三相鼠笼式异步电动机，定子绕组△接法，直接加全压启动时，启动电流是额定电流的 5.4 倍，启动转矩是额定转矩的 1.2 倍。现采用 Y－△启动，求启动电流倍数及启动转矩倍数。如果采用自耦变压器启动，保证启动转矩为额定转矩的 5/6，则选用的自耦变压器变比应为多少？此时启动电流变为额定电流的几倍？

49. 一台三相鼠笼式异步电动机的数据为 $U_{\mathrm{N}}=380\,\mathrm{V}$，△连接，$I_{\mathrm{N}}=20\,\mathrm{A}$，$k_i=7$，$k_{\mathrm{st}}=1.4$。求：(1) 若保证满载启动，电网电压不得低于多少伏？(2) 如用 Y－△降压启动，启动电流为多少？能否半载启动？(3) 如用自耦变压器在半载下启动，试选择抽头比。并求启动电流为多少？

50. 什么单相异步电动机不能自行启动？怎样才能使它启动？

51. 单相异步电动机主要分哪几种类型？简述罩极电动机的工作原理。

52. 单相异步电动机启动时，如果电源一相断线，这时电动机能否启动？如果运行中电源或绕组一相断线，能否继续旋转，有何不良后果？

第 5 章 直流电机

直流电机是实现直流电能与机械能之间相互转换的电力机械，按照用途可以分为直流电动机和直流发电机两类。由于直流电动机具有良好的启动和调速性能，常应用于对启动和调速有较高要求的场合，如大型可逆式轧钢机、矿井卷扬机、宾馆高速电梯、电力机车、城市电车、地铁列车等生产机械中。

发电机是将其他形式的能源转换成电能的机械设备。发电机在工农业生产、国防、科技及日常生活中有广泛的用途。一是应用于大中型发电厂，为工业和民用供电。二是作为后备电源，以实现移动、应急储备的功效。在 20 世纪 50 年代以前多采用直流发电机。但是直流发电机有换向器，结构复杂，制造费时，价格较贵，且易出故障，维护困难，效率也不如交流发电机。故大功率可控整流器问世以来，有利用交流电源经半导体整流获得直流电以取代直流发电机的趋势。但是现在无刷直流发电机已问世，给直流发电机提供了更广阔的空间。

在很多领域内，直流电动机将逐步被交流调速电动机取代，直流电动机正在被电力电子整流装置所取代。

本章要求了解直流电机的主要部件，掌握直流电机的工作特点。

5.1 直流电机的工作原理与结构

5.1.1 直流电机的基本工作原理

1. 直流发电机的基本工作原理

直流发电机是根据导体在磁场中作切割磁场线运动，从而在导体中产生感应电势的电磁感应原理制成的。

在图 5-1 所示的直流发电机模型中，定子上的主磁极 N 和 S 可以是永久磁铁，也可以是电磁铁。嵌在转子铁芯槽中的某一个元件 abcd 位于一对主磁极之间，元件的两个端点 a 和 d 分别接到换向片 1 和 2 上，换向片表面分别放置固定不动的电刷 A 和 B，而换向片随同元件同步旋转，由电刷、换向片把元件 abcd 与外负载连接成电路。

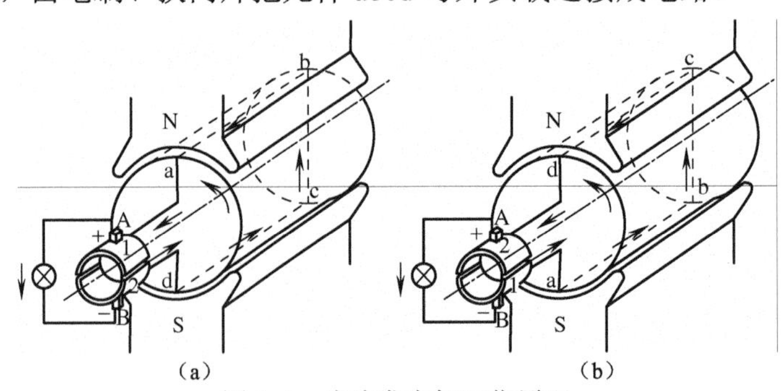

图 5-1 直流发电机工作原理

（a）导体 ab 和 cd 分别处在 N 极和 S 极下时 （b）导体 cd 和 ab 分别处在 N 极和 S 极下时

当转子在原动机的拖动下按逆时针方向旋转时，元件 abcd 中将有感应电势产生。在图 5-1（a）所示的时刻，导体 ab 处在 N 极下面，根据右手定则判断其感应电势方向为由 b 到 a；导体 cd 处在 S 极下面，其感应电势方向为由 d 到 c；元件中的电势方向为 d—c—b—a，此刻 a 点通过换向片 1 与电刷 A 接触，d 点通过换向片 2 与电刷 B 接触，则电刷 A 呈正电位，电刷 B 呈负电位，流向负载的电流是由电刷 A 指向电刷 B。

当转子旋转 180° 后到图 5-1（b）所示的时刻时，导体 cd 处在 N 极下面，根据右手定则判断其感应电势方向为由 c 到 d；导体 ab 处在 S 极下面，其感应电势方向为由 a 到 b；元件中的电势方向为 a—b—c—d，与图 5-1（a）所示的方面恰好相反。但此刻 d 点通过换向片 2 与电刷 A 相接触，a 点通过换向片 1 与电刷 B 相接触，从两电刷间看电刷 A 仍呈正电位，电刷 B 仍呈负电位，流向负载的电流仍是由电刷 A 指向电刷 B。

可以看出，当转子旋转 360° 经过一对磁极后，元件中电势将变化一个周期。转子连续旋转时，元件中产生的是交变电势，而电刷 A 和电刷 B 之间的电势方向却保持不变。

由以上分析可知，由于换向器的作用，处在 N 极下面的导体永远与电刷 A 相接触，处在 S 极下面的导体永远与电刷 B 相接触，因而电刷 A 总是呈正电位，电刷 B 总是呈负电位，从而获得直流输出电势。

一个线圈产生的电势波形如图 5-2（a）所示，这是一个脉动的直流电势，不适合于做直流电源使用。实际应用的直流发电机是由很多个元件和相同个数的换向片组成的电枢绕组，这样可以在很大程度上减少其脉动幅值，从而得到稳恒直流电势，其电势波形如图 5-2（b）所示。

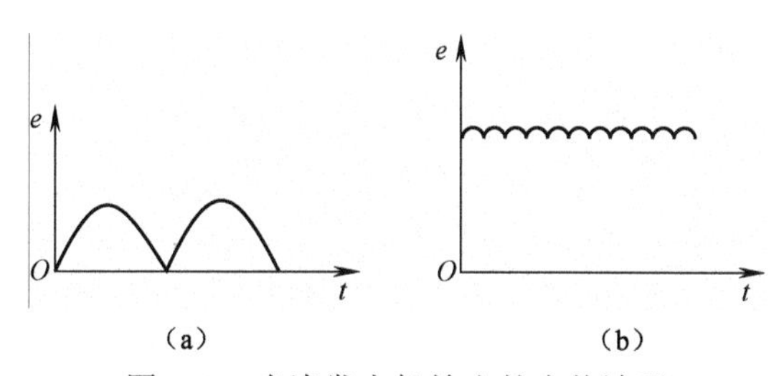

图 5-2　直流发电机输出的电势波形

（a）单匝线圈电势　（b）电刷间输出电势

总结直流发电机的工作原理如下。

（1）原动机拖动转子（即电枢）以每分钟 n 转转动。

（2）电机的固定主磁极建立磁场。

（3）转子导体在磁场中运动，切割磁力线而感应交流电动势，经电刷和换向器整流作用输出直流电势。

注意：某一根转子导体的电势性质是交流电，而经电刷输出的电动势却是直流电。

例 5-1

在图 5-1 中，若直流发电机顺时针旋转，则电刷输出电动势极性有何变化？还有什么因素会引起同样变化？

解：直流发电机顺时针旋转时，用右手定则可判定出：电刷 A 为负极性、电刷 B 为正极性，电刷两端输出电动势极性改变。通过改变主磁场极性同样会引起电刷两端输出电动势极性改变。

2．直流电动机的基本工作原理

直流电动机是根据通电导体在磁场中会受到磁场力作用这一基本原理制成的，其工作原理如图 5-3 所示。

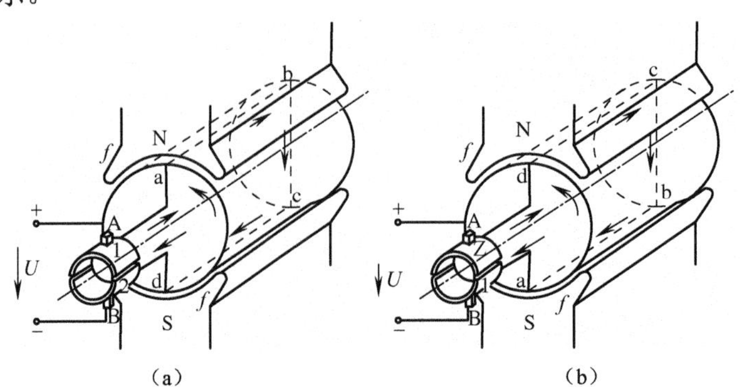

图 5-3　直流电动机的工作原理

(a) 起始位置　(b) 转过 180° 位置

在图 5-3 所示直流电动机模型中，在电刷 A 和 B 之间加上一个直流电压时，在元件中便会有电流流过，若起始时元件处在图 5-3（a）所示位置，则电流由电刷 A 经元件按 a—b—c—d 的方向从电刷 B 流出。根据左手定则可判定，处在 N 极下的导体 ab 受到一个向左的电磁力；处在 S 极下的导体 cd 受到一个向右的电磁力。这两个电磁力形成一个使转子按逆时针方向旋转的电磁转矩。当这一电磁转矩足够大时，电机就按逆时针方向开始旋转。当转子转过 180° 到达如图 5-3（b）所示位置时，电流由电刷 A 经元件按 d—c—b—a 的方向从电刷 B 流出，此时元件中电流的方向改变了，但是导体 ab 处在 S 极下受到一个向右的电磁力，导体 cd 处在 N 极下受到一个向左的电磁力，两个电磁力仍形成一个使转子按逆时针方向旋转的电磁转矩。

可以看出，转子在旋转过程中，元件中电流方向是交变的，但由于受换向器的作用，处在同一磁极下面的导体中的电流方向是恒定的，从而使得直流电动机的电磁转矩方向不变。

为使直流电动机产生一个恒定的电磁转矩，同直流发电机一样，电枢上不止安放一个元件，而是安放若干个元件和换向片。

总结直流电动机工作原理如下。

（1）将直流电源通过电刷接通电枢绕组，使电枢导体有电流流过。

（2）电机主磁极建立磁场。

（3）载流的转子（即电枢）导体在磁场中将受到电磁力 f 的作用。

（4）所有导体产生的电磁力作用于转子，形成电磁转矩，驱使转子旋转，以拖动机械负载。

注意：在直流电动机中，外加直流电压并非直接加于线圈，而是通过电刷和换向器加到线圈上。通过电刷和换向器的作用，导体中的电流成为交变电流，从而使电磁转矩的方向始终保持不变，以确保直流电动机旋转方向一定。

3．直流电机的可逆原理

直流发电机和直流电动机的工作原理结构模型完全相同，但工作过程不相同。

1）直流发电机

如图 5-1 所示，当带上负载，比如接上一灯泡后，就有电流流过电枢线圈和负载，其方向与电枢电动势方向相同。根据电磁力定律，载流导体在磁场中会受到电磁力作用，形成电磁转矩，其方向与旋转方向相反。可见电磁转矩为制动转矩，阻碍发电机旋转。因此，原动机必须用足够大的驱动转矩来克服电磁转矩的制动作用，以维持发电机的稳定运行。直流发电机从原动机吸收机械能，转换成电能输出给负载。

2）直流电动机

如图 5-2 所示，当电动机旋转起来后，电枢导体切割磁场线产生感应电动势，用右手定则判断出其方向与电流方向相反。可见电枢电动势是一反电动势，它阻碍电流流入电动机。因此，直流电动机必须施加直流电源以克服反电动势的作用，将直流电流输入电动机。电动机从直流电源吸收电能，将电能转换成机械能输出。

综上所述，无论是直流发电机还是直流电动机，电枢电动势和电磁转矩是同时存在的。从原理上来说，发电机和电动机只是外界条件不同而已。一台电机，既可作为发电机运行，也可作为电动机运行，直流电机具有可逆性。但在设计电机时，会考虑两者的运行特点。如果是发电机，则同一电压等级下发电机比电动机额定电压略高，以补偿线路电压降。

5.1.2　直流电机的基本结构

直流电机由定子与转子两大部分构成，通常，把产生磁场的部分做成静止的，称为定子；把产生感应电势或电磁转矩的部分做成旋转的，称为转子（又叫电枢）。定子与转子间因有相对运动，故有一定的空气隙，一般小型电机的空气隙为 0.7～5 mm，大型电机为 5～10 mm。图 5-4 所示为国产 Z2 系列直流电机的剖视图。

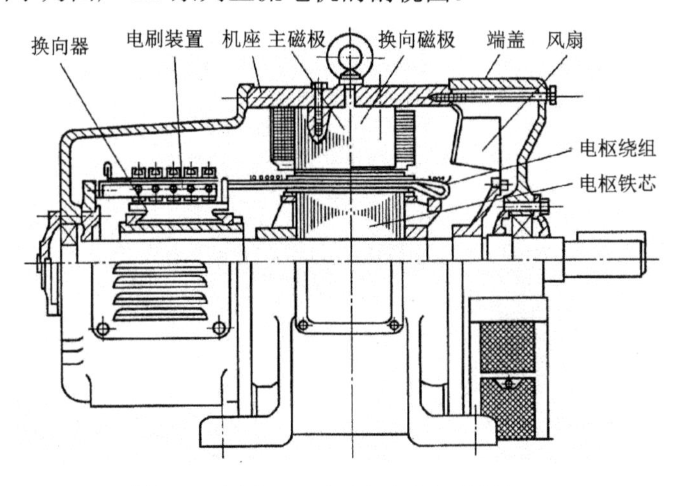

图 5-4　国产 Z2 系列直流电机的剖视图

1．定子

定子由主磁极、换向磁极、机座、端盖和电刷装置等组成。

（1）主磁极。主磁极的作用是产生主磁通。主磁极由铁芯和励磁绕组组成，如图 5-5 所示。铁芯包括极身和极靴两部分，极靴的作用是支撑励磁绕组和改善气隙磁通密度的波形。铁芯通常由 0.5～1.5 mm 厚的硅钢片或低碳钢板叠装而成，以减少电机旋转时因极靴表面磁通密度变化产生的涡流损耗。励磁绕组选用绝缘的圆铜或扁铜线绕制而成，并励绕组多用圆铜线绕制，串励绕组多用扁铜线绕制。各主磁极的励磁绕组串联相接，但要使其产生的磁场沿圆周交替呈现 N 极和 S 极。绕组和铁芯之间用绝缘材料制成的框架相隔，铁芯通过螺栓固定在磁轭上。

对某些大容量电机，为改善换向条件，常在极靴处装设补偿绕组。

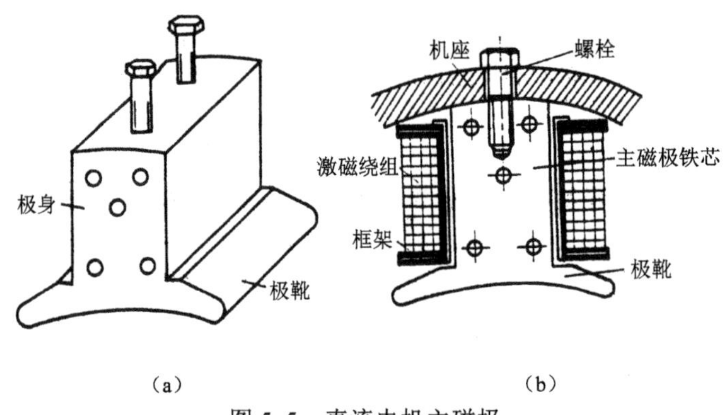

图 5-5 直流电机主磁极

(a) 主磁极铁芯 (b) 主磁极装配图

（2）换向磁极。换向磁极又叫附加磁极，用于改善直流电机的换向，位于相邻主磁极间的几何中心线上，其几何尺寸明显比主磁极小。换向磁极由铁芯和套在铁芯上的换向极绕组组成，如图 5-6 所示。铁芯常用整块钢或厚钢板制成，其绕组一般用扁铜线绕成，为防止磁路饱和，换向磁极与转子间的气隙都较大而且可以调整。换向极绕组匝数不多，与电枢绕组串联。换向极的极数一般与主磁极的极数相同。

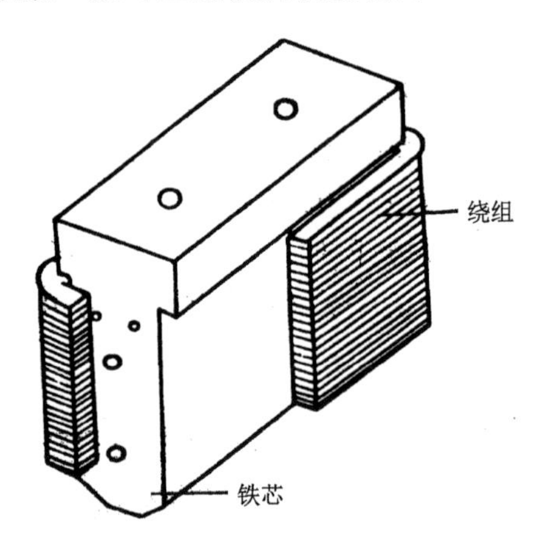

图 5-6 直流电机换向磁极

（3）机座和端盖。机座的作用是支撑电机、构成相邻磁极间磁的通路，故机座又称为磁轭。机座一般用铸钢或厚钢板焊成。

机座的两端各有一个端盖，用于保护电机和防止触电。在中小型电机中，端盖还通过轴承担负支持电枢的作用。对于大型电机，考虑到端盖的强度，则采用单独的轴承座。

（4）电刷装置。电刷装置的作用是使转动部分的电枢绕组与外电路连通，将直流电压、电流引出或引入电枢绕组。电刷装置由电刷、刷握、刷杆、刷杆座和汇流条等零件组成，如图 5-7 所示。电刷一般采用石墨和铜粉压制烧焙而成，它放置在刷握中，由弹簧将其压在换向器的表面上，刷握固定在与刷杆座相连的刷杆上，每个刷杆装有若干个刷握和相同数目的电刷，并把这些电刷并联形成电刷组，电刷组个数一般与主磁极的个数相同。

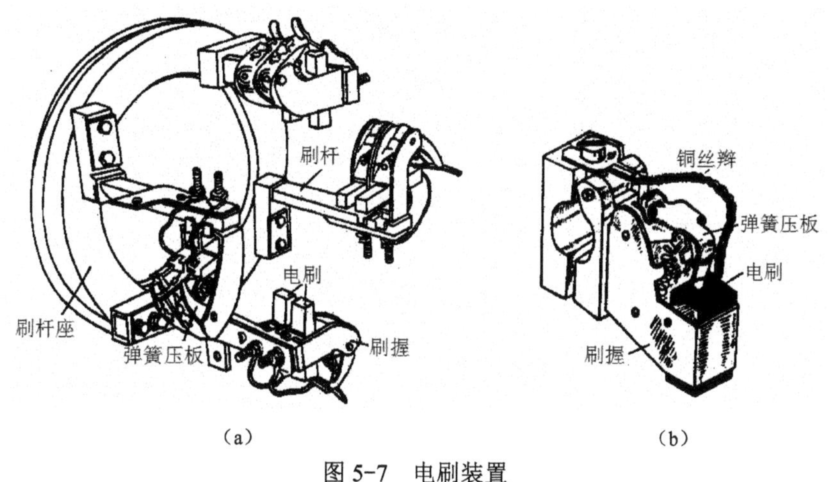

图 5-7　电刷装置

（a）电刷装置　（b）电刷与刷握的装配

2．转子

转子由铁芯、绕组、换向器、转轴和风扇等组成。

（1）电枢铁芯。电枢铁芯的作用是构成电机磁路和安放电枢绕组。通过电枢铁芯的磁通是交变的，为减少磁滞和涡流损耗，电枢铁芯常用 0.35 或 0.5 mm 厚冲有齿和槽的硅钢片叠压而成，为加强散热能力，在铁芯的轴向留有通风孔，较大容量的电机沿轴向将铁芯分成长 4～10 cm 的若干段，相邻段间留有 8～10 mm 的径向通风沟（见图 5-8）。

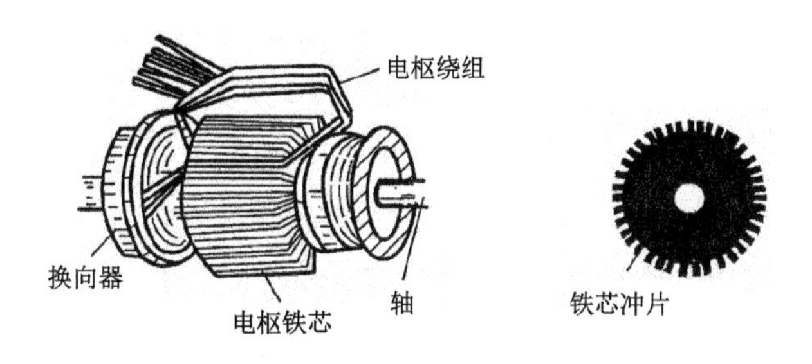

图 5-8　电枢

（2）电枢绕组。电枢绕组的作用是产生感应电动势和电磁转矩，从而实现机电能量的转换。电枢绕组是用绝缘铜线在专用的模具上制成一个个单独元件，然后嵌入铁芯槽中，每一个元件的端头按一定规律分别焊接到换向片上。元件在槽内部分的上下层之间及与铁芯之间垫以绝缘，并用绝缘的槽楔把元件压紧在槽中。元件的槽外部分用绝缘带绑扎和固定。

（3）换向器。换向器又叫整流子。对于发电机，它将电枢元件中的交流电变为电刷间的直流电输出；对于电动机，它将电刷间的直流电变为电枢元件中的交流电输入。换向器的结构如图 5-9 所示。换向器是由换向片组合而成，是直流电机的关键部件，也是最薄弱的部分。

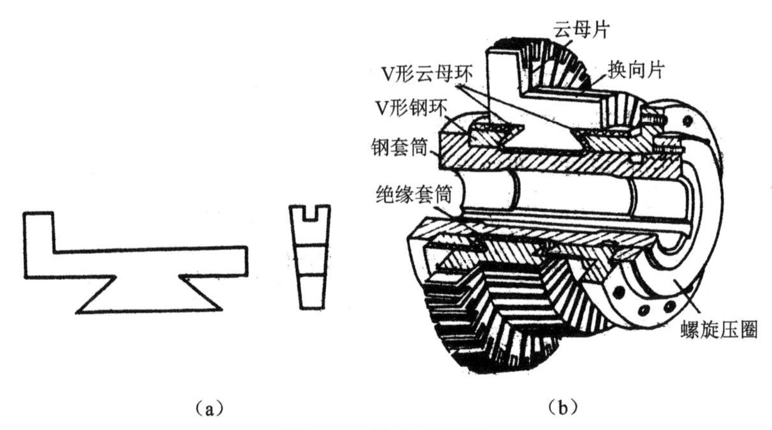

图 5-9　换向器结构

(a) 换向片　(b) 换向器

换向片采用导电性能好、硬度大、耐磨性能好的紫铜或铜合金制成。换向片的底部做成燕尾形状，各换向片拼成圆筒形套入钢套筒上，相邻换向片间垫以 0.6～1.2 mm 厚的云母片作为绝缘，换向片下部的燕尾嵌在两端的 V 形钢环内，换向片与 V 形钢环之间用 V 形云母片绝缘，最后用螺旋压圈压紧。换向器固定在转轴的一端。

3. **气隙**

气隙是电机磁路的重要部分，气隙磁阻远大于铁芯磁阻。一般小型电机的气隙为 0.7 mm，大型电机的气隙为 5～10 mm。

5.1.3 直流电机的铭牌

为正确使用电机，使电机在既安全又经济的情况下运行，电机在外壳上都装有一个铭牌，上面标有电机的型号和有关物理量的额定值。

1. **型号**

型号表示的是电机的用途和主要的结构尺寸。如 Z2-42 的含义是普通用途的直流电动机，第二次改型设计，4 号机座，2 号铁芯长。

2. **额定值**

铭牌中的额定值有额定功率、额定电压、额定电流和额定转速等。额定值是指按规定的运行方式，在该数值情况下运行的电机既安全又经济。

(1) 额定功率：额定条件下电机所允许的输出功率。

对于发电机，额定功率是指电刷间输出的电功率；对于电动机，额定功率是指转轴输出的机械功率。

(2) 额定电压：在正常运行时，电机出线端的电压值。

对于发电机，它是指输出额定电压；对于电动机，它是指输入额定电压。

(3) 额定电流：在额定电压下，运行于额定功率时对应的电流值。

对于发电机，它是指输出额定电流；对于电动机，它是指输入额定电流。

（4）额定转速：在额定电压、额定电流下，运行于额定功率时对应的转速。

额定值之间的关系如下。

对于发电机

$$P_N = U_N I_N \quad (5-1)$$

对于电动机

$$P_N = U_N I_N \eta_N \quad (5-2)$$

电机运行时，当各物理量均处在额定值时，电机处在额定状态运行，若电流超过额定值叫过载运行，电流小于额定值叫欠载运行。电机长期过载或欠载运行都是不好的，应尽可能使电机靠近额定状态运行。

➘ 例 5-2

一台 Z4 型直流电动机，额定功率 P_N=160 kW，额定电压 U_N=440 V，额定效率 η_N=90%，额定转速 n_N=1 500 r/min，求该电机的额定电流。

解：

$$I_N = \frac{P_N}{U_N \eta_N} = \frac{160 \times 10^3}{440 \times 0.9} = 404 \text{ A}$$

➘ 例 5-3

一台 Z4 型直流发电机，额定功率 P_N=145 kW，额定电压 U_N=230 V，额定转速 n_N=1 450 r/min，求该发电机的额定电流。

解：

$$I_N = \frac{P_N}{U_N} = \frac{145 \times 10^3}{230} = 630.4 \text{ A}$$

5.1.4 直流电机的励磁方式

直流电机在进行能量转换时，必须以气隙中的主磁场作为媒介。一般在小容量电机中可采用永久磁铁作为主磁极。其他直流电机给主磁极绕组通入直流以产生主磁场。

主磁极上励磁绕组获得电源的方式称为励磁方式。直流电机的励磁方式分为他励和自励两大类，其中自励又分为并励、串励和复励三种形式。直流电机各种励磁方式的接线如图 5-10 所示。

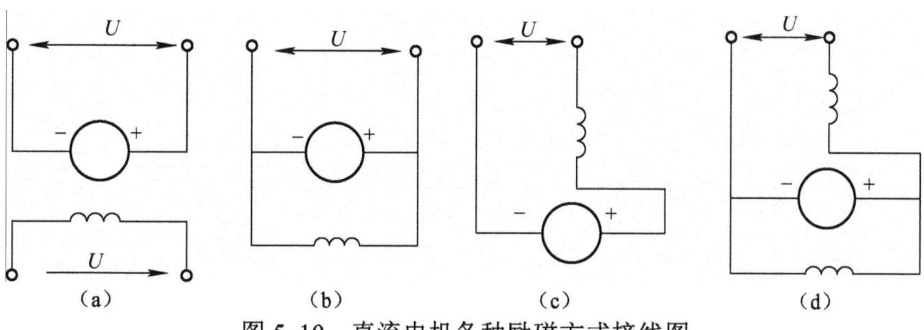

图 5-10 直流电机各种励磁方式接线图

（a）他励 （b）并励 （c）串励 （d）复励

（1）他励。他励直流电机的励磁绕组由单独直流电源供电，与电枢绕组没有电的联系，励磁电流的大小不受电枢电流影响，接线如图 5-10（a）所示。用永久磁铁作主磁极的电机也属他励电机。

（2）并励。并励直流电机的励磁绕组与电枢绕组并联，如图 5-10（b）所示。该励磁方式的励磁绕组匝数较多，采用的导线截面较小，励磁电流一般为电机额定电流的 1%～5%。

（3）串励。串励直流电机的励磁绕组与电枢绕组串联，如图 5-10（c）所示。该励磁绕组与电枢绕组通过相同的电流，故励磁绕组的截面较大，匝数较少。

（4）复励。复励直流电机在主磁极铁芯上缠有两个励磁绕组，其中一个与电枢绕组并联，一个与电枢绕组串联，如图 5-10（d）所示。在复励方式中，通常并励绕组产生的磁势不少于总磁势的 70%。当串励磁势与并励磁势方向相同时，称为积复励；当串励磁势与并励磁势方向相反时，称为差复励。

不同的励磁方式对直流电机的运行性能有很大的影响。直流发电机的励磁方式主要采用他励、并励和复励，很少采用串励方式。直流电动机因励磁电流都是外部电源供给的，因此不存在自励，所说的他励是指励磁电流和电枢电流不是由同一电源供给的。

5.1.5 直流电机的主要系列

我国直流电机系列是指在应用范围、结构形式、性能水平、生产工艺等方面有共同性，功率较大的成批生产的电机。主要有以下几种系列。

（1）Z2 系列：一般用途的中小型直流电机。

（2）Z 和 ZF 系列：一般用途的中小型直流电机，Z 表示直流电动机，ZF 表示直流发电机。

（3）ZT 系列：用于恒功率且调速范围较宽的直流电动机。

（4）ZJ 系列：精密机床用直流电动机。

（5）ZTD 系列：电梯用直流电动机。

（6）ZZJ 系列：冶金起重用直流电动机，它启动快、过载能力强。

（7）ZQ 系列：电力机车、工矿电机车和电车用直流牵引电动机。

（8）Z-H 系列：船用直流电动机。

（9）ZA 系列：防爆安全用直流电动机。

5.2 直流电机的电枢绕组

对绕组的共同要求是：

（1）尽可能使各元件产生的合成电势或电磁转矩最大；

（2）绕组连接时尽量节约有色金属和绝缘材料；

（3）结构简单、美观、运行可靠、制造和维护方便等。

5.2.1 直流电机电枢绕组的基本知识

直流电机的电枢绕组按绕组的连接规律，可分为叠绕组、波绕组和混合绕组。其中叠绕组又分为单叠绕组和双叠绕组，波绕组又分为单波绕组和双波绕组。单叠绕组和单波绕组是最基本和常用的绕组。

1．绕组的元件

绕组的元件在槽内的放置如图 5-11 所示。直流电机的电枢绕组一般采用双层绕组，即每个元件的一个边放在某一个槽的上层，另一个边放在相邻磁极另一个槽的下层，也就是说一个元件占用两个槽，每个槽放置两个边。

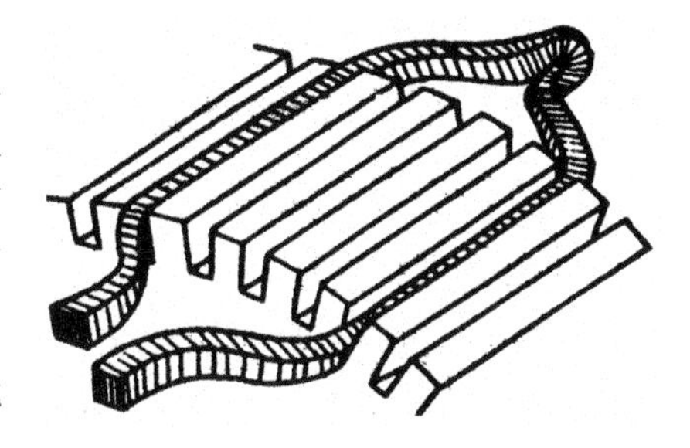

图 5-11　绕组在槽内的放置

元件放入槽中的部分叫有效边，做成直线形状。元件的槽外部分叫端线，做成曲线形状。

2．实槽和虚槽

实槽是电枢铁芯上实际存在的槽。在许多电机中由于元件数较多，若在铁芯上开相同数目的槽是很困难的，甚至是不可能的，这时只有在每个槽的上、下层各放置 u 个（u>1）有效边，形成实槽与虚槽，如图 5-12 所示。图中每个实槽上、下两层共放置六个有效边，它们彼此相互绝缘。为说明每个元件的位置并绘制绕组展开图，不妨引入虚槽的概念，把槽内每层的元件数定为 u（图 5-12（a）中 u=1，图 5-12（b）中 u=3），每个实槽相当于 u 个虚槽，设元件数为 s，实槽数为 z，虚槽数为 z_i，则有

$$s = z_i = uz \tag{5-3}$$

3．元件数与虚槽数、换向片之间的关系

每个电枢元件有两个端头，分别与两个换向片相连，如图 5-13 所示。由图 5-13 看出，不论是单叠绕组，还是单波绕组，每个换向片都接有两个元件中的一个上层边和一个下层边，所以直流电机的换向片数 k 等于电枢元件数 s，即

$$k = s = z_i \tag{5-4}$$

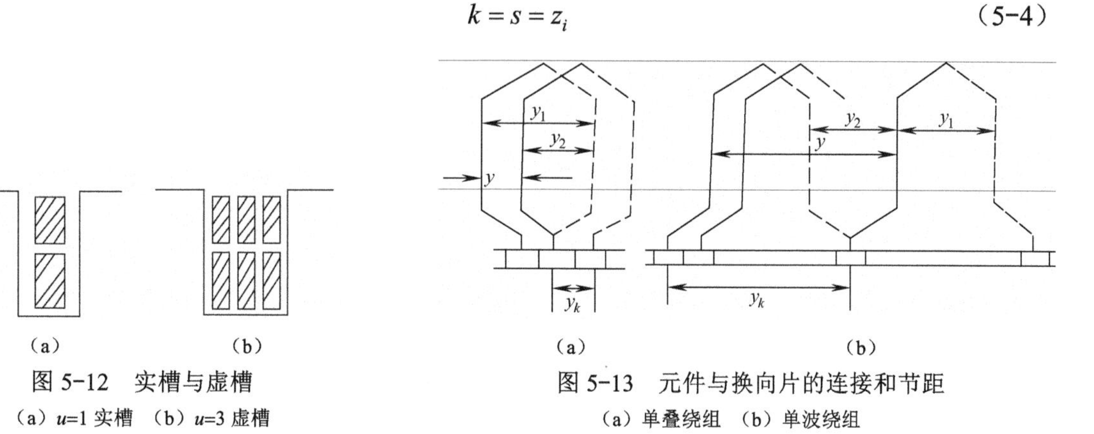

图 5-12　实槽与虚槽

（a）u=1 实槽　（b）u=3 虚槽

图 5-13　元件与换向片的连接和节距

（a）单叠绕组　（b）单波绕组

4．极距 τ

对应于一个磁极在电枢外圆上所占有的弧长称为极距。极距 τ 用一个主磁极所占有的虚槽数表示，即

$$\tau = \frac{z_i}{2p} \tag{5-5}$$

5．绕组的节距

1）第一节距 y_1

同一元件的两个有效边在电枢表面所跨过的距离，用虚数槽来表示称为第一节距。在图 5-13 中，某元件的上层边（实线）放在第一槽，下层边（虚线）放在第五槽，则 $y_1 = 5-1 = 4$。欲使元件中的合成电势为最大，要求 y_1 等于或接近一个极距 τ。当 τ 不等于整数时，若取 y_1 等于 τ，则无法嵌放绕组，这时应将 y_1 值取略小于或略大于 τ 的整数，即

$$\tau = \frac{z_i}{2p} \pm \varepsilon \qquad (5-6)$$

式中　ε——小于 1 的分数；将 y_1 凑成整数。

$y_1 = \tau$ 时称为整距绕组，$y_1 < \tau$ 时称为短距绕组，$y_1 > \tau$ 时称为长距绕组。直流电机一般采用整距或短距绕组，因为长距绕组的端线部分较长，用铜量多。

2）元件的第二节距 y_2

元件的下层边与同它相连接的后一个元件上层边在电枢表面所跨过的距离，用虚槽数表示称为第二节距。当规定左行为负，右行为正时，在叠绕组中 y_2 为负值，在波绕组中 y_2 为正值。

3）合成节距 y

相串联的两相邻元件对应有效边在电枢表面所跨过的虚槽数，称为合成节距。合成节距 y 与 y_1、y_2 的关系是

$$y = y_1 + y_2 \qquad (5-7)$$

4）换向节距 y_k

每个元件两端点所连换向片之间在换向器表面所跨过的换向片数，称为换向节距。由图 5-13 可知，不论哪种绕组，换向节距与合成节距总是相等的，即

$$y_k = y \qquad (5-8)$$

5.2.2 单叠绕组

单叠绕组是指相串联的后一个元件端接部分紧叠在前一个元件端接部分的上面，整个绕组成褶叠式前进。单叠绕组是指合成节距 $y = \pm 1$ 的叠绕组，如图 5-14 所示。

当 $y = y_k = 1$ 时，绕组元件向右排列，称为右行绕组；当 $y = y_k = -1$ 时，绕组元件向左排列，称为左行绕组。左行绕组在换向器侧同一元件的端线部分交叉，用铜多，故很少采用。直流电机的电枢通常采用右行绕组。

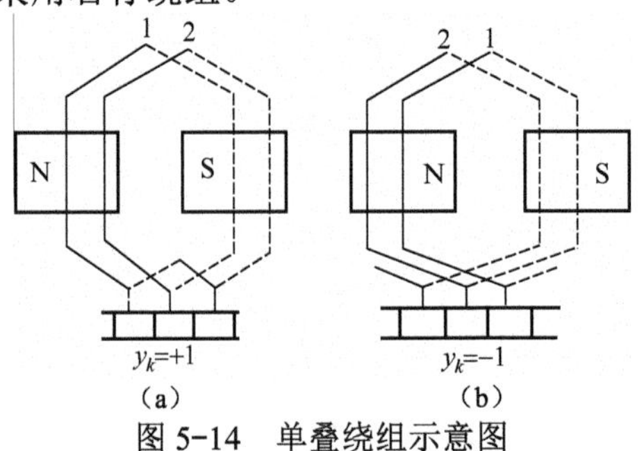

图 5-14　单叠绕组示意图

（a）右行绕组　（b）左行绕组

1．单叠绕组的连接方法

通过以下实例来说明单叠绕组的连接方法。

例 5-4

已知电机的极数 $2p=4$，实槽与虚槽数相同，且 $z=s=k=16$，绕制一个单叠右行整距绕组。

解:（1）计算有关节距。

根据右行绕组及节距公式，则有

$$y=y_k=1$$

$$\tau=\frac{z_i}{2p}\pm\varepsilon=\frac{16}{2\times2}=4$$

$$y_2=y-y_1=1-4=-3$$

（2）作绕组连接顺序图。

绕组连接顺序表是用来直观地表示电枢所有元件的串联顺序和所在槽位置的。连接顺序的上行数字为元件和虚槽的编号，同时表示该元件上层边所在的位置。连接顺序的下行数字表示元件的下层边所在槽的号数。

本例共有 16 个元件，根据上述要求和计算所得的节距，第一个元件的上层边嵌入 1 号槽上层，它的下层边应放在号数为 $1+y_1=5$ 槽的下层，上 1 和下 5 用实线相连代表 1 号元件。1 号元件的下层边应与 2 号元件的上层边相连，它所在的槽号是 $5+y_2=5-3=2$，即 2 号槽，下 5 和上 2 用虚线相连表示 1 号元件和 2 号元件相串联。2 号元件的下层边所在槽的号数为 $2+y_1=2+4=6$，依此类推，最后 16 号元件在 4 号槽的下层边用虚线与 1 号元件在 1 号槽的上层边相连。由元件的连接顺序可知，直流电机的电枢绕组是一个闭合绕组，而交流绕组是开启绕组。单叠绕组连接顺序图如图 5-15 所示。

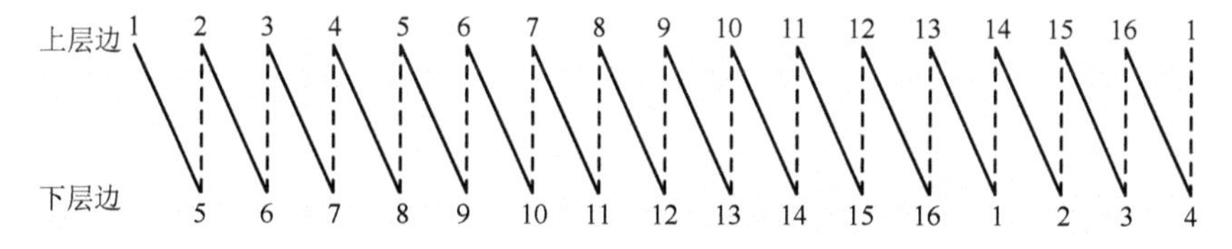

图 5-15　单叠绕组连接顺序图

（3）画绕组展开图。

在电枢某一齿的中间沿轴线切开展成一平面来表示电枢绕组及其连接方法的图形叫展开图。本例在 1 和 16 槽之间的齿切开，绘成展开图如图 5-16 所示。其步骤如下。

① 安放导体和换向片并编号。先以适当的长度等距离画出槽中元件的有效边，每槽中画出两个有效边，上层边用实线画在左侧，下层边用虚线画在右侧。在铁芯的下方画出与元件数相同的 16 个换向片，同时标出槽和换向片的号数。

② 连接绕组元件。根据绕组连接顺序图，首先把元件 1 上层边的下端连至换向片 1，其上端连接 5 号槽下层边的上端，5 号槽下层边的另一端连到 2 号换向片上，这样就完成了元件 1 的连接。再由换向片 2 出发，连接元件 2 在 2 号槽内上层边的下端，经其上端连接 6 号槽下层边的上端，由 6 号槽下层边的下端连至换向片 3，又完成了元件 2 的连接。依此类推，最后连成如图 5-16 所示的单叠绕组展开图。从图中可以看出这样的规律：凡是由上层边引出的端线，均褶向右上方且用实线；凡由下层边引出的端线，均褶向左下方且用虚线表示。

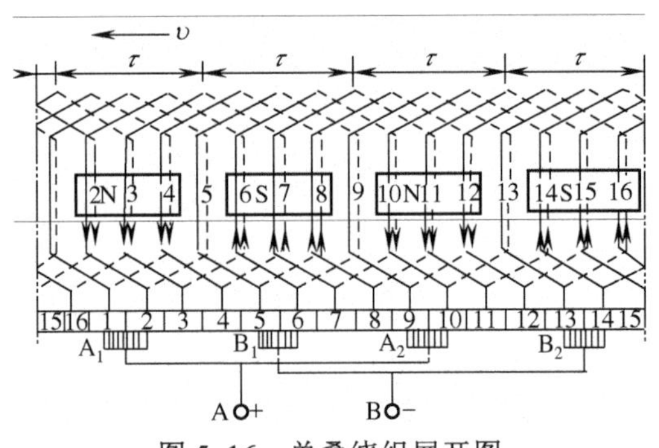

图 5-16　单叠绕组展开图

③ 放置磁极。主磁极是对称的，应均匀分布在展开图上，每个磁极的宽度大约是极距的 2/3，并交替标出 N 极和 S 极。磁极位于电枢表面之上，所以 N 极的磁场线是流入纸面，S 极的磁场线是流出纸面。

标出电枢的旋转方向，本图是自右向左旋转。根据右手定则可知：凡是在 N 极下面的导体，其感应电势方向由上至下；凡是在 S 极下面的导体，其感应电势方向由下至上；处在相邻磁极几何中心线上的导体，感应电势为零。应该看到，由于电枢是旋转的，主磁极是静止的，所以此时各元件的电势方向仅是瞬间的情况。

④ 放置电刷。电刷（电刷组）数应与主磁极个数相同，其中正、负电刷各占一半。电刷所在位置应使相邻两电刷间所串接的各元件合成电势具有最大值，故电刷应置于主磁极的轴线上。

⑤ 确定电刷的极性。由展开图得知：与换向片 1 和 2 相接触的电刷，其电势是向下的，故是正极性，用 A 表示；与换向片 5 和 6 相接触的电刷，其电势是向上的，为负极性，用 B 表示。同理，可知另外两个电刷的极性。将同极性的电刷并联后引出两根线，就是电枢绕组的出线端。

此外，实际上电机由于换向片很多，通常电刷的宽度是换向片宽度的 1.5～3 倍，此时电刷放置的位置仍然不变，只是被同一电刷短接的元件不止一个。

2．绕组的并联支路数

由图 5-16 可知，绕组的额定电势是正、负电刷间的电势，也就是相邻两电刷间支路的电势。为便于观察绕组的支路，将电枢元件的连接同电刷的关系画成如图 5-17 所示的单叠绕组电枢支路图。由图可看出，当作为发电机时，电枢电流由 A 点流出，经负载后流入 B 点并分成 4 条并联支路，最后再汇合到 A 点流出。每个支路的电流是电枢总电流的 1/4。

从图 5-17 单叠绕组电枢支路不难看出，单叠绕组的支路个数恒等于主磁极的个数，或者说支路对数等于主磁极的对数。

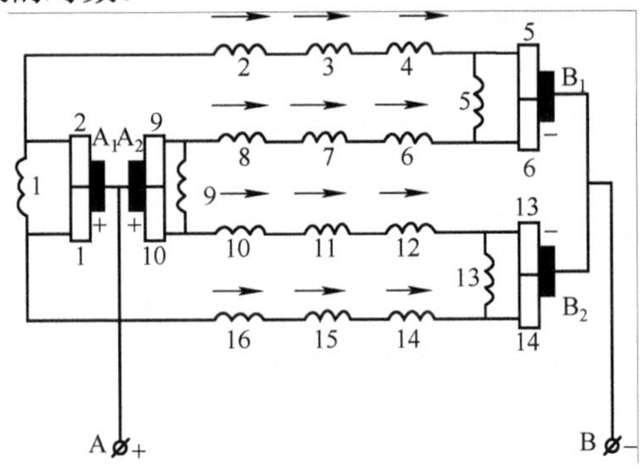

图 5-17　单叠绕组电枢支路

由展开图 5-16 可知，绕组的额定电势是正、负电刷间的电势，也就是相邻两电刷间支路的电势。为便于观察绕组的支路，将电枢元件的连接同电刷的关系画成如图 5-17 所示的单叠绕组电枢支路。由图 5-17 看出，当作为发电机时，电枢电流由 A 端流出，经负载后流入 B 端并分成 4 条并联支路，最后再汇合到 A 端流出。每个支路的电流是电枢总电流的四分之一。

不难看出，单叠绕组的支路个数恒等于主磁极的个数，或者说支路对数等于主磁极的对数，即

$$2a = 2p$$

或

$$a = p \qquad (5\text{-}9)$$

式中　a——并联支路对数。

图 5-17 表明，支路内的元件随电枢旋转是变化的，但支路的几何位置是不变的。

3．单叠绕组的特点

（1）同一磁极下的各元件串联起来组成一条支路，并联支路对数等于极对数，即 $a = p$。

（2）当元件形状左右对称，电刷在换向器表面的位置对准磁极中心线时，正、负电刷短路元件的感应电动势最小。

（3）电刷个数等于极数。

5.2.3　单波绕组

1．单波绕组的特点

单波绕组是指相串联的两个元件像波浪式的推进，其换向节距接近两倍极距的绕组，如图 5-18 所示。单波绕组是首先串联位于某一极性（如 N 极）下面上层边所在的全部元件，之后再串联位于另一极性下面上层边所在的全部元件，将所有元件组成一个闭合回路。

由图 5-18 可以看出，单波绕组沿电枢表面绕行一周时，串联了 p 个元件，第 p 个元件绕完后恰好回到起始元件所连换向片相邻的左边或右边的换向片上，由此再绕行第二周、第三周，一直绕到第（k+1）/2 周，将最后一个元件的下层边连接到起始元件上层边所连的换向片上，构成闭合绕组。

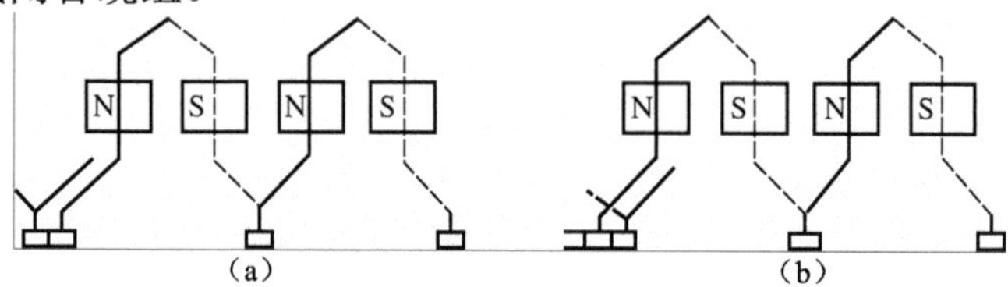

图 5-18　单波绕组示意图

（a）左行绕组　（b）右行绕组

为使合成电势尽可能大，第一节距应接近极距。合成节距或换向节距应接近两倍极距，但不能相等，否则绕行一周串联了 p 个元件后，就会又回到出发的换向片上而闭合，而无法继续绕行下去。故要求换向节距 y_k 应满足条件

$$py_k = k \mp 1$$

或

$$y_k = \frac{k \mp 1}{p} \qquad (5\text{-}10)$$

若取负号，则绕行一周后，比出发时的换向片后退一片，称为左行绕组，见图 5-18（a）；如取正号，绕行一周后，则前进一片，称为右行绕组，如图 5-18（b）。由于右行绕组端线耗铜较多，又交叉，所以一般采用左行绕组。

2．单波绕组的连接方法

通过以下实例来说明单波绕组的连接方法。

例 5-5

已知电机极数 $2p=4$，实槽与虚槽数相同，且 $z=s=k=15$，绕制单波左行绕组。

解:（1）计算有关节距。

根据左行绕组及节距公式，则

$$y=y_k=\frac{k-1}{p}=\frac{15-1}{2}=7$$

$$y_1=\frac{z}{2p}-\varepsilon=\frac{15}{4}-\frac{3}{4}=3$$

$$y_2=y-y_1=7-3=4$$

（2）作绕组连接顺序图。

由元件 1 开始，将其上层边放入 1 槽，根据节距 y_1 下层边应在的槽是 $1+y_1=1+3=4$。由节距 y_2 知，与元件 1 相连的是位于槽号为 $4+y_2=4+4=8$ 的元件的上层边，元件 8 的下层边在 $8+y_1=8+3=11$ 槽。依此类推，最后一个元件 9 在 12 号槽的下层边与元件 1 在 1 槽的上层边相连，其连接顺序如图 5-19 所示。

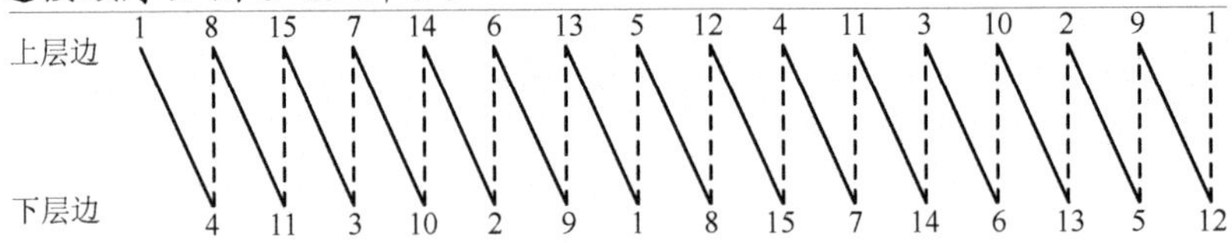

图 5-19　单波绕组连接顺序图

（3）画绕组展开图。

考虑到端部对称，对单波绕组是每个元件所接的两个换向片对称的位于该元件轴线的两边，即元件所接两换向片之间的中心线与该元件的轴线重合。本例的单波绕组展开图如图 5-20 所示。根据连接顺序图，先将元件 1 上层边的下端与换向片 1 相连，其上端与 4 槽下层边的上端相连，经下端连到换向片 8 上。再由换向片 8 出发与元件 8 在 8 槽上层边的下端相连，其上端与 11 槽下层边的上端相连，经下端连到换向片 15。至此绕行电枢表面 1 周，完成了元件 1 和 8（即 $p=2$ 个）的连接，依此连接下去，最后将元件 9 在 12 槽下层边的下端与换向片 1 相连接。

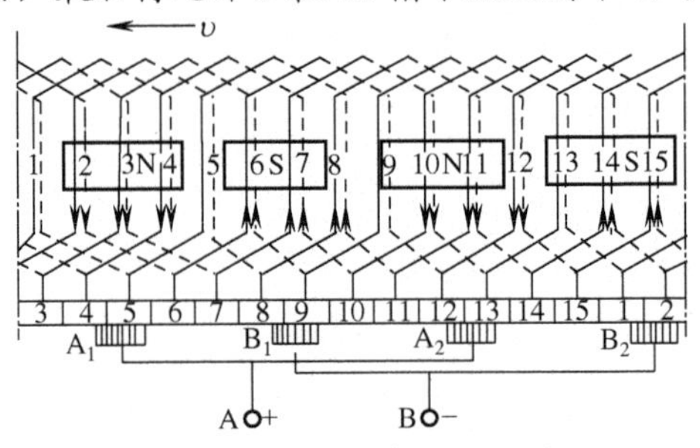

图 5-20　单波绕组展开图

（4）放置主磁极和电刷。

主磁极的放法与单叠绕组相同。确定出电枢的旋转方向后，再根据右手定则判定每根导体中的感应电动势方向。

电刷的放置原则也和单叠绕组相同，即电刷的中心与主磁极的轴线重合。在图 5-21 所示瞬间，被电刷 A_1 和 A_2 短接的元件 5 感应电势等于零；被电刷 B_1 和 B_2 短接的元件 1 和 9，每个元件的感应电势接近零，由于两个元件同时被短接，沿其闭合回路的合成电势仍然是零，因它们处在同一个磁极左右两侧的对称位置。

3．绕组的并联支路

单波绕组的并联支路如图 5-21 所示。由图看出，单波绕组除去被电刷短接的元件外，是把所有上层边在 N 极下的元件 8、15、7、14，6 和 13 相串联组成一条支路。把所有上层边在 S 极下的元件 12、4、11、3、10 和 2 相串联组成另外一条支路。不难看出，无论电机有多少对磁极，单波绕组并联支路数恒等于 2，即

$$2a = 2$$

或

$$a = 1 \tag{5-11}$$

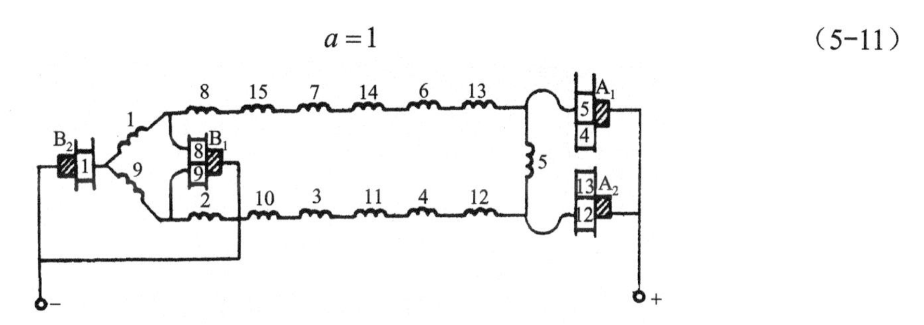

图 5-21　单波绕组并联支路

从图 5-21 来看，单波绕组只要有正、负各一组电刷即可，但实际上仍采用电刷组数与主磁极的数目相等，这样可以减少每组电刷通过的电流，又能缩短换向器的长度，节约用铜量。

综上所述可知，单叠绕组的支路数等于主磁极数，电枢电势就是每个支路电势，电枢电流是各支路电流之和。单波绕组的支路数恒等于 2，电枢电势也是每个支路的电势，电枢电流是各支路电流之和。在绕组元件数、磁极对数（$p>1$）和导线截面等均相同的情况下，单叠绕组多用于电压较低、电流较大的电机；单波绕组多用于电压较高、电流较小的电机。

4．单波绕组的特点

（1）上层边位于同一极性磁极下的所有元件串联起来组成一条支路，并联支路对数恒等于 1，与极对数无关。

（2）当元件形状左右对称，电刷在换向器表面上的位置对准磁极中心线时，支路电动势最大。

（3）但从支路数来看，单波绕组可以只要两组电刷，但为了减少换向器轴向的长度，减低成本，仍按主极数来装置电刷，称为全额电刷。在单波绕组中，电枢电动势仍等于支路电动势，电枢电流也等于支路电流之和。

单叠绕组与单波绕组的主要区别在于并联支路对数的多少。单叠绕组可以通过增加极对数来增加并联支路对数，适用于低电压大电流的电机；单波绕组的并联支路对数 $a=1$，但每条支路串联的元件数较多，故适用于小电流高电压的电机。

5.3 直流电机的电枢反应

5.3.1 主磁场和电枢磁场

1. **主磁场**

直流电机空载时，气隙中仅有励磁磁势产生的磁场，称为主磁场。由于电机磁路结构对称，因此以一对磁极来分析主磁场就可以了。直流电机空载时的主磁场如图 5-22 所示。由图 5-22（a）可知，空载时的磁通根据路径可分为两部分，其中大部分磁通经过主磁极、空气隙、电枢、空气隙、主磁极和磁轭形成闭合回路，称为主磁通，见曲线 1。有小部分磁通不经过电枢而形成闭合回路，称漏磁通，见曲线 2。起机电能量转换作用的是主磁通，通常漏磁通约占主磁通的 15%。

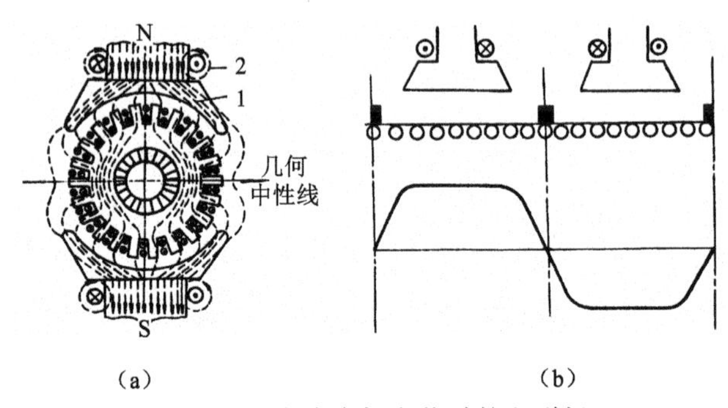

图 5-22　直流电机空载时的主磁场

（a）主磁极的磁通　（b）主磁场波形

根据气隙大小的不同，可知主磁通在极靴下各点的磁通密度较大，偏离磁极后逐渐变小，在几何中性线处为零。当规定由电枢流出为正，反之为负时，主磁场的波形如图 5-22（b）所示。

2. **电枢磁场**

电机负载运行时，电枢绕组中有电流流过，电枢电流产生的磁场称为电枢磁场。电枢磁场波形如图 5-23 所示。

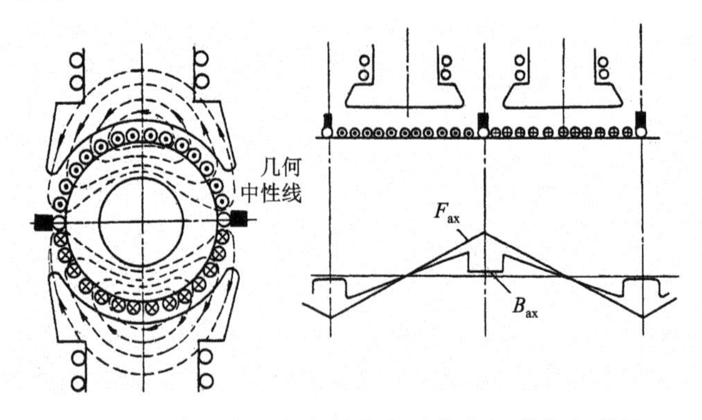

图 5-23　电刷在几何中性线上时的电枢磁势和磁场

5.3.2 电枢反应

直流电机负载运行时，气隙中磁场将由主磁场和电枢磁场共同建立，通常把电枢磁场对主磁场的影响称为电枢反应。电枢反应能对电机的工作特性产生影响。

1. 直流发电机电枢反应

电刷位于几何中性线上时，只存在交轴电枢反应。若磁路不饱和，气隙中磁密曲线 B_{bx} 可由主磁场 B_{0s} 和电枢磁场 B_{ax} 叠加后绘制而成，如图 5-24 所示。由曲线 B_{bx} 可以看出，发电机交轴电枢反应对气隙磁场有如下影响。

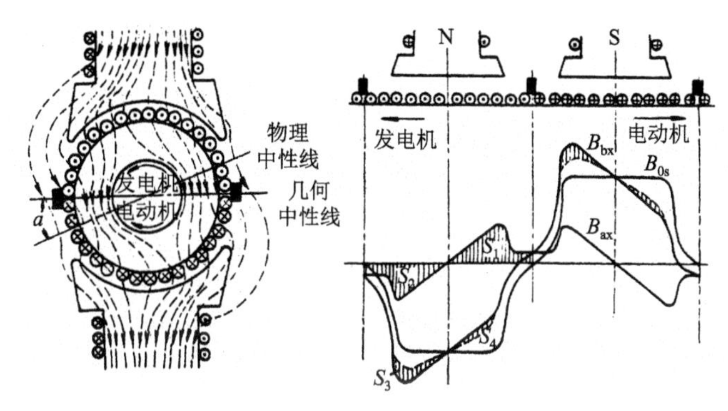

图 5-24 交轴电枢反应

（1）使气隙磁场发生畸变。前极端（电枢转动时进入端）磁场被削弱，后极端磁场被加强。

（2）使磁场强度为零的地方——物理中性线，顺着电枢转向移动了一个 α 角。

（3）呈去磁作用。在磁路未饱和时，主磁场被削弱的数量（面积 S_1）和增强的数量（面积 S_2）正好相等，每极磁通不变。实际上，电机在空载运行时磁路已处于饱和状态，磁路的磁阻已不是常数，不能采用简单的叠加方法来确定负载时的气隙磁密。因此，实际增强的数量应为 $S_2 - S_3$，减弱的数量应为 $S_1 - S_4$，且 $S_3 > S_4$，故发电机交轴电枢反应使每极磁通比空载时有所减少，呈轻微的去磁作用，电枢绕组的感应电势将有所降低。

2. 直流电动机的电枢反应

当直流电动机的主磁场和电枢元件中的电流均与发电机相同时，则电枢的旋转方向相反，如图 5-24 所示。

电刷位于几何中性线上产生交轴电枢反应，其性质如下。

（1）使气隙磁场发生畸变。前极端磁场被加强，后极端磁场被削弱。

（2）使物理中性线逆着电枢转向移动一个 α 角。

（3）呈去磁作用。

5.3.3 直流电机的换向

直流电机运行时，每个支路中电流的方向是一定的，但同一个电刷两侧支路中电流的方向是相反的。电枢旋转时，电枢元件将经过电刷由一条支路进入另一条支路，元件中电流的方向要发生一次改变，这一现象称为换向。换向是否理想，影响着直流电机运行的可靠性。

1．换向过程

图 5-25 所示为一个单叠元件的换向过程。当处于图 5-25（a）所示的时刻时，电刷仅与换向片 1 接触，元件 1 属于电刷右侧的支路，其电流方向为逆时针，并规定为 $+i_a$，此刻元件 1 处在即将换向的位置；当处于图 5-25（b）所示的时刻时，电刷同时与换向片 1 和 2 接触，元件 1 被电刷短接，它不属于右侧支路，也不属于左侧支路，而是处于换向过程中；当处于图 5-25（c）所示的时刻时，电刷仅与换向片 2 接触，元件 1 已属于电刷左侧支路，其电流方向变为顺时针，并规定为 $-i_a$，此时元件 1 换向结束，元件 2 处于即将换向的位置。

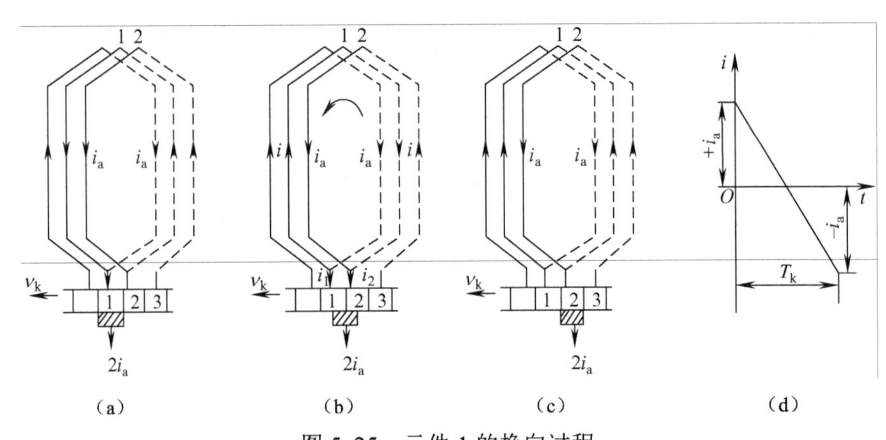

图 5-25　元件 1 的换向过程

（a）开始换向　（b）正在换向　（c）换向结束　（d）元件中理想的电流变化

通常把正在进行换向的元件称为换向元件。换向元件中的电流从 $+i_a$ 到 $-i_a$ 的变化过程称为换向过程。换向元件中的电流称为换向电流。从换向开始到换向结束所经历的时间称为换向周期，用 T_k 表示，如图 5-25（d）所示。换向过程经历的时间是极短的，通常 T_k 只有千分之几秒。

2．换向元件中的感应电势

换向元件中的感应电势可分为两类：一类是由于换向元件中电流变化而产生的电抗电势 e_r，另一类是由于运动着的换向元件切割磁场而产生的切割电势 e_k。因此，换向元件中产生的总电势

$$\sum e = e_r + e_k \tag{5-12}$$

为获得良好的换向效果，设计电机时要满足 $\sum e \approx 0$。

3．火花及产生原因

直流电机运行时在电刷与换向片之间往往有火花产生。出现微弱的火花对电机正常运行并无危害，也是允许的。当火花发展到一定程度时，将会烧灼换向器和电刷，影响电机正常运行。严重时，火花扩大成环火，将危及换向器和电机。

我国国家标准将火花分为五个等级，如表 5-1 所示。

表 5-1　直流电机火花等级

火花等级	各级火花的特征	换向器和电刷的状态
1	无火花	换向器上无黑色痕迹，电刷上没有灼痕
$1\frac{1}{4}$	电刷下面小部分有微弱的点状火花	
$1\frac{1}{2}$	电刷下面大部分有微弱的火花	换向器上有发黑的痕迹出现，但用汽油擦表面能除去；同时电刷上有灼痕
2	电刷下面的整个边缘都有火花（仅在短时冲击负载及过载时允许存在）	换向器上有发黑的痕迹出现，用汽油擦表面黑痕不能除去；同时电刷上有灼痕
3	电刷下面的整个边缘都有强烈的火花，同时有大火花飞出（仅在直接启动或电机反转时允许存在，但应保证换向器与电刷能正常工作）	换向器上的发黑痕迹相当严重，用汽油擦表面黑痕不能除去；同时电刷烧焦及损坏

直流电机运行时，一般要求火花不超过$1\frac{1}{2}$级，2 级和 3 级火花只允许在表中规定的情况下出现。

产生火花的原因主要有：①电磁性原因；②机械原因；③化学原因；④电位差等。

5.3.4　改善换向的主要方法

改善换向是为了尽可能消除火花。消除火花首先应从限制附加换向电流入手，其途径有两个：一个是减少换向回路的合成电势$\sum e$，二是增大换向回路的电阻。为此，改善换向常用的方法如下。

1．装设换向磁极

装设换向磁极是改善换向最常用的方法，除少数小容量电机外，一般均装有换向磁极，它准确地装在主磁极间的几何中性线上。

2．选择合适的电刷

电刷是引导电枢电流的，它对直流电机的换向状况也有直接影响。从引导电流来讲，应选择接触电阻小的电刷，通过减小电刷与换向片间的接触电压降来降低损耗。从限制附加换向电流来讲，应选择接触电阻大的电刷，以增大换向回路的电阻。因此在选择电刷时，要综合考虑上述因素，看一看哪一方面因素是主要的。

3．移动电刷位置

在不装换向磁极的电机中，可采用移动电刷的方法来减小合成电势$\sum e$。移动电刷使换向元件处在主磁场之下，以使换向元件产生一个和电抗电势e_r相反的切割电势e_k，因此，移动电刷对发电机来讲，应顺着电枢转向移动电刷；对电动机来讲，则正相反。

4．装设补偿绕组

为防止电位差火花及其环火的发生，最有效的办法是在电机中装设补偿绕组。补偿绕组嵌放在主磁极极靴沿轴向专门冲出的槽中。

补偿绕组与电枢绕组串联相接，它产生的磁势轴线也在几何中性线处，并且与电枢磁势大小相等、方向相反，达到消除由交轴电枢反应引起的磁场畸变，防止电位差火花和环火的产生。装设补偿绕组使耗铜量增加，电机结构变得复杂，因此仅在负载经常变化的大中型电机中采用。

5.4 直流电机的电枢电动势与电磁转矩

5.4.1 直流电机的电枢电动势

直流电动机运行时，电枢绕组在气隙磁场中运动，即导体切割磁场线，就产生感应电动势。直流电机的电枢电动势是指正、负电刷间的电动势。

1．计算公式

不论是单叠绕组还是单波绕组，电枢电势均是每个支路的电势。每个支路是由若干个结构相同的元件串联组成的，而每个元件又由多根导体组成，在分析电枢电势时，根据电磁感应定律先由单根导体开始，再进一步导出元件的电势和支路电势。由于支路中各元件处在磁场中的不同位置，磁场分布又是不均匀的，因此每个元件感应的电势也不一样大。这里求的是每个支路的电势，不是求每个元件实际感应电势的大小，故为方便起见，取每极下的平均磁通密度为 B_{av}，图 5-26 所示为气隙中主磁极磁密分布。这样每根导体感应电势的平均值

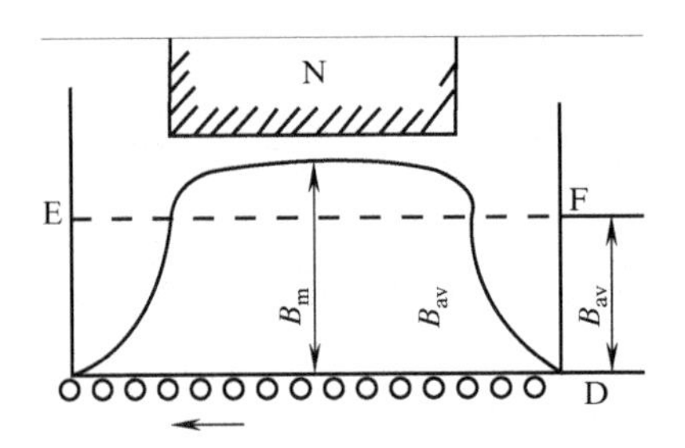

图 5-26　气隙中主磁极磁密分布

$$e_{av} = B_{av} l v \tag{5-13}$$

式中　e_{av}——每根导体的平均电势（V）；

B_{av}——气隙磁密平均值（Wb）；

l——导体的有效长度（m）；

v——导体的线速度（m/s）。

公式中的 v 可由电枢的转速和电枢表面周长求得，即

$$v = \pi D \frac{n}{60} = 2p\tau \frac{n}{60} \tag{5-14}$$

式中　n——电枢转速（r/min）；

p——磁极对数，

τ——极距。

将式（5-14）代入式（5-13），得

$$e_{av}=B_{av}2p\tau\frac{n}{60}=2p\Phi\frac{n}{60} \tag{5-15}$$

式中　Φ—每极磁通（Wb/m^2），$\Phi=B_{av}l\tau$。

当电刷放置在主磁极轴线上，电枢导体总数为 N，电枢支路数为 $2a$ 时，则直流电机的电枢电势

$$E_a=\frac{N}{2a}e_{av}=\frac{N}{2a}\times 2p\Phi\frac{n}{60}=C_e\Phi n \tag{5-16}$$

式中　E_a——电枢电势（V）；

C_e——由电机结构决定的电势常数，$C_e=\frac{pN}{60a}$。

顺便指出，当电刷不在主磁极轴线上时，支路中将有一部分元件的电势被抵消，故电枢电势将有所减小。

例 5-6

某直流电机 $2p=4$，$z=31$，$n=1\ 450$ r/min，每槽中有 12 根导体，每极磁通是 0.011 2 Wb，试求当电枢绕组为单叠形式和单波形式时的电枢电势。

解：根据 $2p=4$，则为单叠绕组时 $a=p=2$；为单波绕组时，$a=1$。

单叠绕组的电枢电势

$$E_a=\frac{pN}{60a}\Phi n=\frac{2\times31\times12}{60\times2}\times0.011\,2\times1\,450=100.7\ \text{V}$$

单波绕组的电枢电势

$$E=\frac{pN}{60a}\Phi n=\frac{2\times31\times12}{60\times1}\times0.011\,2\times1\,450=201.4\ \text{V}$$

2．**物理意义**

式（5-16）表明，电枢电动势的大小取决于转速和每极磁通的大小。当转速 n 恒定时，电势值 E_a 和每极磁通 Φ 成正比；当每极磁通 Φ 值恒定时，电势值 E_a 和转速 n 成正比。

5.4.2　直流电机的电磁转矩

电机运行时，电枢绕组有电流流过，载流导体在磁场中将受到电磁力的作用，该电磁力对转轴产生的转矩称为电磁转矩，用 T 表示。

1．**计算公式**

电枢绕组在磁场中所受电磁力的方向由左手定则确定。在发电机中，电磁转矩的方向与电枢转向相反，对电枢起制动作用；在电动机中，电磁转矩的方向与电枢转向相同，对电枢起推动作用。直流电机的电磁转矩与转向如图 5-27 所示。直流电机的电磁转矩使得电机实现机电能量的转换。对于发电机，输入的机械功率产生一个拖动电枢旋转的转矩 T_1，T_1 克服电磁转矩 T 和空载转矩 T_0，将机械能变成电能输出。对于电动机，输入的电功率产生电磁转矩 T，T 克服负载转矩 T_L 和空载转矩 T_0 驱动电枢旋转，将电能变成机

械能输出。

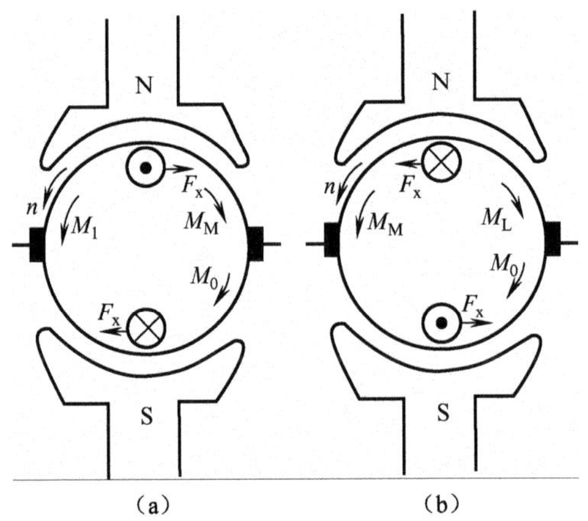

图 5-27　直流电机的电磁转矩与转向

（a）发电机　（b）电动机

电磁转矩的计算，仍从单根导体入手，并取每极下的平均磁密为 B_{av}，故每根导体所受的平均电磁力

$$F_{av}=B_{av}li_a \tag{5-17}$$

式中　i_a——电枢支路电流。

单根导体产生的平均电磁转矩

$$T_{av}=F_{av}\frac{D}{2}=B_{av}li_a\frac{D}{2} \tag{5-18}$$

式中　D——电枢直径。

总的电磁转矩 T 等于每根导体产生的平均转矩之和，即

$$T=NT_{av}=NB_{av}li_a\frac{D}{2} \tag{5-19}$$

因为

$$B_{av}=\frac{\Phi}{\tau l}=\frac{\Phi}{\frac{\pi D}{2p}l}=\frac{2p\Phi}{\pi Dl}$$

$$i_a=\frac{I_a}{2a}$$

将以上两式代入式（5-19），则有

$$T=\frac{pN}{2a\pi}\Phi I_a=C_T\Phi I_a \tag{5-20}$$

式中　T——电磁转矩（N·m）；

I_a——电枢电流（A）；

C_T——由电机结构决定的转矩常数，$C_T=\frac{pN}{2a\pi}$；

当电磁转矩单位用 kg·m 表示时，表达式为

$$T=\frac{1}{9.81}C_T\Phi I_a \tag{5-21}$$

➘ 例 5-7

一台四极直流电动机，n_N=1 460 r/min，Z=36 槽，每槽导体数为 6，每极磁通 Φ=0.022 Wb，单叠绕组，问电枢电流为 800 A 时，能产生多大的电磁转矩？

解：

$$T=\frac{pN}{2a\pi}\Phi I_a=\frac{2\times 36\times 6}{2\times 2\times 3.14}\times 0.022\times 800=605.35\ \text{N}\cdot\text{m}$$

2．**物理意义**

式（5-20）表明，电磁转矩的大小取决于电枢电流和每极磁通的大小。当电枢电流 I_a 恒定时，电磁转矩 T 和每极磁通Φ成正比；当每极磁通Φ值恒定时，电磁转矩 T 和电枢电流 I_a 成正比。

5.4.3　直流电机的电磁功率

一切能量转换均遵守能量守恒原理，在直流电机中能量形式的转换也不例外。通过电磁转换实现机械能和电能的相互转换，通常把电磁转矩所传递的功率称为电磁功率。由力学知识可知，电机的电磁功率

$$P=T\Omega$$

式中　Ω——电枢转动的角速度，$\Omega=\frac{2\pi n}{60}$。

因此

$$P=T\Omega=\frac{pN}{2a\pi}\Phi I_a\frac{2\pi n}{60}=\frac{Np}{60a}\Phi nI_a=E_aI_a \tag{5-22}$$

式（5-22）表明电磁功率这个物理量从机械角度讲是电磁转矩与角速度的乘积，属于机械能；从电的角度讲是电枢电动势与电枢电流的乘积，属于电能。这两者是同时存在并能相互转换的。

5.5　直流发电机

目前，直流发电机的生产已经很少，它最终必将被体积小、效率高、成本低、使用和维护方便的整流电源所代替。本节仅介绍目前仍有不少场合还在使用的并励直流发电机。

5.5.1　并励直流发电机的基本方程式

1．**电势平衡方程式**

图 5-28 为一台并励发电机的原理接线图，图中标出的有关物理量为选定的正方向，根据电路定律可列出电枢回路的电压平衡方程式，即

$$E_a=U+I_aR_a \tag{5-23}$$

式中　U——发电机端电压（V）；

　　R_a——电枢回路总电阻（Ω）。

由式（5-23）可知，负载时电枢电流通过电枢总电阻产生电压降，故发电机负载时端

电压低于电枢电势。

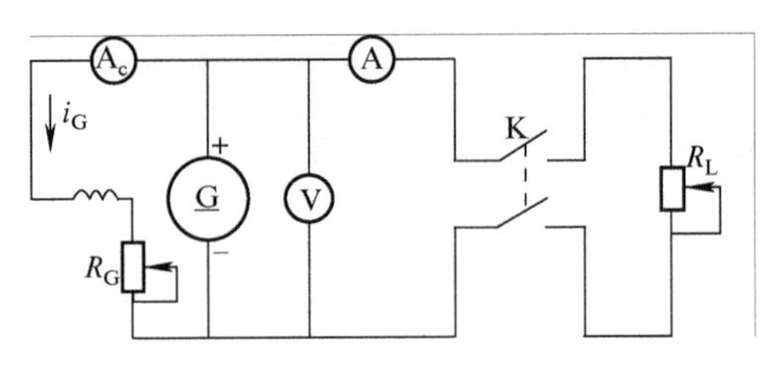

图 5-28　并励发电机原理接线图

2．功率平衡方程式

功率平衡方程说明了能量守恒的原则。并励发电机的功率流程如图 5-29 所示。

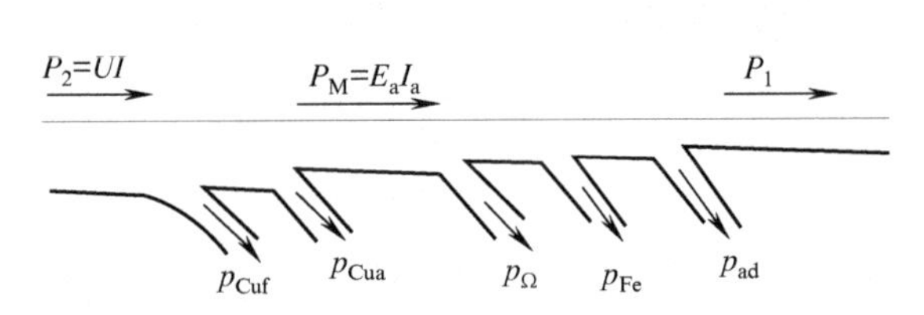

图 5-29　并励发电机的功率流程图

由图可见：

$$P_M = P_2 + p_{Cua} + p_{Cuf} \tag{5-24}$$

式中　P_2——发电机的输出功率，$P_2=UI$；

p_{Cua}——电枢回路的铜损耗，$p_{Cua}=I_a^2R_a$；

p_{Cuf}——励磁回路的铜损耗，$p_{Cuf}=I_f^2R_f$。

由式（5-24）可知，发电机的输出功率等于电磁功率减去电枢回路和励磁回路的铜损耗。

电磁功率等于原动机输入的机械功率 P_1 减去空载损耗功率 p_0。p_0 包括轴承、电刷及空气摩擦所产生的机械损耗 $p_Ω$，电枢铁芯中磁滞、涡流产生的铁损耗 p_{Fe} 以及附加损耗 p_{ad}。

输入功率平衡方程为

$$P_1=P_M+p_Ω+p_{Fe}+p_{ad}=P_M+p_0 \tag{5-25}$$

将式（5-24）代入式（5-25），可得功率平衡方程式

$$P_1=P_2+\Sigma p \tag{5-26}$$

$$\Sigma p=p_{Cua}+p_Ω+p_{Fe}+p_{ad} \tag{5-27}$$

式中　Σp—电机总损耗。

3．直流发电机的转矩平衡方程式

直流发电机在稳定运行时存在 3 个转矩：对应原动机输入功率 P_1 的转矩 T_1，对应电磁功率 P_M 的电磁转矩 T，对应空载损耗功率 p_0 的转矩 T_0。其中 T_1 是驱动性质的，T 和 T_0 是制动性质的，当发电机处于稳态运行时，根据转矩平衡原则，可得出发电机转矩平衡方程

$$T_1=T+T_0 \tag{5-28}$$

例 5-8

一台并励直流发电机，励磁回路电阻 R_f=44 Ω，负载电阻 R_L=4 Ω，电枢回路电阻 R_a=0.25 Ω，端电压 U_N=220 V。试求：（1）励磁电流 I_f 和负载电流 I；（2）电枢电流 I_a 和电动势 E_a（忽略电刷电阻压降）；（3）输出功率 P_2 和电磁功率 P_M。

解： ① 励磁电流　$I_f=\dfrac{U}{R_f}=\dfrac{220}{44}=5\text{ A}$

负载电流　$I=\dfrac{U}{R_L}=\dfrac{220}{4}=55\text{ A}$

② 电枢电流　$I_a=I+I_f=55+5=60\text{ A}$

电枢电动势　$E_a=U+I_aR_a=220+60\times0.25=235\text{ V}$

③ 输出功率　$P_2=UI=220\times55=12\,100\text{ W}$

电磁功率　$P_M=E_aI_a=235\times60=14\,100\text{ W}$

5.5.2　并励直流发电机的外特性

通常将 $n=n_N$，R_f=常数时，端电压 U 与负载电流 I_a 的关系曲线，即 $U=f(I_a)$，叫发电机的外特性曲线。R_f 是励磁回路的总电阻。用试验方法求并励发电机的外特性曲线的接线如图 5-30 所示。闭合开关 S，调节励磁电流使电机在额定负载时端电压为额定值，保持 R_f=常数，然后逐点测出不同负载时的端电压值，便可得到并励发电机的外特性曲线如图 5-30 所示。

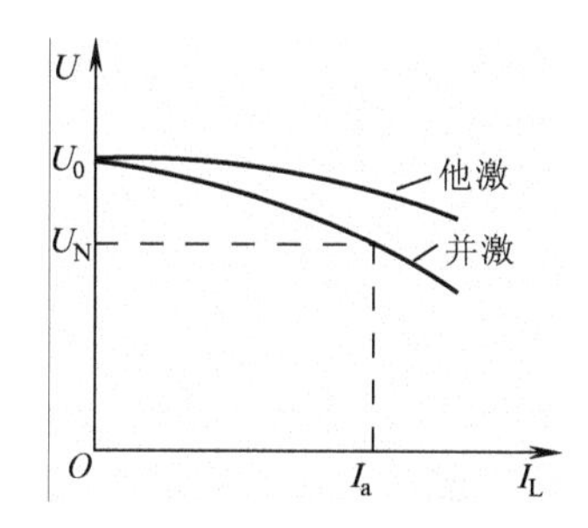

图 5-30　并励发电机的外特性曲线

并励发电机的外特性是一条向下弯的曲线，其原因是：①电枢电阻产生了电压降；②受电枢反应的去磁影响；③发电机端电压下降使与电枢并联的励磁线圈中的励磁电流 I_f 减少了。

发电机端电压随负载的变化程度可用电压变化率来表示。并励发电机的额定电压变化率是指发电机从额定负载过渡到空载时，端电压变化的数值对额定电压的百分比，即

$$\Delta U=\frac{U_0-U_N}{U_N}\times100\% \tag{5-29}$$

电压变化率 ΔU 是表示发电机运行性能的一个重要数据，并励发电机的电压变化率一般为 20%～30%，如果负载变化较大，则不宜作恒压源使用。

5.5.3 复励发电机的外特性

复励发电机是在并励发电机的基础上增加一个串励绕组而成的，其原理接线如图 5-31 所示。复励又分为积复励和差复励两种：当串励绕组磁场对并励磁场起增强作用时，称为积复励；当串励绕组磁场对并励磁场起减弱作用时，称为差复励。

积复励发电机能弥补并励时电压变化率较大的缺点。一般来说，串励磁场要比并励磁场弱得多，并励绕组使电机建立空载额定电压，串励绕组在负载时可弥补电枢电阻压降和电枢反应的去磁作用，以使发电机端电压能在一定的范围内稳定。积复励中根据串励磁场弥补的程度又分为三种情况：若发电机在额定负载时端电压恰好与空载时相等，则称为平复励；若弥补过剩，使得额定负载时端电压高于空载电压，则称为过复励；若弥补不足，则称为欠复励。复励发电机的外特性曲线如图 5-32 所示。差复励的外特性曲线是随负载增大端电压急剧下降的一条曲线。

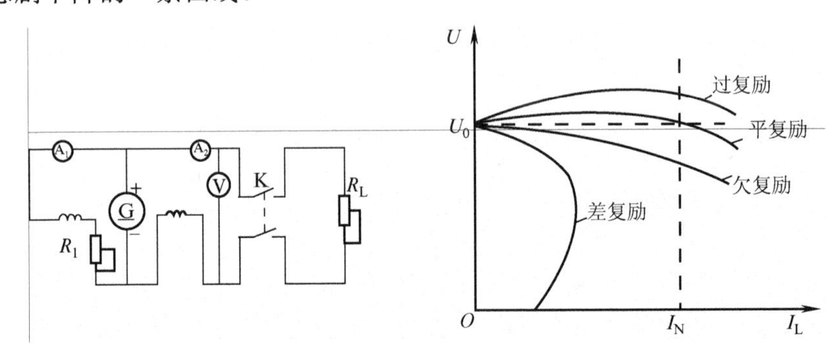

图 5-31 复励发电机的原理接线图　　图 5-32 复励发电机的外特性曲线

积复励发电机用途比较广，如电气铁道的电源等。

差复励发电机只用于要求恒电流的场合，如直流电焊机等。

5.6 直流电动机

5.6.1 直流电动机的基本方程式

同直流发电机一样，直流电动机也有电动势、功率和转矩等基本方程式，它们是分析直流电动机各种运行特性的基础。下面以并励直流电动机为例进行讨论。

1．直流电动机的电势平衡方程式

直流电动机运行时，电枢两端接入电源电压 U，若电枢绕组的电流 I_a 方向以及主磁极的极性如图 5-33 所示，可由左手定则决定电动机产生的电磁转矩 T 将驱动电枢以转速 n 旋转，旋转的电枢绕组又将切割主磁极磁场，感应电动势 E_a，可由右手定则决定电动势 E_a 与电枢电流 I_a 的方向是相反的。各物理量的方向如图 5-33（b）所示，可得电枢回路的电动势方程式为

$$U = E_a + I_a R_a \tag{5-30}$$

式中　R_a —— 电枢回路的总电阻，包括电枢绕组、换向器、补偿绕组的电阻以及电刷与换

向器间的接触电阻等。

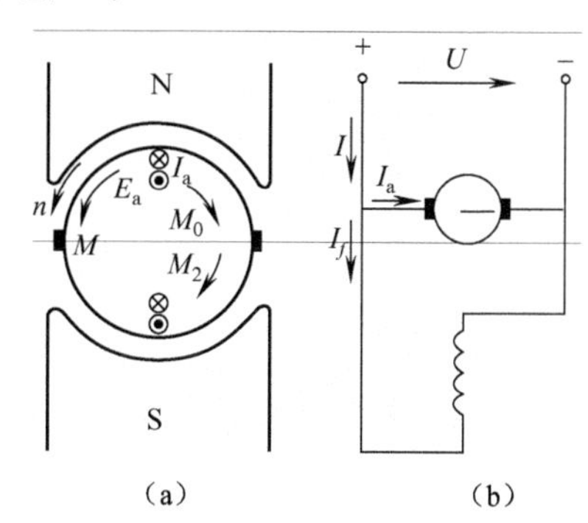

（a）　　　（b）

图 5-33　并励电动机的电动势和电磁转矩

（a）电动机作用原理　（b）电动势和电流方向

对于并励电动机的电枢电流

$$I_a = I - I_f \tag{5-31}$$

式中　I——输入电动机的电流；

I_f——励磁电流，$I_f = U/R_f$，R_f是励磁回路的电阻。

由于电动势 E_a 与电枢电流 I_a 方向相反，故称 E_a 为“反电动势”，反电动势 E_a 的计算公式与发电机相同。

式（5-30）表明，加在电动机的电源电压 U 是用来克服反电动势 E_a 及电枢回路的总电阻压降 I_aR_a 的。可见 $U>E_a$，电源电压 U 决定了电枢电流 I_a 的方向。

2．直流电动机的功率平衡方程式

并励电动机的功率流程图，如图 5-34 所示。图中 P_1 为电动机从电源输入的电功率，$P_1=UI$，输入的电功率 P_1 扣除小部分在励磁回路的铜损耗 p_{Cuf} 和电枢回路铜损耗 p_{Cua} 便得到电磁功率 P_M，$P_M=E_aI_a$。电磁功率 E_aI_a 全部转换为机械功率，此机械功率扣除机械损耗 p_Ω、铁损耗 p_{Fe} 和附加损耗 p_{ad} 后，即为电动机转轴上输出的机械功率 P_2，故功率方程式为

$$P_M = P_1 - (p_{Cua} + p_{Cuf}) \tag{5-32}$$

$$P_2 = P_M - (p_\Omega + p_{Fe} + p_{ad}) = P_M - p_0 \tag{5-33}$$

$$P_2 = P_1 - \sum p = P_1 - (p_{Cua} + p_{Cuf} + p_\Omega + p_{Fe} + p_{ad}) \tag{5-34}$$

式中　p_0——空载损耗，$p_0 = p_\Omega + p_{Fe} + p_{ad}$；

$\sum p$——电机的总损耗，$\sum p = p_{Cua} + p_{Cuf} + p_\Omega + p_{Fe} + p_{ad}$

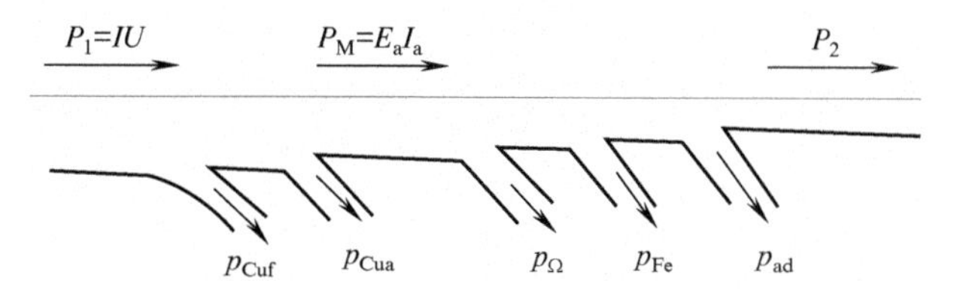

图 5-34　并励电动机的功率流程图

3．直流电动机的转矩平衡方程式

将式（5-33）除以电机的角速度Ω，可得转矩方程式

$$\frac{P_2}{\Omega}=\frac{P_{\mathrm{M}}}{\Omega}-\frac{p_0}{\Omega}$$

即

$$T_2=T-T_0$$

或

$$T=T_2+T_0 \tag{5-35}$$

电动机的电磁转矩 T 为驱动转矩，其值由式（5-20）决定。转轴上机械负载转矩 T_2 和空载转矩 T_0 是制动转矩。式（5-35）表明，电动机在转速恒定时，驱动性质的电磁转矩 T 与负载制动性质的转矩 T_2 和空载转矩 T_0 相平衡。机械负载转矩 T_2 可按下式计算：

$$T_2=\frac{P_2}{\Omega}=\frac{P_2}{2\pi n/60}=9.55\frac{P_2}{n}$$

$$T_{\mathrm{N}}=9.55\frac{P_{\mathrm{N}}}{n}$$

5.6.2 直流电动机的工作特性

直流电动机的工作特性有：①转速特性；②转矩特性；③效率特性；④机械特性。前三种特性是指供给电机额定电压U_{N}、额定励磁电流I_{fN}时，电枢回路不串外电阻的条件下，电动机的转速、转矩、效率随输出功率P_2变化的关系曲线，在实际应用中，由于电枢电流I_{a}容易测量，且I_{a}与P_2基本成正比变化，因此这三种特性常以$n=f(I_{\mathrm{a}})$，$T=f(I_{\mathrm{a}})$，$\eta=f(I_{\mathrm{a}})$表示。

机械特性是指U=常数、I_{f}=常数、电枢回路电阻为恒值的条件下，电动机的转速与电磁转矩间的关系曲线，即$n=f(T)$特性曲线。从使用电动机的角度看，机械特性是最重要的一种特性，在直流电动机的电力拖动中将作具体分析。

小　　结

直流发电机是根据电磁感应定律工作的。电枢导体感应电动势是交变的，只有经过换向器和电刷的作用才得到直流电压。直流电动机根据电磁力定律工作，电导体在磁场中受电磁力的作用而旋转。在不同的外部条件下，电机中能量转换的方向是可逆的。如果从轴上输入机械能，电枢绕组中感应电势大于端电压时，电机运行于发电机状态，从电刷端输出电能；如果从电枢输入电能，电枢绕组中感应电势小于端电压时，电机运行于电动机状态，从轴上输出机械能。

直流电机的结构包括定子和转子两大部件。定子的主要部件有主磁极、换向磁极、机座和电刷装置。主磁极产生主磁场，而换向磁极则起改善换向的作用。转子的主要部件是换向器、电枢铁芯和电枢绕组。换向器与电刷配合起整流作用，电枢绕组在运行时产生感应电动势和电磁转矩，实现机电能量的转换。

直流发电机的励磁方式可以他励，也可以自励。自励的方式主要有并励和复励。

电枢绕组可分为叠绕组和波绕组两大类。单叠绕组是将同一磁极下元件串联成一条支路，不同磁极下的支路再并联，故并联支路数等于磁极数。单波绕组是将同极性磁极下的元件串联成一条支路，故并联支路数为2。

直流电机电枢反应的性质由电机的运行方式和电刷在换向器上的位置决定。当电刷放置在几何中性线上时，电枢反应为交轴电枢反应。电枢反应使气隙磁场发生畸变，呈现去磁作用。

换向是直流电机运行的关键问题之一，影响直流电机换向的根本原因是换向元件中存在电抗电动势 e_r 和电枢反应电动势 e_k。改善换向的方法是：①装设换向磁极；②装设补偿绕组；③选择合适的电刷。

电枢电势、电磁转矩的计算公式，是直流电机的基本公式，应当掌握它的意义和本质。电磁功率 $P_M = T\Omega = E_a I_a$，表明直流电机通过电磁感应实现了机电能量的转换。

直流发电机的基本方程式有：电动势方程式 $U = E_a - I_a R_a$，转矩方程式 $T_1 = T_0 + T$。直流电动机的基本方程式有：电动势方程式 $U = E_a + I_a R_a$，转矩方程式 $T_2 = T - T_0$。

思考题与习题

1. 说明直流发电机的工作原理。

2. 说明直流电动机的工作原理。

3. 直流电机的主要额定值有哪些？

4. 直流电机的励磁方式有哪几种？在各种不同的励磁方式的电机中，电机电流与电枢电流及励磁电流有什么关系？

5. 直流电机有哪些主要部件？各部件的作用是什么？

6. 直流电机的换向装置由哪些部件构成？它们在电机中起什么作用？

7. 直流电枢绕组由哪些部件构成？

8. 什么是电枢反应？对电机有什么影响？

9. 电机产生的电动势 $E_a=C_e\Phi n$ 对于直流发电机和直流电动机来说，所起的作用有什么不同？

10. 电机产生的电磁转矩 $T=C_T\Phi I_a$ 对直流发电机和直流电动机来说，所起的作用有什么不同？

11. 说明直流电动机输入功率 P_1、电磁功率 P_M、输出功率 P_2 的含义以及这三个物理量之间的关系。

12. 对于直流电动机和直流发电机来说，输入功率 P_1 代表的功率性质是否相同？区别在哪里？

13. 换向过程中的火花是如何产生的，怎样改善换向？

14. 一台直流发电机，当分别把它接成他励和并励时，在相同的负载情况下，电压变化率是否相同？如果不同，哪种接法的电压变化率大？为什么？

15. 一台四极直流发电机，额定功率 P_N 为 55 kW，额定电压 U_N 为 220 V，额定转速 n_N 为 1 500 r/min，额定效率 η_N 为 0.9。试求额定状态下电机的输入功率 P_1 和额定电流 I_N。

16. 一台直流电动机的额定数据为：额定功率 $P_N = 17\ \text{kW}$，额定电压 $U_N = 220\ \text{V}$，额

定转速 $n_N=1\,500$ r/min，额定效率 $\eta_N=0.83$。求它的额定电流 I_N 及额定负载时的输入功率。

17. 一台 4 极直流电机，$z_i=s=K=20$，连成单叠绕组。(1) 计算绕组各节距；(2) 试画出右行单叠绕组的展开图及电气连接图。

18. 一台直流发电机，其额定功率 $P_N=17$ kW，额定电压 $U_N=230$ V，额定转速 $n_N=1\,500$ r/min，极对数 $p=2$，电枢总导体数 $N=468$，单波绕组，气隙每极磁通 $\Phi=1.03\times10^{-2}$ Wb，求：(1) 额定电流 I_N；(2) 电枢电动势。

19. 一台单叠绕组的直流发电机，$2p=4$，$N=420$根，$I_N=30$ A，气隙每极磁通 $\Phi=0.028$ Wb，额定转速 $n_N=1\,245$ r/min，求：额定运行时的电枢电动势、电磁转矩及电磁功率。

20. 设有一台 17 kW，4 极，220 V，1 500 r/min 的直流电动机，额定效率为 83%，电枢有 39 槽，每槽 12 根导体，2 条并联支路，试求：

(1) 电机的额定电流 I_N；

(2) 如果额定运行时电枢内部压降为 10 V，那么此时电机的每极磁通为多大？

21. 一台并励直流发电机额定电压 $U_N=220$ V，励磁回路总电阻 $R_f=44$ Ω，电枢回路总电阻 $R_a=0.25$ Ω，负载电阻 $R_L=4$ Ω，求 (1) 励磁电流 I_f、电枢电流 I_a；(2) 电枢电势 E_a；(3) 输出功率 P_2 及电磁功率。

22. 一台额定功率 $P_N=6$ kW，额定电压 $U_N=110$ V，额定转速 $n_N=1\,440$ r/min，$I_N=70$ A，$R_a=0.08$ Ω，$R_f=220$ Ω 的并励直流电动机，求额定运行时 (1) 电枢电流及电枢电动势；(2) 电磁功率、电磁转矩及效率。

第6章
控制电机

随着自动控制系统和计算机装置的不断发展，在普通旋转电机的基础上产生了具有特殊功能的小功率旋转电机。它们在自动控制系统和计算机装置中分别作为执行元件、检测元件和解算元件。这类电机统称为控制电机。从基本的电磁感应原理上看，控制电机和普通旋转电机没有本质上的差别，但普通旋转电机功率大，着重于对电机启动、运行、调速及制动等方面性能指标的要求；而控制电机输出功率较小，着重于电机的高可靠性、高精度和快速响应。

控制电机按其功能和用途，可分为自动控制系统中的信号元件类控制电机、功率元件类控制电机两大类。凡是用来转换信号的都称为信号元件类控制电机，凡是用来把信号转换成输出功率或把电能转换为机械能的都称为功率元件类控制电机。信号元件类电机包括旋转变压器、测速发电机、自整角机、感应同步器，功率元件类电机包括伺服电动机、步进电动机、力矩电动机等。本章只介绍三种：伺服电动机、测速发电机、步进电动机。

6.1 伺服电动机

6.1.1 简述

伺服电动机把输入的电压信号变换成转轴上的角位移或角速度再输出，它在自动控制系统中作为执行元件。伺服电动机转轴的转向与转速随着输入控制电压信号的方向和大小的改变而改变，并且能带动一定大小的负载。常应用于如机床、印刷设备、包装设备、纺织设备、激光加工设备、自动化生产线等对工艺精度、加工效率和工作可靠性要求较高的设备。

伺服电动机是执行电动机的一种类型，它的工作状态受控于信号，按信号的指令动作：信号为零时，转子处于静止状态；有信号输入，转子立即旋转；除去信号，转子能迅速制动，很快停转。正是由于电动机的这种工作特点而命名“伺服”二字的。

为了达到自动控制系统的要求，自动控制系统对伺服电动机的要求如下。

（1）灵敏性，是指伺服电动机对控制信号能快速作出反应。接受信号后，伺服电动机能迅速启动并达到稳定旋转状态；信号去除后，伺服电动机能迅速制动，很快达到静止状态。

（2）高的稳定性，是指转子的转速平稳变化。

（3）良好的机械和调整特性，是指伺服电动机线性的机械特性和调整特性有利于提高自动控制系统的动态精度。

伺服电动机通常分为两大类，直流伺服电动机和交流伺服电动机，是以供电电源是直流还是交流来划分的。

6.1.2 直流伺服电动机

1. 直流伺服电动机的结构和控制方式

他励和永磁式直流伺服电动机与普通的直流电动机在结构上并无本质差别，由于永磁式直流伺服电动机的结构简单、体积小、效率高，因此应用广泛。

他励直流伺服电动机的控制方式分为电枢控制和磁场控制两种。采取电枢控制时，控制信号施加于电枢绕组回路，励磁绕组接于恒定电压的直流电源上。采取磁场控制时，控制信号施加于励磁绕组回路，电枢绕组接于恒定电压的直流电源上。由于电枢控制的特性好、电枢控制回路电感小而响应迅速，故控制系统多采用电枢控制。下面仅以电枢控制方式为例说明其特性。

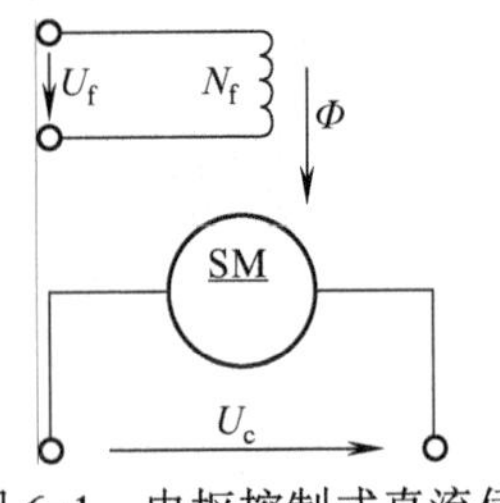

图 6-1 电枢控制式直流伺服电动机原理图

2. 电枢控制方式的工作原理

电枢控制时直流伺服电动机的原理如图 6-1 所示。

从工作原理来看，与普通直流电动机是完全相同的。伺服电动机由励磁绕组接于恒定直流电源 U_f 上，由励磁电流 I_f 产生磁通 Φ。电枢绕组施加控制电压 U_c，电枢绕组内的电流与磁场作用，产生电磁转矩，电动机转动；控制电压消失后，电动机立即停转。

3. 电枢控制方式的特性

1）机械特性

电枢控制时，直流伺服电动机的机械特性和他励直流电动机改变电枢电压时的人为机械特性相似。

$$n=\frac{U_c}{C_e\Phi}-\frac{R_a}{C_eC_T\Phi^2}T \tag{6-1}$$

由式（6-1）可见，当控制电压 U_c 一定时，直流伺服电动机的机械特性是线性的，且在不同的控制电压下，得到一簇平行直线，如图 6-2 所示。从图中还可知：控制电压 U_c 越大，n=0 时对应的启动转矩 T 也越大，越利于启动。

2）调节特性

调节特性是指电磁转矩 T 一定时，电动机转速 n 与控制电压 U_c 的关系。根据式（6-1）可得到调节特性曲线，如图 6-3 所示。显然调节特性也是线性的，当 T 一定时，U_c 越高，n 也越高。

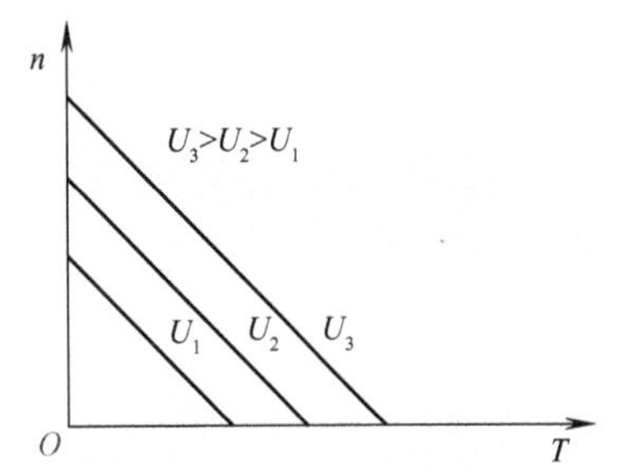

图 6-2 电枢控制直流伺服电动机的机械特性曲线

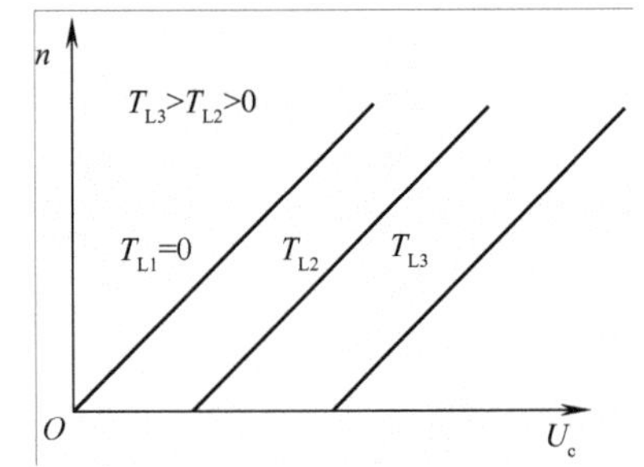

图 6-3 直流伺服电动机的调节特性曲线

当转速为零时，对应不同的负载转矩可得到不同的启动电压。当电枢电压小于启动电压时，伺服电动机不能启动。总的来说，直流伺服电动机的调节特性也是比较理想的。

6.1.3　交流伺服电动机

与直流伺服电动机一样，交流伺服电动机也常作为执行元件用于自动控制系统中，将起控制作用的电信号转换为转轴的转动。

1. 结构简介

交流伺服电动机实际上是两相异步电动机，由定子和转子两部分组成。定子绕组为两相绕组，结构完全相同，并在空间相距 90° 电角度。定子绕组中的一相绕组用作励磁绕组，另一相绕组用作控制绕组。交流伺服电动机的转子有鼠笼型和空心杯型两种。无论哪种转子，转子电阻都做得比较大，目的是使转子在动时产生制动转矩，使伺服电动机在控制绕组不加电压时能及时制动，防止自转。其余的部件与普通异步电动机的相同。

2. 基本工作原理

交流伺服电动机工作时，励磁绕组接单相交流电压 U_f，控制绕组接控制信号电压 U_c，这两个电压同频率，相位互差 90°。图 6-4 为交流伺服电动机的工作原理图。

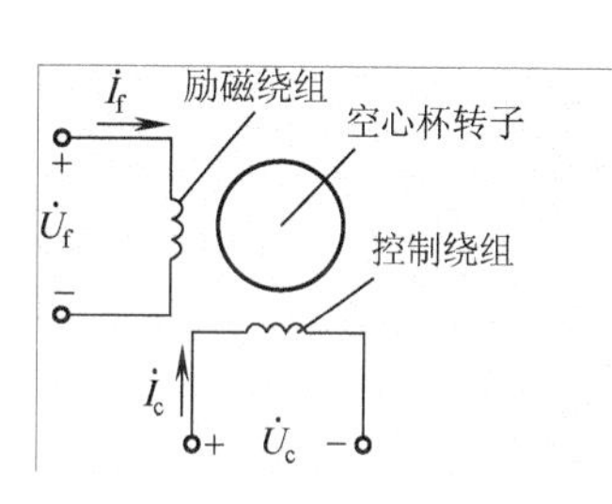

图 6-4　交流伺服电动机的工作原理图

当励磁绕组和控制绕组均加上相位互差 90° 的交流电压时，若控制电压和励磁电压的幅值相等，则在空间形成圆形轨迹的旋转磁场；若控制电压和励磁电压的幅值不相等，则在空间形成椭圆形轨迹的旋转磁场，从而产生电磁转矩。转子在电磁转矩作用下旋转，转速为 n。

交流伺服电动机必须像直流伺服电动机一样具有伺服性，当控制信号不为零时，电动机旋转；当控制信号电压等于零时，电动机应立即停转。如果像普通两相异步电动机那样，电动机一经启动，即使控制信号消失，转子仍继续旋转，这种失控现象称为“自转”，是不符合控制要求的。为了消除自转现象，将伺服电动机的转子电阻设计得较大，使其有控制信号时，迅速启动；一旦控制信号消失，就立即停转。

另外，与普通两相异步电动机相比，交流伺服电动机应当有较宽的调速范围；当励磁电压不为零、控制电压为零时，其转速也应为零；机械特性应为线性并且动态特性要好。

3. 控制方式

交流伺服电动机的控制方式有三种，分别是幅值控制、相位控制以及幅值-相位控制。

1）幅值控制

始终保持可控制电压 U_c 与励磁电压 U_f 之间的相位差为 90°，只通过调节控制电压的大小改变伺服电动机的转速，这种控制方式称为幅值控制。使用时，励磁电压保持为额定值，控制电压 U_c 的幅值在额定值与零之间变化，伺服电动机的转速也就在最高转速至零转速之间变化。

2）相位控制

这种控制方式是通过调节控制电压与励磁电压之间的相位角 β 来改变伺服电动机的转速，控制电压和励磁电压均保持为额定值。当 β=0 时，控制电压与励磁电压同相位，气隙磁动势为脉振磁动势，故电动机停转，n=0；当β=90°时，磁动势为圆形旋转磁动势，电动机转速最高；当β=0～90°时，电动机的转速由低向高变化。

3）幅值-相位控制

这种控制方式对幅值和相位差都进行控制，即通过改变控制电压的幅值及控制电压与励磁电压间的相位差来控制伺服电动机的转速。幅值-相位控制的接线图如图6-5所示，当调节控制电压的幅值来改变电动机的转速时，由于转子绕组的耦合作用，励磁绕组中的电流随之发生变化，励磁电流的变化引起电容的端电压变化，致使控制电压与励磁电压之间的相位角β也改变，所以这是一种幅值和相位的复合控制方式。这种控制方式是利用串联电容器来分相，不需要移相器，所以设备简单，成本较低，成为实际应用中最常用的一种控制方式。

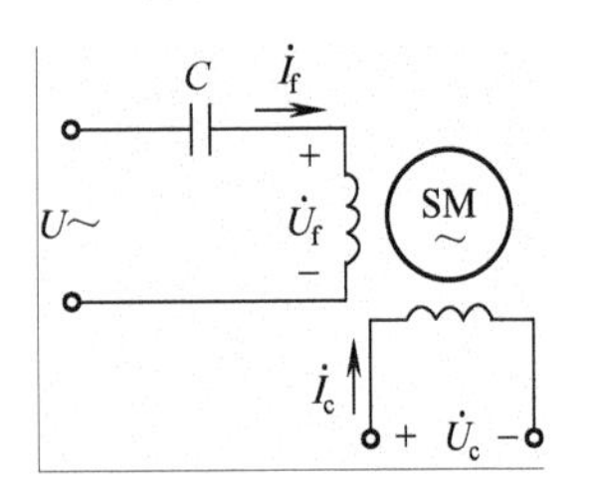

图6-5　幅值-相位控制接线图

6.2　测速发电机

6.2.1　简述

测速发电机是一种测量转速的信号元件，它将输入的机械转速变换为与转速成正比的电压信号输出。直流测速发电机在自动控制系统中用来测量或自动调节电动机或发电机原动机的转速；在随动系统中通过产生电压信号以提高系统的稳定性和精度；在计算和解答装置中用作积分和微分元件；在机械系统中用来测量摆动或非常缓慢的转速。交流异步测速发电机在自动控制系统中可用来测量转速或传感转速信号，信号以电压的形式输出；还可作为解算元件用在计算解答装置中；也可作为阻尼元件用在伺服系统中。

测速发电机是转速的测量装置，它的输入量是转速，输出量是电压信号，输出量和输入量成正比。在自动控制及计算装置中，可作为检测、阻尼、计算和角加速信号元件。

1．测速发电机的分类

根据输出电压的不同，测速发电机分为以下几类。

（1）直流测速发电机，分永磁式直流测速发电机和电磁式直流测速发电机。

（2）交流测速发电机，分同步测速发电机和异步测速发电机。

直流测速发电机的输出电压为直流电压，交流测速发电机的输出电压为交流电压。

2．对测速发电机的主要要求

（1）测速发电机的输出电压与输入的机械转速要保持严格的正比关系。

（2）测速发电机的转动惯量要小，响应快。

（3）测速发电机的灵敏度要高，使得较小的转速变化也可以引起输出电压的相应变化。

6.2.2　直流测速发电机

1．直流测速发电机的结构和工作原理

1）基本结构

直流测速发电机的结构与普通直流发电机的相同，实际上是一种微型直流发电机。直流测速发电机按励磁方式又可分为他励式发电机和永磁式发电机。由于测速发电机的功率较小，而永磁式又不需另加励磁电源，且温度对磁钢特性的影响也没有因励磁绕组温度变化而影响输出电压那么严重，所以应用广泛。

2）工作原理

他励式直流测速发电机的工作原理如图 6-6 所示。励磁绕组接一恒定直流电源 U_f，通过电流 I_f，产生磁通 Φ。根据直流发电机原理，在忽略电枢反应的情况下，电枢的感应电动势

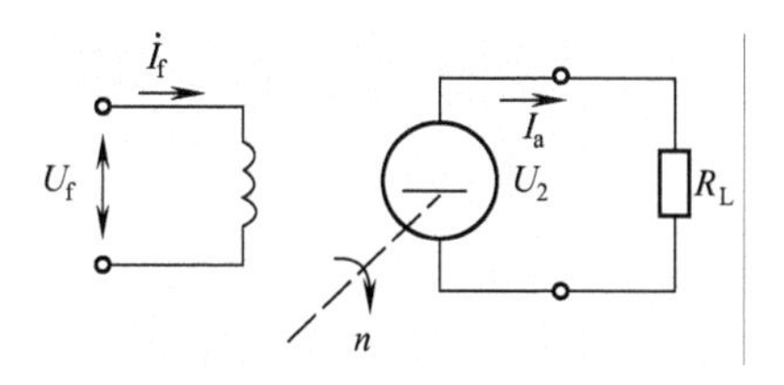

图 6-6　直流测速发电机原理图

$$E_a = C_e \Phi n = kn \tag{6-2}$$

带上负载后，电刷两端输出电压

$$U_a = E_a - I_a R_a \tag{6-3}$$

式中　R_a——电枢回路总电阻。

带负载后负载电流与负载电压 U_2 的关系

$$I_a = U_2 / R_L \tag{6-4}$$

式中　R_L——负载电阻。

由于电刷两端输出电压 U_a 与负载上电压 U_2 相等，所以式（6-4）带入式（6-3）可得

$$U_2 = E_a - R_a U_2 / R_L$$

经过整理后可得

$$U_2 = \frac{E_a}{1 + \frac{E_a}{R_L}} = Cn \tag{6-5}$$

式中　C——测速发电机的输出电压 U_2 与转速 n 成正比。

输出特性 $U_2=f(n)$ 为线性，如图 6-7 所示。对于不同负载电阻 R_L，测速发电机的输出特性斜率也有所不同，它随负载电阻 R_L 的减小而降低。

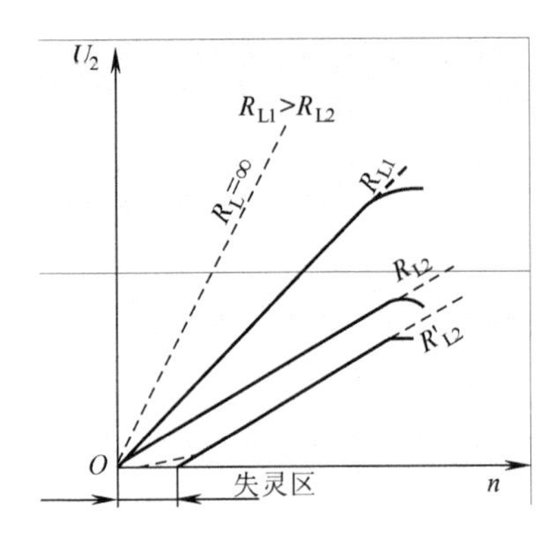

图 6-7　直流测速发电机输出特性

2．直流测速发电机产生误差的原因和减小误差的方法

实际上，直流测速发电机的输出电压与转速之间并不是保持严格的正比关系，产生误差的主要原因如下。

1）电枢反应

直流测速发电机电枢反应的去磁作用使得主磁通Φ发生变化，所以式（6-2）中的电动势系数 k_e 将不再为常值，而是随负载电流的变化而变化，负载电流升高导致电动势系数 k_e 略有减小，输出特性曲线向下弯曲。

为了消除电枢反应的影响、改善输出特性，应尽量使电机的磁通Φ保持不变。为此常采取以下措施。

（1）在定子磁极上安装补偿绕组进行补偿。

（2）设计时，适当加大电机的气隙尺寸。

（3）使用时，应使发电机的负载电阻值等于或大于负载电阻的规定值。

2）电刷接触电阻的影响

由于电刷接触电阻为线性电阻，当测速发电机的转速较低时，电刷接触电阻较大，此时电刷接触电阻压降在总电枢电压中所占比重大，测速发电机的实际输出电压较小；而当电机转速升高时，电刷接触电阻变小，接触电阻压降也将减小。考虑到电刷接触电阻影响后的输出特性曲线如图 6-8 所示。在转速较低时，电机的实际输出特性上出现一个不灵敏区。

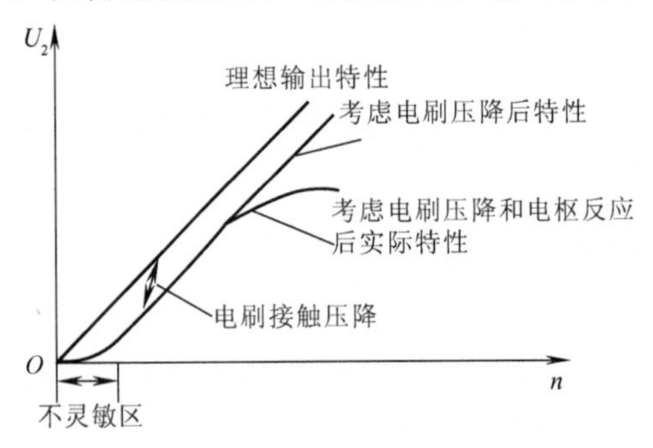

图 6-8　直流测速发电机的实际输出特性

为减小电刷接触电阻的影响，使用时常采用接触电阻压降较小的铜-石墨电刷。在高精度的直流测速发电机中，也有采用铜电刷的，并在与换向器相接触的表面上镀银。

3）纹波影响

由于直流测速发电机的换向片数是有限的，因此它的实际输出电压是一个脉动的直流电压，称为纹波。虽然脉动分量在整个输出电压中所占比例并不大（最高转速时约占 1%），但对于高精度的自动控制系统和计算机装置却是不允许的。

为了消除纹波影响，可在直流测速发电机的电压输出电路中加入滤波电路。

4）温度变化产生的影响

电机自身发热及环境温度的变化都会改变励磁绕组的阻值大小。如果温度升高，则励磁绕组的阻值变大，励磁电流变小，磁通随着减少，输出电压下降。反之，则输出电压升高。为了减少温度变化对测量值准确程度的影响，通常可采取以下措施。

（1）直流测速发电机的磁路的饱和程度通常被设计得大一些。这样，当励磁电流变化时，磁通的变化量可以小一些。

（2）给励磁绕组串联一个附加电阻来稳定励磁电流。因为绕组的阻值受温度的影响是很大的，例如铜绕组，温度增加 25 ℃，其阻值就增大 10%。可见，即使磁路的饱和程度设计得较大，但是受温度的影响，励磁绕组的阻值及励磁电压变化仍然很大。要想有稳定的输出，可以在励磁回路中串联一个阻值比励磁绕组大几倍的附加电阻来稳定励磁电流。这样，即使励磁绕组的阻值随温度的升高而增大，可是整个励磁回路的总电阻值基本不变，则励磁电流变化不大，输出稳定，降低了测速发电机的误差。

（3）给励磁绕组串联负温度系数的热敏电阻并联网络。对于测量精度要求高的系统，可采用此方法。电路简图如图 6-9 所示。

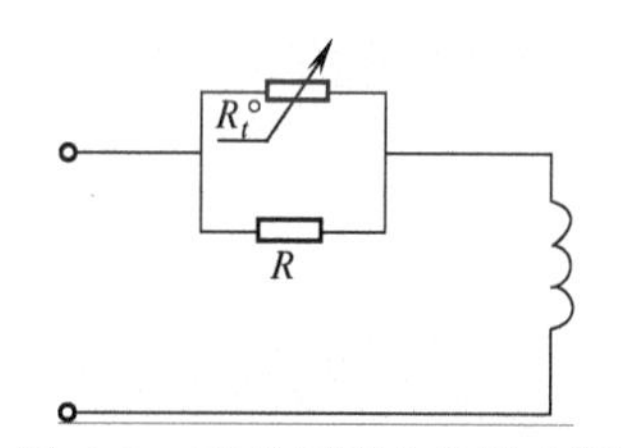

图 6-9　励磁回路中热敏电阻并联回路

图 6-10 是直流测速发电机在恒速控制系统中的应用原理图。若单独采用直流伺服电动机来拖到这个机械负载，由于直流伺服电动机的转速是随负载转矩而变化的，所以不能实现负载转矩变化而负载转速恒定的要求。因此，为了实现系统的转速恒定，采用与直流伺服电动机同轴连接一个直流测速发电机的方法来达到目的。

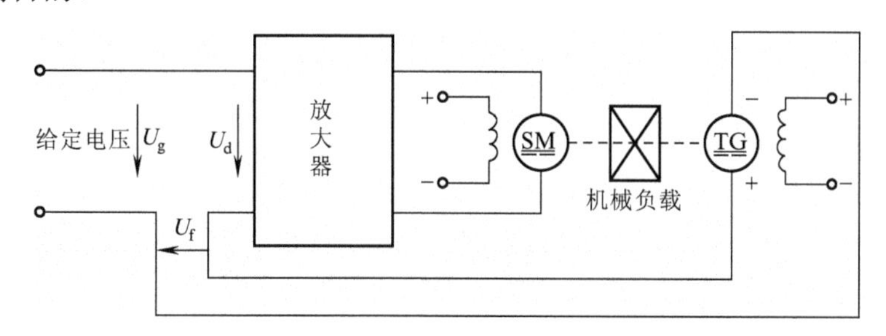

图 6-10　恒速控制系统中的应用原理图

6.2.3　交流测速发电机

交流测速发电机分为同步测速发电机和异步测速发电机两种。

同步测速发电机的输出电压大小及频率均随转速（输入信号）的变化而变化，因此一般用作指示式转速计，很少用于控制系统中的转速测量。而异步测速发电机输出电压的频率与励磁电压的频率相同且与转速无关，其输出电压的大小与转速 n 成正比，因此在控制系统中应用广泛。异步测速发电机分为鼠笼型和空心杯型两种，鼠笼型测速发电机没有空心杯型测速发电机的测量精度高，而且空心杯型结构的测速发电机的转速惯量也小，适合于快速系统，因此目前空心杯型测速发电机应用比较广泛。下面介绍它的基本结构和工作原理及使用特性。

1．基本结构

空心杯型转子异步测速发电机的定子上有两相互相垂直的分布绕组，其中一相为励磁绕组，另一相为输出绕组。转子是空心杯，用电阻率较大的青铜制成，属于非磁性材料。杯子里边还有一个由硅钢片叠成的定子，称为内定子，这样可以减少主磁路的磁阻。图 6-11 为一台空心杯型转子异步测速发电机的简单结构图。

2．工作原理

励磁绕组的轴线为 d 轴，输出绕组的轴线为 q 轴。工作时，电机励磁绕组加上恒频恒压的励磁电压时，励磁绕组中有励磁电流流过，产生与励磁电压同频率的 d 轴脉振磁动势 F_d 和脉振磁通 Φ_d，电机转子逆时针旋转，转速为 n，如图 6-12 所示。电机转子和输出绕组中的电动势及由此而产生的反应磁动势，根据电机的转速可分两种情况。

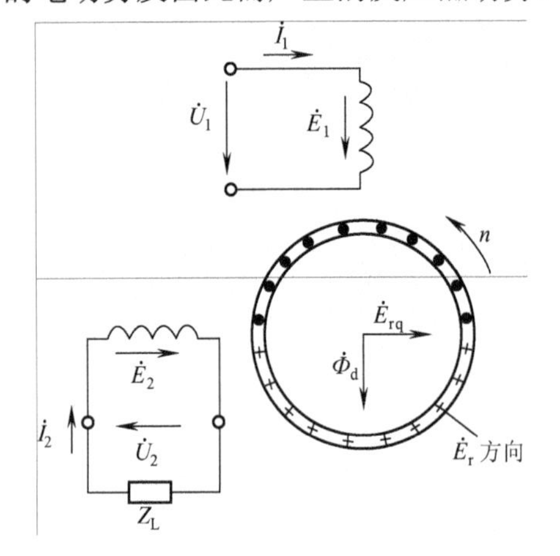

图 6-11　空心杯型转子异步测速发电机结构图

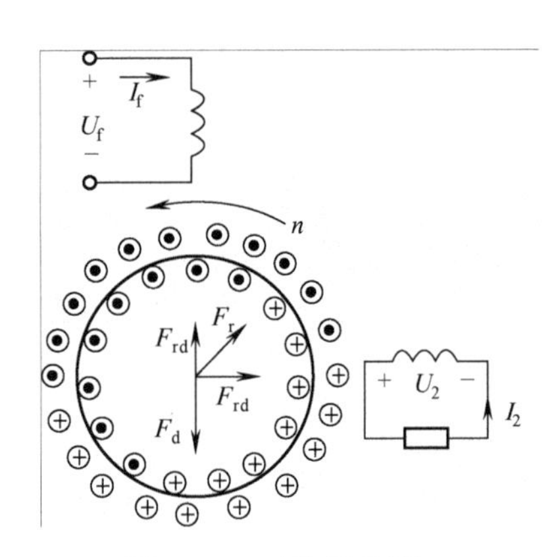

图 6-12　工作原理图

1）电机不转

当电机不转时，转速 $n=0$，由纵轴磁通 Φ_d 交变在空心杯转子感应的电动势称为变压器性质电动势，转子电流产生的转子磁动势性质和励磁磁动势性质相同，均为直轴磁动势；输出绕组由于与励磁绕组在空间位置上相差 90° 电角度，因而不产生感应电动势，这样输出电压 $U_2=0$。

2）电机旋转

当转子转动时，转速 $n\neq0$，转子切割脉振磁通 Φ_d，产生的电动势称为切割电动势 E_r，其大小

$$E_r = C_r \Phi_d n \tag{6-6}$$

式中　C_r——转子电动势常数；

Φ_d——脉振磁通幅值。

从式（6-6）可以看出，转子电动势 E_r 的大小与转速 n 成正比，转子电动势的方向可用右手定则判断。

转子中的感应电动势 E_r 在转子中产生转子电流，考虑到转子漏抗的影响，转子电流将在相位上滞后于电动势 E_r 一个电角度。此转子电流产生转子脉振磁动势 F_r，它可分解为直轴磁动势 F_{rd} 和交轴磁动势 F_{rq}。直轴磁动势 F_{rd} 将影响励磁磁动势 F_f，使励磁电流 I_f 发生变化，而交轴磁动势 F_{rq} 产生交轴磁通 Φ_q。交轴磁通 Φ_q 交链输出绕组，从而在输出绕组中感应出频率与励磁频率相同、幅值与交轴磁通 Φ_q 成正比的输出电动势 E_2。

由于 $\Phi_q \propto F_{rd} \propto F_r \propto E_r \propto n$，所以 $E_2 \propto \Phi_q \propto n$。

可以看出，异步测速发电机输出电动势 E_2 的频率即为励磁电源的频率，而与转子转速 n 的大小无关；输出电动势的大小则正比于转子转速 n，即输出电压 U_2 也只与转速 n 成正比。这就克服了同步测速发电机存在的缺点，因此空心杯转子异步测速发电机在自动控制系统中得到了广泛的应用。

3．异步测速发电机的误差

异步测速发电机的主要误差包括剩余电压误差、幅值和相位误差两种。

1）剩余电压误差

电机定、转子部件加工工艺的误差以及定子磁性材料性能的不一致性造成测速发电机转速为零时，实际输出电压并不为零，此电压称为剩余电压。剩余电压的存在引起的测量误差称为剩余电压误差。减小剩余电压误差的方法是选择高质量、各方向特性一致的磁性材料，在加工工艺过程中提高精度，还可采用装配补偿绕组进行补偿等方法。当前异步测速发电机的剩余电压一般为十几毫伏到几十毫伏。

2）相位误差

若想异步测速发电机输出电压严格正比于转速 n，则励磁电流产生的脉振磁通 Φ_d 应保持为常数。实际上，当励磁电压为常数时，励磁绕组漏电抗的存在致使励磁绕组电流与外加励磁电压有一个相位差，随着转速的变化使得 Φ_d 的幅值和相位均发生变化，造成输出电压的误差。为减小此误差可增大转子电阻。

3）线性误差

一台理想的测速发电机的输出电压应和其转速成正比，但实际的异步测速发电机输出电压和转速间并不是严格的线性关系，是非线性的，这种直线和曲线之间的差异就是线性误差。

6.3 步进电动机

6.3.1 简述

步进电动机是自动控制系统中一种十分重要而且常用的功率执行元件。步进电动机在数字控制系统中一般采用开环控制。由于计算机应用技术的迅速发展，目前步进电动机常常和计算机结合起来组成高精度的数字控制系统，如机械数控系统、平面绘图机、自动记录仪表和航空航天系统等。

步进电动机是数字控制系统中的一种执行元件，它的作用是将脉冲电信号转变为相应的角位移。它由专用的驱动电源供给电脉冲，向步进电动机输入一个脉冲信号，电动机就转动一个角度（称步距角）；其角位移量与脉冲数成正比。当脉冲信号按频率 f 连续输入时，步进电动机的转速 n 与频率 f 成正比例关系。

数字控制系统对步进电动机的要求如下。

（1）步进电动机在脉冲电信号的控制下应能迅速启动，正反转、停转并具有良好的调速性能。

（2）要求角位移量小而精准。

按结构和工作原理的不同来分，步进电动机可分为反应式步进电动机、永磁式步进电动机和永磁感应式步进电动机三大类；按相数可分为单相、两相、三相和多相等形式。下面以应用较多的反应式步进电动机为例，介绍其结构和工作原理。

6.3.2 三相反应式步进电动机的结构和工作原理

1．结构

三相反应式步进电动机结构模型如图 6-13 所示。它的定、转子铁芯都由硅钢片叠成。定子上有六个极，每两个相对的磁极绕有同一相绕组，三相绕组接成星形作为控制绕组；转子铁芯上没有绕组，只有四个齿，齿宽等于定子极靴宽。

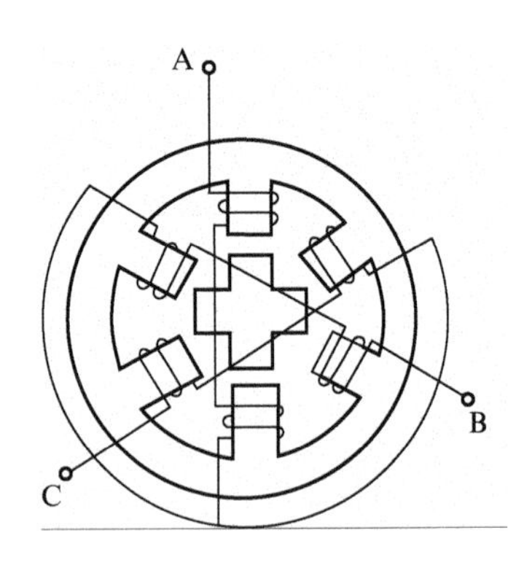

图 6-13　三相步进电动机结构模型

2．工作原理

图 6-14 为一台三相反应式步进电动机的工作原理图。它由定子和转子两大部分组成，在定子上有三对磁极，磁极上装有励磁绕组。励磁绕组分为三相，分别为 A 相、B 相和 C 相绕组。步进电动机的转子由软磁材料制成，在转子上均匀分布四个凸极，极上不装绕组，转子的凸极也称为转子的齿。

当步进电动机的 A 相通电，B 相及 C 相不通电时，由于 A 相绕组电流产生的磁通要经过磁阻最小的路径形成闭合磁路，所以将使转子齿 1、齿 3 同定子的 A 相对齐，如图 6-14（a）所示。当 A 相断电，改为 B 相通电时，同理 B 相绕组电流产生的磁通也要经过磁阻最小的路径形成闭合磁路，这样转子顺时针在空间转过 30° 电度角，使转子齿 2、齿 4 与 B 相对齐，如图 6-14（b）所示。当由 B 相改为 C 相通电时，同样可使转子逆时针转过 30° 电度角，如图 6-14（c）所示。若按 A—B—C—A 的通电顺序往复进行下去，则步进电动机的转子将按一定速度顺时针方向旋转，步进电动机的转速取决于三相控制绕组的通、断电源的频率。当依照A—C—B—A 顺序通电时，步进电动机将变为逆时针方向旋转。

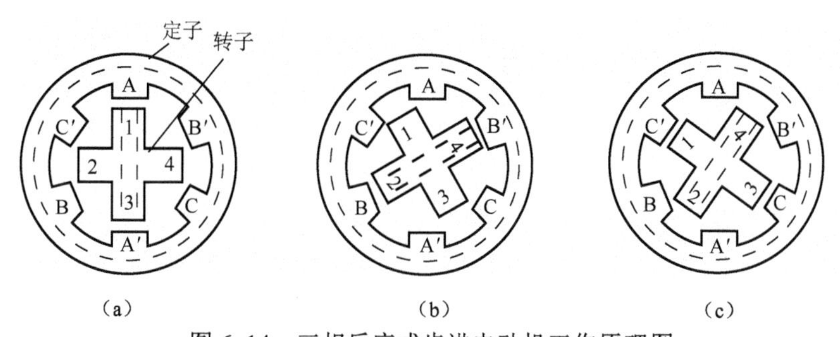

图 6-14　三相反应式步进电动机工作原理图

（a）A 相通电情况　（b）B 相通电情况　（c）C 相通电情况

在步进电动机的控制过程中，定子绕组每改变一次通电方式，称为一拍。上述的通电控制方式，由于每次只有一相控制绕组通电，故称为三相单三拍控制方式。除此之外，还有三相单、双六拍控制方式及三相双三拍控制方式，在三相单、双六拍控制方式中，控制绕组通电顺序为 A—AB—B—BC—C—CA—A（转子顺时针旋转）或 A—AC—C—CB—B—BA—A（转子逆时针旋转）。在三相双三拍控制方式中，若控制绕组的通电顺序为AB—BC—CA—AB，则步进电动机顺时针旋转；若控制绕组的通电顺序为AC—CB—BA—AC，则步进电动机反转。

步进电动机每改变一次通电状态（即一拍），转子所转过的角度称为步距角，用 θ_{se} 来表示。从图 6-14 中可看出三相单三拍的步距角为 30°，而三相单、双六拍的步距角为15°，三相双三拍的步距角则为 30°。

上述分析的是最简单的三相反应式步进电动机的工作原理，这种步进电动机具有较大的步距角，不能满足生产实际对精度的要求，如使用在数控机床中就会影响到加工工件的精度。为此，近年来实际使用的步进电动机是定子和转子齿数都较多、步距角较小、特性较好的小步距角步进电动机。

6.3.3　小步距角三相反应式步进电动机

图 6-15 是最常用的一种小步距角的三相反应式步进电动机的原理图。

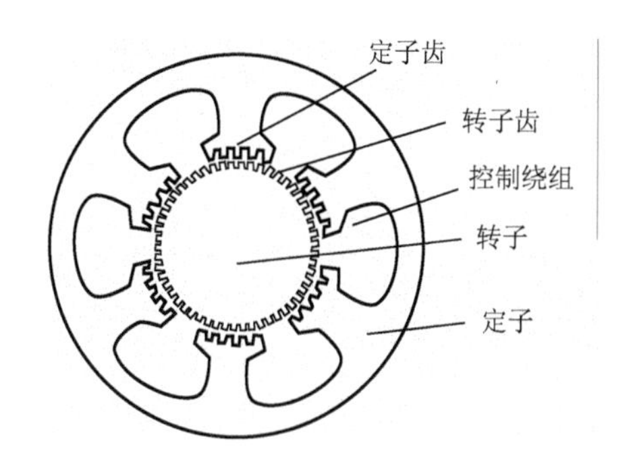

图 6-15　小步距角的三相反应式步进电动机原理图

定子有三对磁极，每相一对，相对的极属于一相，每个定子磁极的极靴上各有许多小齿，转子外周上均匀分布着许多个小齿。根据步进电动机工作要求，定、转子的齿距必须相等，且转子齿数不能为任意数值。因为在同相的两个磁极下，定、转子齿应同时对齐或同时错开，才能使几个磁极作用相加、产生足够磁阻转矩，所以，转子齿数应是每相磁极的整倍数。除此之外，在不同相的相邻磁极之间的齿数不应是整数，即每一极距对应的转子齿数不是整数。定、转子齿相对位置应依次错开 t/m（m 为相数，t 为齿距），这样才能在连续改变通电状态下获得不间断的步进运动；否则，当任一相通电时，转子齿都将处于磁路的磁阻最小的位置，各相轮流通电时，转子将一直处于静止状态，电动机将不能运行。

步进电动机的步距角以

$$\theta_{se}=\frac{360^\circ}{mZ_rC} \tag{6-7}$$

式中 m——步进电动机的相数，对于三相步进电动机，m=3；

C——通电状态系数（当采用单拍或双拍方式工作时，C=1；当采用单双拍混台方式工作时，C=2）；

Z——步进电动机的转子齿数。

步进电动机的转速

$$n=\frac{60f}{mZ_rC} \tag{6-8}$$

式中 f——步进电动机每秒的拍数（或每秒的步数），称为步进电动机的通电脉冲频率。

应予以说明的是：减小步距角有利于提高控制精度；增加拍数可缩小步距角。拍数取决于步进电动机的相数和通电方式。除常用的三相步进电动机以外，还有四相、五相、六相等形式，然而相数增加使步进电动机的驱动器电路复杂，工作可靠性降低。

小　　结

本章从使用的角度介绍了常用的三种控制电机：伺服电动机、测速发电机、步进电动机。

伺服电动机把输入的电压信号变换为电动机轴上的角位移或角速度等机械信号进行输出，在自动控制系统中主要作为执行元件，又称它为执行电机。伺服电动机分为直流伺服电动机和交流伺服电动机两类。直流伺服电动机的工作原理与普通直流电动机相同，交流伺服电动机的工作原理和两相交流电动机相同。伺服电动机的转子与普通电动机不同。直流伺服电动机的特性较好，其机械特性和调节特性均为线性的；交流伺服电动机的特性为非线性的，它的相位控制方式特性最好。直流伺服电动机的输出功率小。

直流伺服电动机的控制方式简单，可由控制电枢电压实现对直流伺服电动机的控制。交流伺服电动机的控制方式包括幅值控制、相位控制、幅值-相位控制。

测速发电机是测量转速的一种测量电机。根据测速发电机所发出电压的不同，它可分为直流测速发电机和交流测速发电机两类。直流测速发电机的结构和工作原理同它励直流发电机基本相同。

转子切割电动势 $E_r = C_r \Phi_d n$

q 轴磁通 $\Phi_q \infty F_{rd} \infty F_r \infty E_r \infty n$

输出绕组电动势 $E_2 \infty \Phi_q \infty n$

因此，交流测速发电机的输出电压 U_2 正比于轴上的转速 n。

直流测速发电机的误差主要有：电枢反应引起的误差、电刷接触电阻引起的误差以及纹波误差。交流测速发电机的误差主要有：幅值及相位误差、剩余电压误差。使用测速发电机时，应当尽量减少误差的影响。

步进电动机是一种用电脉冲信号进行控制，并将电脉冲信号转换成相应的角位移（或线位移）的控制电机，以实现对生产过程或设备的数字控制。每输入一个脉冲，步进电动机就移进一步。

步进电动机通过改变电脉冲频率的高低就可以在很大的范围内调节电动机的转速高低，并具有能快速启动、制动及反转的特点。在控制过程中，工作不失步，通过控制步距而得到的小步距步进电动机的精度更高。

步进电动机广泛应用于开环的控制系统中，尤其是数控机床的控制系统中。当采用了速度和位置检测装置后，它也可以用于闭环系统中。

步进电动机的主要缺点是效率较低，并且需要配上适当的驱动电源。

思考题与习题

1. 在自动控制系统中，常用的控制电机主要有哪些？
2. 控制电机的应用领域和主要功能是什么？
3. 控制电机和普通旋转电机在性能上的主要差别如何？
4. 交流伺服电动机的转子有哪两种形式？为什么它们的转子电阻都做得比较大？
5. 交流伺服电动机产生圆形轨迹的旋转磁动势或椭圆形轨迹旋转磁动势的条件是什么？
6. 若直流伺服电动机的励磁电压下降，将对电机的机械特性和调节特性产生哪些影响？
7. 为什么交流测速发电机输出电压的大小与电机转速成正比，而频率却与转速无关？
8. 若直流测速发电机的电刷没有放在几何中心线上，电机正、反转时的输出特性是否一样？为什么？
9. 何谓交流测速发电机的剩余电压？简要说明剩余电压产生的原因及其减小的方法。
10. 为什么直流测速发电机的负载电阻阻值应等于或大于负载电阻的规定值？
11. 步进电动机转速的高低与负载大小有关系吗？
12. 何谓步进电动机的步距角？三相反应式步进电动机的步距角如何计算？
13. 三相六极反应式步进电动机的步距角为 1.5° /0.75° ，求转子的齿数？若频率为 2 000 Hz，则电动机转速为多大？

参 考 文 献

[1] 肖兰，马爱芳．电机与拖动[M]．北京：中国水利水电出版社，2004．

[2] 姜玉柱．电机与电力拖动[M]．北京：北京理工大学出版社，2006．

[3] 张勇．电机拖动与控制[M]．北京：机械工业出版社，2011．

[4] 樊新军，马爱芳．电机技术及应用[M]．武汉：华中科技大学出版社，2012．

[5] 吴浩烈．电机及电力拖动基础[M]．3 版．重庆：重庆大学出版社，2008．

[6] 任礼维，林瑞光．电机与拖动基础[M]．杭州：浙江大学出版社，1994．

[7] 胡幸鸣．电机及拖动基础[M]．2 版．北京：机械工业出版社，2010．

[8] 刘景峰．电机与拖动基础[M]．北京：中国电力出版社，2002．